财政部规划教材
全国高等院校财经类专业规划教材

Python 数据分析基础

蒋　锋　姜旭初　编著

中国财经出版传媒集团
中国财政经济出版社

图书在版编目（CIP）数据

Python 数据分析基础／蒋锋，姜旭初编著．-- 北京：中国财政经济出版社，2021.8

财政部规划教材　全国高等院校财经类专业规划教材

ISBN 978-7-5223-0645-2

Ⅰ.①P…　Ⅱ.①蒋…②姜…　Ⅲ.①软件工具－程序设计－高等学校－教材　Ⅳ.①TP311.561

中国版本图书馆 CIP 数据核字（2021）第 134522 号

责任编辑：孙　琛　　　　责任印制：党　辉

封面设计：育林华夏　　　责任校对：胡永立

Python 数据分析基础

Python SHUJU FENXI JICHU

中国财政经济出版社 出版

URL：http：//www.cfeph.cn

E-mail：cfeph@cfeph.cn

社址：北京市海淀区阜成路甲 28 号　邮政编码：100142

营销中心电话：010-88191522

天猫网店：中国财政经济出版社旗舰店

网址：https：//zgczjjcbs.tmall.com

北京中兴印刷有限公司印刷　各地新华书店经销

成品尺寸：185mm×260mm　16 开　27 印张　460 000 字

2021 年 8 月第 1 版　2021 年 8 月北京第 1 次印刷

定价：88.00 元

ISBN 978-7-5223-0645-2

（图书出现印装问题，本社负责调换，电话：010-88190548）

本社质量投诉电话：010-88190744

打击盗版举报热线：010-88191661　QQ：2242791300

前言 Preface

随着数据科学与大数据技术、人工智能等学科专业的发展，Python 语言的应用得到业界越来越广泛的关注。根据 TIOBE 世界编程语言排行榜显示，Python 语言近年来都是极其热门语言之一。在统计学领域，开源编程语言主要有 R 语言和 Python 语言，只是 R 语言学界用的多，更偏重统计；而 Python 语言业界用的多，在数据科学、机器学习、深度学习、云计算、网络爬虫、人工智能等方面更有优势。

本书是专门讲授 Python 语言和基础数据分析的教科书，共 16 章，内容主要分为四个部分：第 1 部分包括第 1—9 章，介绍 Python 语言基础；第 2 部分包括第 10—12 章，介绍科学计算工具库 NumPy、Pandas 和 SciPy；第 3 部分包括第 13—14 章，介绍可视化工具库 Matplotlib 和 Seaborn；第 4 部分包括第 15—16 章，介绍统计知识中的描述性统计及概率与数理统计基础。

本书的特色是从学生角度出发，以实例为载体，以简洁的文字编写，表达我们的教学和学习方式，在实践中体会，使学生可以快速入手。倡导研究式学习、理解为主，而不是灌输式学习。同时，本书还对每章内容提供了思维导图。本书不仅可以作为 Python 语言学习的教科书，还适用于学习过统计学、概率论与数理统计学的学生，也方便其今后更好地进行深度学习等，进阶高级数据分析。根据教学实践，广泛吸收国内外优秀教材和文献资料的成果，亲自实践编写了本书，并且本书内容对没有学过 C/C ++、R 语言等软件的同学也是友好的。本书中所用的方法和代码都采用 Windows 系统下 Anaconda 中的 Jupyter Notebook（Python 3.7）作为分析环境进行实现，当然本书所有代码对最新 Python 版本也是适用的。本书提供教学课件、代码和数据等，但是我们还是强烈建议使用本书要自己动手敲代码，不要假手于人。

本书既可以作为数据科学、统计学类、经法管等学科的 Python 数据分析基础方面的教材或参考书，也可以作为各大中专院校数据分析入门级教材，当然也适用于不同年级，只是学习中要根据不同需求有所取舍。同时，本书是一本教科书，可能并不适合进阶读者。

本书由蒋锋教授提出提纲，由蒋锋、姜旭初负责整体设计、统撰与定稿工作。参加编写修订的主要人员有：蒋锋、姜旭初、张婧、金林、魏金龙、魏巍。本书在编写和出版过程中，得到了中南财经政法大学和中国财政经济出版社的支持，在此表示衷心感谢！本书中的部分例题等借鉴了所列参考文献和 Python 相关网站中的例题及其他一些高校同类教材等进行设计，书中数据主要来自国家统计局和湖北省统计局网站，恕不一一列举。在此特向有关作者表示谢意。还要感谢在本书撰写过程中付出努力的潘淑迪、张文雅、韩兴钰、朱倩楠、焦樵等研究生，他们参与了全书的校对、排版等工作。另外，为方便教学，本教材配套了相关教学资源（教学课件、代码、数据等），可以关注“蜂窝云课堂”微信公众号，回复“Python 数据分析基础”获取。

编程知识是极其丰富的，不可能通过一本教材、一门课、一个学期将所有的编程知识点都灌输给你，但我们能够做到的是教会你学习的方法，让你快速入门 Python 数据分析基础。

本书是对我们学习和教学讲义的整理和总结，希望出版后能对该领域有所贡献。但是由于水平和精力有限，书中的错误和疏漏之处在所难免，若蒙读者诸君不吝告知，将不胜感激。

蒋　锋　姜旭初
武汉·中南财经政法大学
2020 年 12 月

目录
Contents

1 Python 介绍 (1)

本章思维导图 (1)
1.1 认识 Python (2)
1.2 Anaconda 下载与安装 (2)
1.3 Jupyter Notebook 介绍 (4)
1.4 Markdown 介绍 (9)
1.5 Jupyter 中安装 Markdown 目录 (12)
1.6 Python 文件常用后缀名 (13)
1.7 Python 模块 (13)

2 Python 基础知识 (20)

本章思维导图 (20)
2.1 保留字与标识符 (21)
2.2 变量 (22)
2.3 基本数据类型 (24)
2.4 运算符 (27)
2.5 常用的内置函数 (31)

3 Python 基本数据结构 (37)

本章思维导图 (37)
3.1 列表 (38)
3.2 元组 (48)

3.3　字典 （54）
3.4　集合 （59）

4　Python 程序结构 （62）

本章思维导图 （62）
4.1　顺序结构 （63）
4.2　分支结构 （63）
4.3　循环结构 （69）
4.4　break 与 continue 语句 （76）

5　字符串与正则表达式 （79）

本章思维导图 （79）
5.1　字符串大小写 （80）
5.2　判断类方法 （81）
5.3　查找字符串 （86）
5.4　分割字符串 （90）
5.5　拼接字符串 （90）
5.6　替换字符串 （93）
5.7　格式化字符串 （93）
5.8　正则表达式 （100）

6　函数 （108）

本章思维导图 （108）
6.1　函数的定义 （109）
6.2　函数的调用 （110）
6.3　参数传递 （112）
6.4　函数的返回值 （116）
6.5　局部变量和全局变量 （118）
6.6　函数式编程 （120）

7 文件操作 (125)

本章思维导图 (125)
7.1 文件创建 (126)
7.2 文件写入 (127)
7.3 文件读取 (128)
7.4 定位 (130)

8 面向对象程序设计 (132)

本章思维导图 (132)
8.1 程序设计的方法 (133)
8.2 类和对象 (134)
8.3 定义类与创建对象 (134)
8.4 self 参数 (137)
8.5 实例属性与类属性 (138)
8.6 __init__( )方法 (140)
8.7 私有成员与公有成员 (141)
8.8 方法与属性 (143)
8.9 封装 (147)
8.10 继承 (148)
8.11 重写 (149)

9 异常处理 (152)

本章思维导图 (152)
9.1 错误与异常概述 (153)
9.2 异常处理用法 (155)

10 NumPy 简介 (164)

本章思维导图 (164)
10.1 numpy 方法 (165)

10.2　数组结构图　(167)
10.3　数组创建　(167)
10.4　数组存载　(173)
10.5　一维数组数据提取　(175)
10.6　二维数组数据提取　(176)
10.7　数组的形状变换　(181)
10.8　数组的运算　(187)
10.9　广播　(192)

11　Pandas 简介　(195)

本章思维导图　(195)
11.1　pandas 方法　(196)
11.2　Series 与 DataFrame 结构图　(199)
11.3　Series 和 DataFrame 创建　(199)
11.4　存载数据对象　(210)
11.5　Series 的数据提取　(213)
11.6　DataFrame 之数据提取　(223)
11.7　DataFrame 数据修改　(235)
11.8　DataFrame 之行列标签及名称修改　(240)
11.9　数据合并　(244)
11.10　数据的连接　(249)
11.11　行列转换　(253)
11.12　透视　(268)
11.13　分组　(272)
11.14　pandas 的运算　(283)

12　SciPy 简介　(284)

本章思维导图　(284)
12.1　常数与特殊函数　(285)
12.2　积分　(286)

12.3　插值　(288)

12.4　优化　(290)

12.5　线性代数　(291)

12.6　统计分布　(293)

13　Matplotlib 简介　(297)

本章思维导图　(297)

13.1　图的构成　(298)

13.2　建立坐标系　(299)

13.3　常用作图方法及图的保存　(305)

13.4　参数设置　(310)

13.5　实例分析　(319)

13.6　常见统计图　(337)

14　Seaborn 简介　(357)

本章思维导图　(357)

14.1　sns. relplot 作图　(360)

14.2　sns. catplot 作图　(366)

14.3　sns. distplot 作直方图　(372)

14.4　sns. pairplot 作相关图　(374)

15　描述性统计　(375)

本章思维导图　(375)

15.1　集中趋势的度量　(378)

15.2　离散程度的度量　(381)

15.3　分布形状的度量　(385)

16　概率与数理统计基础　(387)

本章思维导图　(387)

16.1 随机数 (388)
16.2 随机变量及分布 (391)
16.3 方差分析 (401)
16.4 一元线性回归 (409)

附录 A Pandas 读取数据 …… (414)
参考文献 …… (421)

1 Python 介绍

本章思维导图

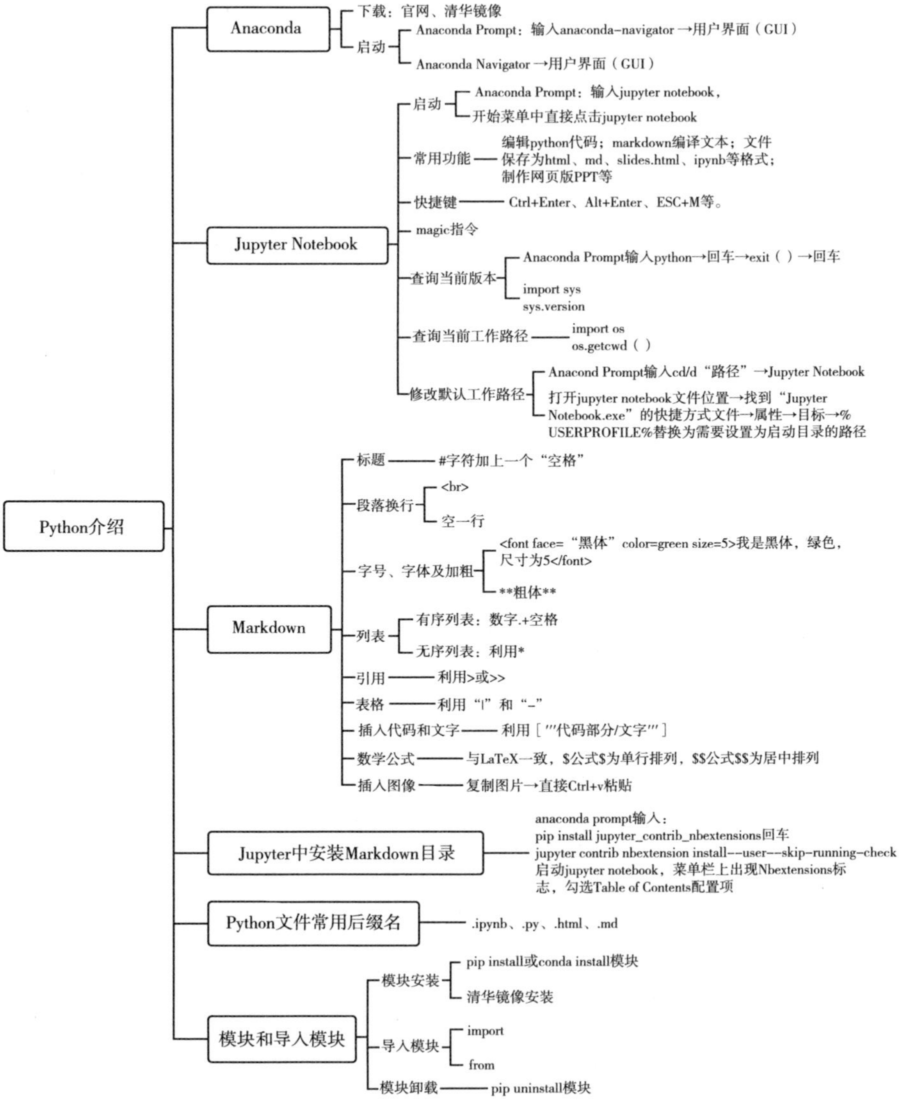

1.1 认识 Python

Python 是一种面向对象（object）的可解释性语言，对象（object）可以是变量、方法、序列等，可以说在 Python 中一切皆对象。Python 的创始人是荷兰人 Guido van Rossum，他于 1994 年发布 Python 1.0。Python 2 于 2000 年发布，Python 3 于 2008 年发布，且不完全兼容 Python 2，更重要的是 Python 2.7 于 2020 年 1 月 1 日停止维护，2020 年 7 月发布了 Python 3.8.5，2020 年 12 月发布了 Python 3.9.1。

现今编程语言有很多，为了反映某个编程语言的热门程度，TIOBE 社区基于互联网有经验的程序员、课程和第三方厂商的数量，每月针对编程语言进行排名。表 1－1 是我们给出的几个常见编程语言五年来的排名。

表 1－1　TIOBE 编程语言排行榜

编程语言	2020 年 12 月	2019 年 12 月	2018 年 12 月	2017 年 12 月	2016 年 12 月
C	1	2	2	2	2
Java	2	1	1	1	1
Python	3	3	3	4	4
C ++	4	4	4	3	3
C#	5	5	6	5	6
R	9	16	16	8	17
SQL	10	9	9	—	—

截至 2020 年 12 月，已经发布了 Python 3.9.1 版本，其下载方式有很多，如：

- Python 版本：https://www.python.org/
- Anaconda：http://ananconda.org/
- VS Code：https://code.visualstudio.com/
- PyCharm：http://www.jetbrains.com/pycharm/

对初学者来说，建议安装 Anaconda，本书就是基于 Anaconda 进行介绍的。

1.2 Anaconda 下载与安装

首先，你要认识自己的电脑，特别是管理员的默认路径，比如 C:\Users\XX。在本教程中以 Window10 x86_64 为例（其他系统基本类似）。Anaconda 是免费发布版，一般有三个版本：Windows，MacOS，Linux，在本书中以 Windows Python 3.7 为例，大家安装时可以选择最新版本，这不影响使用本书。但是，如果要用 Pytorch 和 Tensorflow，建议暂不安装最新版本。

1.2.1 Anaconda 下载

Anaconda 发布版可以从官网或清华大学开源软件镜像站（简称为“清华镜像”）下载。国内用户建议使用镜像下载，下载速度会快很多。

Anaconda 官网：

https：//www.anaconda.com/products/individual

Anaconda 清华大学开源软件镜像站：

https：//mirror.tuna.tsinghua.edu.cn/help/anaconda/

1.2.2 Anaconda 安装和启动

安装 Anaconda 时，建议默认路径安装，当然也可以指定安装路径，假设其工作路径为 C:\Users\j（j 是个人电脑用户名）。安装后，可以用表 1－2 中的方式启动 Anaconda。

表 1－2　Anaconda 启动

操　作	界面/输出
方法 1：首先在开始菜单中打开： Anaconda Prompt 然后在命令行中输入： anaconda-navigator	首先弹出界面命令行：(base) C:\Users\j >，如图 1－1 所示； 然后弹出 Anaconda 用户界面（GUI），如图 1－2 所示
方法 2：在开始菜单直接点击打开： Anaconda Navigator	弹出用户界面（GUI），界面集成了 Jupyter notebook，Spyder，R 等软件，如图 1－2 所示

注：本书凡提到 Anaconda Prompt 命令行均表示其界面命令行（base）C：\ Users \ j >（见图 1－1）。

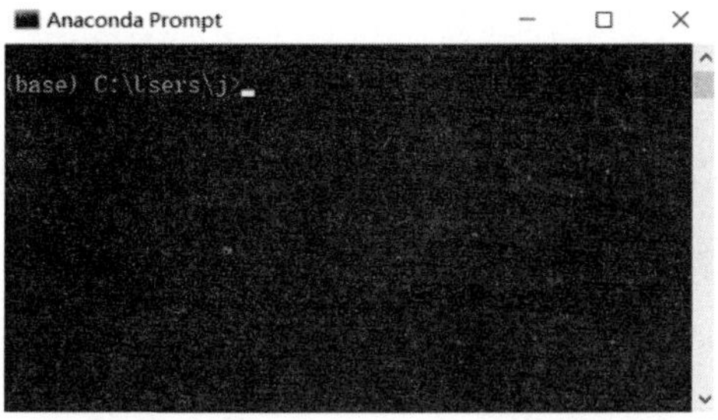

图 1－1　Anaconda Prompt 启动界面

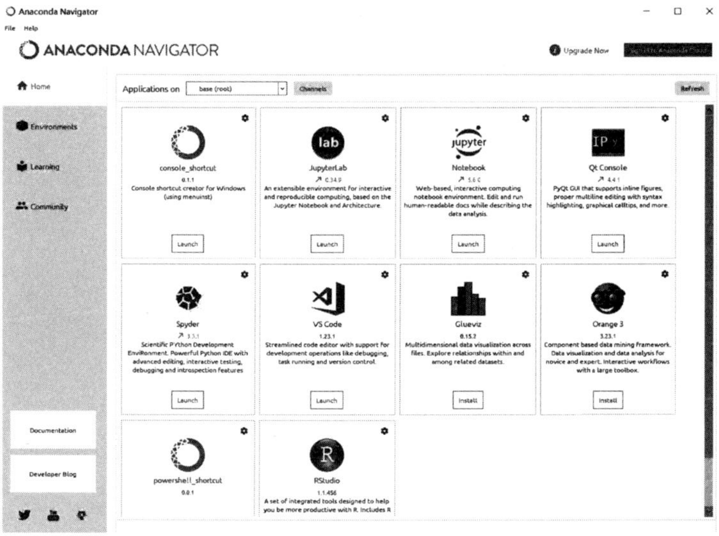

图 1－2　Anaconda Navigator 启动界面

1.3

Jupyter Notebook 介绍

1.3.1　启动 Jupyter Notebook 方法

方法一： 在打开的 Anaconda Prompt 命令行中，直接输入 jupyter notebook，就启动了 jupyter notebook 界面；

方法二： 最简单的就是在开始菜单中直接点击 jupyter notebook 即可进入其界面。

1.3.2　Jupyter Notebook 界面介绍

Jupyter Notebook（简称 Jupyter）是网页界面，直接给出当前文件夹所有内容（见图 1－3），如果要编写 python，则在 New 的下拉菜单中选择 python 3 即可打开一个 python 3 编译文件（见图 1－4），同时要注意 code 环境下的所有标点必须是英文状态下的，不能是中文标点。

1.3.3　Jupyter 常用功能和快捷键及 magic

（1）常用功能

Jupyter 菜单可以在 code 环境编辑 python 代码（见图 1－4），也可以用 markdown 编译

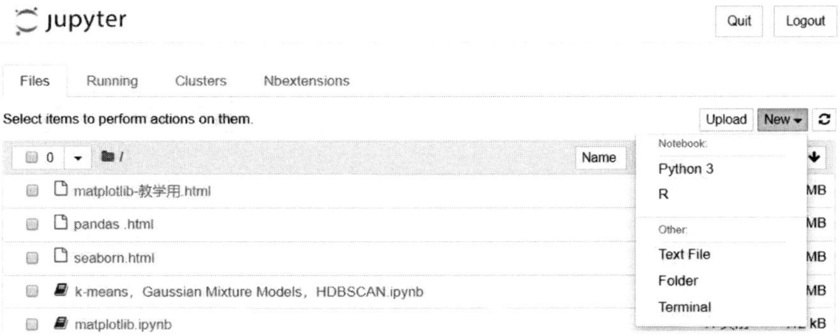

图 1－3　jupyter 主窗口

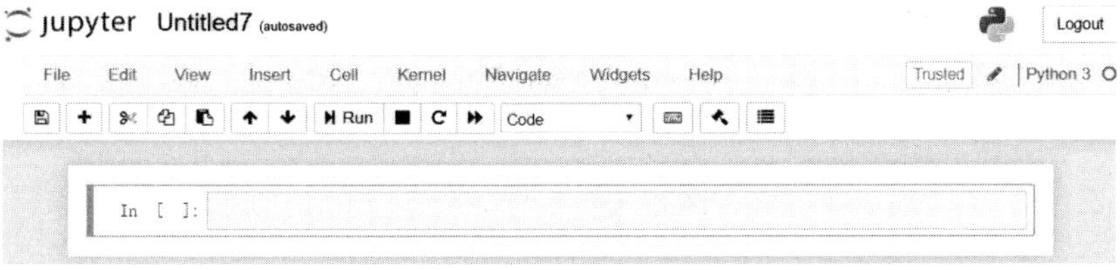

图 1－4　jupyter 的 python 3 编译窗口

文本（见图 1－5）；File 菜单（见图 1－6）中可以将文件保存为 html、md、slides. html、ipynb 等格式；Editor 菜单中可以撤销删除的 cell；View 菜单（见图 1－7）中可以用来制作网页版 PPT，其他菜单请自行探索。

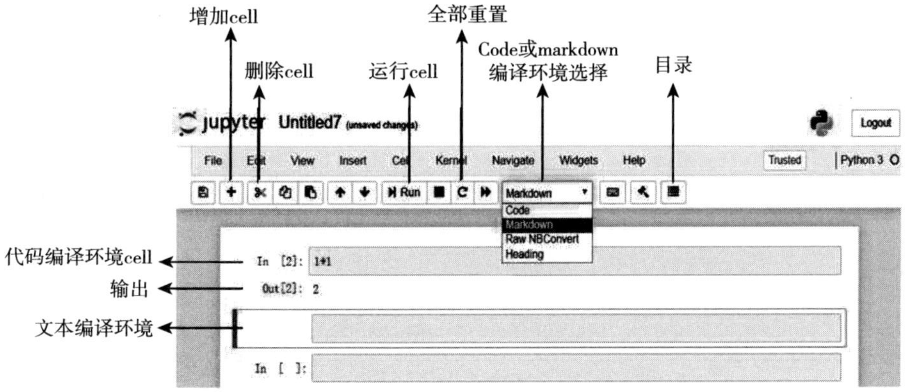

图 1－5　jupyter 主窗口

点击 View 菜单中的幻灯片就可进入制作 PPT 环境，如图 1－8 所示；在类型下拉菜单包含 -、幻灯片、子幻灯片、碎片、跳过、代码；其中选择 - 表示整页显示多个 cell，幻灯片表示制作 PPT，子幻灯片表示制作子 PPT，碎片表示一页 PPT 中逐一显示每个 cell，跳过和代码表示此 cell 不会被制作为 PPT；同时注意幻灯片与子幻灯片是不一样的，一般不选择幻灯片；最后保存为 slides. html 格式就可以查看制作的网页 PPT。

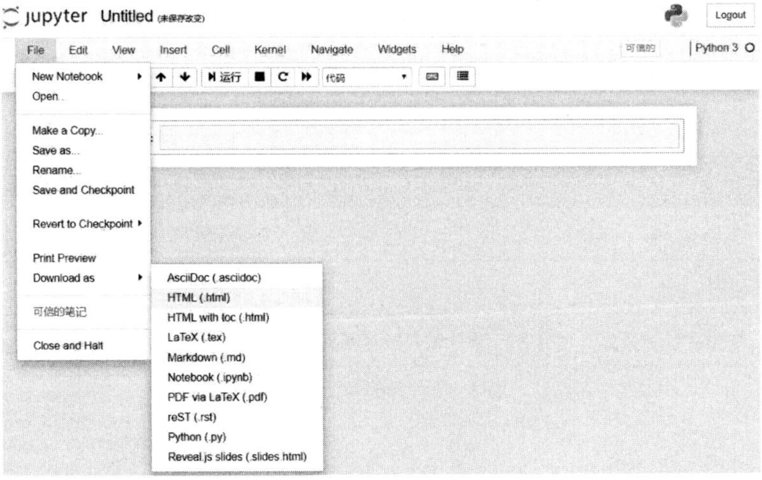

图 1－6　jupyter 中的 File 保存方式

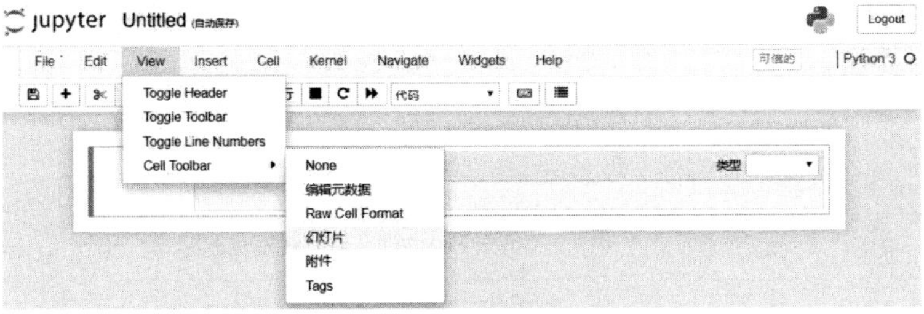

图 1－7　View 菜单

图 1－8　幻灯片环境

(2) 快捷键（见表 1-3）

表 1-3　快捷键使用方法（“+”表示组合键，“X”表示某对象变量）

快捷键使用方法	说　明
X. +TAB	在 cell 中输入某变量 X. 后再点击 TAB，会自动显示变量 X 的所有属性方法，如果输入 X 则自动显示以 X 开头的变量等
Ctrl + Enter	运行当前 cell，运行完并选择当前 cell
Alt + Enter	运行当前 cell，运行完并在下面插入新的 cell
Shift + Enter	运行当前 cell，运行完并选择下一个 cell
ESC + M	markdown 模式
ESC + Y	code 模式
#代码或文字	code 环境下表示注释，不显示结果
Ctrl + /	code 环境下注释/取消注释
TAB	code 环境下缩进 4 个空格
Ctrl +] 或 [	code 环境下缩进或取消缩进
Shift + TAB	code 环境下提示框内使用，相当于 dir(X)，help(X)，X??，X?，print(dir(X)) 等，比如对象 X. sum（组合键）

(3) magic 指令（见表 1-4）

表 1-4　magic 指令方法

方　法	说　明
lsmagic	给出所有 magic 的名称
% magic	显示所有可用的 magic 命令文档
% time	单个语句运行时间
% % time	在单元模式下，代码运行一次所花费的时间
% timeit	多次运行单个语句计算平均运行时间
% % timeit	在单元模式下，执行代码块若干次，取最佳结果
% matplotlibinline	图形显示
% pwd	返回当前路径
% run	运行指定路径的 py 代码等
% load	加载指定路径的 py 代码

1.3.4　查询版本和更改 Jupyter 工作路径

- 查询版本方法

一般地，常用表 1-5 中方法和在 jupyter 中查看当前 python 版本。

表 1－5　　查看当前 python 版本方法一

命令行输入	界面/输出
打开 Anaconda Prompt	弹出界面：(base)C:\Users\j>
命令行输入 python，回车	>>> python 版本的相关信息，此时为 python 可以编译窗口 IDE 界面
exit( )，回车	(base)C:\Users\j>

查看当前 python 版本方法二：

```
In[1]:    import sys
          sys. version
Out[1]:   '3. 7. 0(default,Jun 28 2018,08:04:48)[MSC v. 1912 64 bit(AMD64)]'
```

• 修改 Jupyter 默认工作路径方法

一般地，Jupyter Notebook 的默认自动保存路径为 Anaconda 安装路径下，我们可以通过下面的方式获取当前工作路径或目录。

查看当前路径：

```
In[2]:    import os    #或输入!cd,也可以用 %pwd,看结果有什么区别
          os. getcwd( )
Out[2]:   'E:\\Myjupyter\\mypython'
```

在使用 Jupyter Notebook 时，如果想保存到特定路径或文件夹下，我们一般可以使用两种方法。

方法一：如果常换工作文件夹，那么修改工作路径可以操作如下：

(1) 首先，打开 Anacond Prompt 命令窗口，即(base)C:\Users\j>；

(2) 其次，在此命令行输入：cd/d E:\Myjupyter，回车命令行就变为：E:\Myjupyter（注这是指定的工作文件夹）；

(3) 最后，输入：Jupyter notebook，回车就会启动 Jupyter Notebook，此时工作文件夹就是 E:\Myjupyter，也就是说此时使用的就是当前工作文件夹 Myjupyter，本次所编写的文件就会自动保存在此目录下（提醒：换工作文件夹时，需要同样处理）。

注：也可以在命令行输入 cd E:，然后回车就进入 E:\命令行，此时输入 jupyter notebook 就可以启动 jupyter，此时显示的就是 E 盘。

方法二：如果要长时间固定在一个文件夹用，那么修改工作路径可以操作如下：

（1）在开始菜单中找到 jupyter notebook 快捷打开方式，然后用鼠标对着它点击右键就可以看到“打开文件位置”；

（2）找到“Jupyter Notebook. exe”的快捷方式文件，打开其属性：

“属性”中“目标”一栏显示为

C:\Users\j\Anaconda3\python. exeC:\Users\j\Anaconda3\cwp. pyC:\Users\j\Anaconda3C:\Users\j\Anaconda3\python. exeC:\Users\j\Anaconda3\Scripts\jupyter-notebook-script. py %USERPROFILE%，

然后，将最后面的 %USERPROFILE% 替换为需要设置为启动目录的路径“E:\Myjupyter”即可，确定完成；

（3）之后，通过开始菜单直接打开 jupyter notebook 的工作路径就是"E:\Myjupyter"。

1.4

Markdown 介绍

Markdown 是一种标记语言，在 Jupyter 的 Markdown 环境下我们简单介绍标题、字号、表格、代码等（见表 1－6 至表 1－12）及公式和图像插入方法。

1.4.1 标题和注释

表 1－6 在行的开头用 1－6 个#字符再加上一个“空格”可以分别实现标题的 1－6 级别，符号“< br >”表示换行操作，或者空一行，或者在所写内容左右两侧各 3 个单引号

输入方法	输出
# 标题	**标题**
## 标题	**标题**
### 标题	**标题**
#### 标题	**标题**
###### 标题	***标题***
####### 标题	***标题***
#文本	#文本
文本 < br > 编译器	文本 编译器
```左右各 3 个单引号```	左右各 3 个单引号

1.4.2 段落

表 1－7　利用段落后的一个空行来开始新的段落，不空行则会连接在一起；也可以用
 进行换行

输入方法	输出
段落 1	段落 1
第一句 第二句	第一句 第二句
段落 2：	段落 2：
第一句　#这里空了两格 第二句	第一句 #这里空了两格 第二句
第一句	第一句
第二句	第二句
文本 编译器	文本 编译器
```文本 1 文本 2```	文本 1 文本 2

1.4.3 字号与字体及加粗

表 1－8　字号、字体、颜色、加粗及分割线设置

输入方法	输出
<font face = "黑体" >我是黑体字 </font>	我是黑体字
<font face = "微软雅黑" >我是微软雅黑 </font>	我是微软雅黑
<font face = "STCAIYUN" >我是华文彩云 </font>	我是华文彩云
<font color = red >我是红色 </font>	我是红色
<font color = #008000 >我是绿色 </font>	我是绿色
<font color = Blue >我是蓝色 </font>	我是蓝色
<font size = 5 >我是尺寸 </font>	我是尺寸
<font face = "黑体" color = green size = 5 >我是黑体，绿色，尺寸为 5 </font>	我是黑体，绿色，尺寸为 5
** 粗体 **	粗体#（加粗）
***（三个及以上的 *）	———————— #（分割线）
* 文本前加星号	* 文本前加星号

1.4.4 列表

表 1－9　用“数字．+空格”产生有序列表，利用“＊+空格”产生无序列表

输入方法	输出
1. 有序列表 1 　1. 有序列表 1.1 　2. 有序列表 1.2 2. 有序列表 2 3. 有序列表 3 ＊无序列表 1 　＊无序列表 1.1 ＊无序列表 2	1. 有序列表 1 　A. 有序列表 1.1 　B. 有序列表 1.2 2. 有序列表 2 3. 有序列表 3 • 无序列表 1 　• 无序列表 1.1 • 无序列表 2

1.4.5 引用

表 1－10　利用 > 或 > > 来引用内容

方法	输出
>引用段落 1 > >引用段落 1.1 >引用段落 2 标题 ＊无序列表 1 ＊无序列表 2	引用段落 1 　引用段落 1.1 引用段落 2 标题 　• 无序列表 1 　• 无序列表 2

1.4.6 表格

表 1－11　利用“|”和“－”来制作表格

<table>
<tr><th>方法</th><th>输出</th></tr>
<tr><td>指标 1 | 指标 2 | 指标 3
－ | － | －
x | 一般的 | 60
y | 中等 | 80
z | 好 | 90</td><td>指标 1　指标 2　指标 3
x　一般的　60
y　中等　80
z　好　90</td></tr>
</table>

1.4.7 插入代码和文字

表 1－12 利用［```代码部分```］插入原封不动的代码和文字

方法	输出

``
import os
os. getcwd( )
  中文的
    英文的
``
	import os
	os. getcwd( )
	  中文的
	    英文的

1.4.8 数学公式

在 markdown 中编辑数学公式与 LaTeX 编辑方法完全一样，所有的数学公式都在两个 $$ 之间，此时公式单行排列；如果在四个 $$$$ 中间，那么数学公式是居中排列。

$ \int_{0}^{1}f(x)dx = ? $	$\int_0^1 f(x)dx\ = ?$
$$ \sum^{j-1}_{k=0}\frac{\gamma_{kj}}{z_k} $$	$\sum_{k=0}^{j-1}\frac{\gamma_{kj}}{z_k}$

1.4.9 插入图像

一个快捷的插图方法：

(1) 打开图片右键点击复制（一定要打开图片复制）
(2) Markdown 模式下，直接 Ctrl + v 粘贴，此时在 cell 中应该出现：

! [image. png](attachment:image. png)

(3) 出现这行代码后，运行就成功了

注： 插图方法还有很多，后续再介绍。

1.5

Jupyter 中安装 Markdown 目录

安装好 Anaconda 并启动 Jupyter 后，一般其 Markdown 是不会自动产生目录的，要产生

自动生成的目录可以操作如下，以 Windows10 为例：

（1）在 anaconda prompt 命令行(base)C:\Users\j > 中输入：

pip install jupyter_contrib_nbextensions

（2）回车后，在命令行中输入：

jupyter contrib nbextension install -- user -- skip-running-check

（3）配置好后，启动 jupyter notebook，这时我们看到菜单栏上出现 Nbextensions 标志即为安装成功

（4）进入 Nbextensions 后我们可以看到有许多配置项，勾选 Table of Contents

（5）打开某个 python 文件，就能在快捷菜单中看到目录快捷标识

1.6 Python 文件常用后缀名

常见的 Python 文件的后缀文件格式有以下几种：

. ipynb	jupyter notebook 文件格式
. py	python 文件格式
. html	网页文件格式
. md	markdown 文件格式
. tex	LaTeX 文件格式
. slides. html	网页幻灯片格式

1.7 Python 模块

Python 模块（也称为库或包）可以理解为 python 的扩展，通过将模块导入可以扩展 python 功能，并且任何 Python 程序脚本都可以作为模块。一般模块可以分为 Python 标准库（内置模块）和第三方库（外置模块）。

1.7.1 Python 标准库

Python 3.7 的标准库（内置模块）有很多种，比如 os，sys，math，random，statistics，keyword，builtins，datetime，re，json，csv，string，urllib，operator，request，等等（详见 Python 网站 https：//docs.python.org/3.7/library/index.html）。

下面我们给出常见的几个内置模块（见表 1－13），注意在使用内置库时只需要导入即可，不需要安装。

表 1－13　　本书用到的 Python 内置模块

标准库	说　明
os	操作系统模块
sys	系统特定参数与函数模块
math	基本的数学函数模块
random	基本的生成伪随机数模块
statistics	基本的统计量模块
keyword	Python 的关键字
builtins	Python 内建函数
datetime	基本的日期和时间模块
re	正则化模块
timeit	参看程序运行时间的方法

注：表中部分库以后会有其他方法替代。

1.7.2 Python 第三方库

Python 的第三方库或模块有很多，比如 numpy，pandas，scipy，matplotlib，seaborn，PyEcharts，statsmodels，pygal，scikit-learn，keras，BeautifulSoup，resquests 等，当使用第三方库时一般需要先安装，然后导入模块后才能使用。表 1－14 给出了一些常用第三方库的网址。

表 1－14　　常用第三方库网址

库	网址
numpy	https：//numpy.org/
pandas	https：//pandas.pydata.org/
scipy	https：//www.scipy.org/
matplotlib	https：//matplotlib.org/
seaborn	http：//seaborn.pydata.org/

续表

库	网址
statsmodels	https://www.statsmodels.org/stable/index.html
scikit-learn	https://scikit-learn.org/
pygal	http://www.pygal.org/
bokeh	https://bokeh.org/
PyEcharts	https://pypi.org/project/pyecharts/
keras	https://keras.io/
plotnine	https://plotnine.readthedocs.io/en/stable/

1.7.3 模块安装/卸载

第三方模块在使用前，一般需要首先安装（见表 1－15），然后才可以导入使用。

（1）pip 安装和卸载模块方法

表 1－15　Anaconda Prompt 命令行(base)C:\Users\j > 中使用 pip 或 conda 安装模块

pip 命令（以 numpy 示例）	说　明
pip list，或 conda list	列出当前已经安装的 packages 信息
python －m pip uninstall numpy	卸载 numpy
python －m pip install numpy	安装 numpy
python －m pip install numpy == 1.19.0	安装 nupy1.19.0 版本（注意是两个等号）
python －m pip install --upgrade numpy	更新 numpy
python －m pip install XX.whl	使用下载的 whl 文件，在本地安装 XX.whl（注意要全名称）
pip install --upgrade jupyter	更新 jupyter notebook
conda install jupyter	安装 jupyter notebook
conda uninstall numpy	卸载 numpy
python －m pip install --upgrade pip	更新 pip

注：（1）尽量不用 pip 和 conda 交互安装；（2）上述 pip 命令中不需要输入 python －m 一般也可安装；有的模块还有其他安装方法，可以参考相应模块的网站；（3）下载 packages.whl 的网站：https://pypi.tuna.tsinghua.edu.cn/simple; https://www.lfd.uci.edu/~gohlke/pythonlibs/；（4）也可以在 jupyter 中安装，比如安装 jupyter 样式风格:! pip install jupyterthemes（不推荐）；（5）本教程中，注意代码中的横线，是一个横线，还是两个横线连在一起。

（2）清华镜像安装模块方法

安装模块时可能会太慢，甚至失败，此时我们可以设定国内清华镜像进行安装。在本书中我们始终假设 Aanaconda prompt 的默认命令行为 C:\Users\j。下面介绍三种添加镜像的方法。

方法一：暂时使用清华镜像安装方法

在 Anaconda Prompt 命令行中输入：

```
python -m pip install -i https://pypi.tuna.tsinghua.edu.cn/simple numpy
然后回车即可自动安装
```

方法二：长期使用清华镜像安装方法

首先，直接在 C:\Users\j 目录中创建一个名称为 pip 的文件夹；

然后，在 pip 文件夹中创建一个 pip. txt 记事本，记事本中内容如下：

```
[global]
index-url = https://pypi.tuna.tsinghua.edu.cn/simple
```

最后，务必将 pip. txt 的改成后缀为 ini 的文件 pip. ini，这一点很重要。

方法三：使用 conda 添加清华镜像

在 Anaconda prompt 的默认命令行 C:\Users\j 中依次输入：

```
conda config --add channelshttps://mirrors.tuna.tsinghua.edu.cn/anaconda/pkgs/free/
conda config --add channelshttps://mirrors.tuna.tsinghua.edu.cn/anaconda/cloud/conda-forge
conda config --add channelshttps://mirrors.tuna.tsinghua.edu.cn/anaconda/cloud/msys2/
conda config --set show_channel_urls yes
```

注：这 4 条命令，其实是写入了 . condarc 文件里，. condarc 文件在 C:\Users\j 文件夹里。

1.7.4 导入模块方法

如果要使用模块，必须要先导入后才可以使用。内置模块直接导入就可以使用，而第三方库一般需要先安装再导入才可以使用，而导入模块要用特定的命令执行。以导入模块 numpy（第三方库）和 math（内置模块）为例：

```
导入 1：import numpy                 用法：numpy.array((1,2,3))
导入 2：import numpy as np           用法：np.array((1,2,3))
导入 3：from math import sin         用法：sin(1)
导入 4：import math                  用法：math.sin(1)
导入 5：from math import *           导入所有 math 的函数，用法：sin(1)
```

1.7.5 模块的用法

一般一个模块下有很多属性或方法或类或变量或包等，我们通常可以使用 dir 或 help 等来查看其属性或方法等（本书非常强调 dir 或 help 的使用）。

表 1－16 查询模块和对象属性方法

功 能	说 明
pip list	查看当前安装的模块列表（命令行中使用）
conda list	查看当前所有安装的模块列表（命令行中使用）
dir( )	返回当前名称列表，但是不会给出内置函数
dir([ ])	返回列表属性方法列表
dir(( ))	返回数组属性方法列表
dir(dict)	返回字典属性方法列表
dir(XX)	返回对象 XX 属性方法列表
help(XX)	对象 XX 方法使用帮助
XX?	对象 XX 方法使用帮助
XX??	对象 XX 方法使用帮助
print(dir(XX))	打印出对象 XX 属性方法清单
globals( )	返回和查看当前所有的全局量名称
locals( )	返回和查看当前所有的局部量名称

下面我们举例说明几个常见的标准库，其他库可以类似使用，re 模块在第 5 章介绍。

内置模块 sys：

```
In[3]:    import sys
          print(dir(sys))
          sys.version      #查看版本号
Out[3]:   [……,'thread_info','version','version_info','warnoptions','winver']    #只给出部分输出结果
          '3.7.0(default,Jun 28 2018,08:04:48)[MSC v.1912 64 bit(AMD64)]'
```

内置模块 os：

```
In[4]:    import os
```

```
print( dir( os) )
os. getcwd( )      #查看当前工作目录
```

Out[4]: [……,'getcwd','urandom','utime','waitpid','walk','write']#只给出部分输出结果
'E:\\Myjupyter\\python 基础 -- 编写中'

内置模块 random:

In[5]:

```
import random
print( dir( random) )
```

Out[5]: [……,'betavariate','choice','choices','expovariate','gammavariate','gauss','getrandbits','getstate','lognormvariate','normalvariate','paretovariate','randint','random','randrange','sample','seed','setstate','shuffle','triangular','uniform','vonmisesvariate','weibullvariate']   #部分输出

内置模块 math:

In[6]:

```
import math
print( dir( math) )
```

Out[6]: [……,'acos','acosh','asin','asinh','atan','atan2','atanh','ceil','copysign','cos','cosh','degrees','e','erf','erfc','exp','expm1','fabs','factorial','floor','fmod','frexp','fsum','gamma','gcd','hypot','inf','isclose','isfinite','isinf','isnan','ldexp','lgamma','log','log10','log1p','log2','modf','nan','pi','pow','radians','remainder','sin','sinh','sqrt','tan','tanh','tau','trunc'] #部分输出

内置模块 keyword:

In[7]:

```
import keyword
print( dir( keyword) )
print( keyword. kwlist)      #查看保留字
```

Out[7]: ['__all__','__builtins__','__cached__','__doc__','__file__','__loader__','__name__','__package__','__spec__','iskeyword','kwlist','main'] # dir 的结果
['False','None','True','and','as','assert','async','await','break','class','continue','def','del','elif','else','except','finally','for','from','global','if','import','in','is','lambda','nonlocal','not','or','pass','raise','return','try','while','with','yield']

内置模块 builtins：

```
In[8]:    import builtins
          print(dir(builtins))      #内置函数
Out[8]:   [……,'sorted','staticmethod','str','sum','super','tuple','type','vars','zip']
          #部分输出
```

内置模块 statistics：

```
In[9]:    import statistics
          print(dir(statistics))
Out[9]:   [……,'bisect_left','bisect_right','collections','groupby','harmonic_mean','math',
          'mean','median','median_grouped','median_high','median_low','mode','numbers',
          'pstdev','pvariance','stdev','variance'] #部分输出
In[10]:   print(dir(statistics.math))  #查看 statistics 中的包 math 的方法
Out[10]:  ['__doc__','__loader__','__name__','__package__','__spec__','acos','acosh','asin',
          'asinh','atan','atan2','atanh','ceil','copysign','cos','cosh','degrees','e','erf','erfc','exp',
          'expm1','fabs','factorial','floor','fmod','frexp','fsum','gamma','gcd','hypot','inf','isclose',
          'isfinite','isinf','isnan','ldexp','lgamma','log','log10','log1p','log2','modf','nan','pi',
          'pow','radians','remainder','sin','sinh','sqrt','tan','tanh','tau','trunc']
```

导入 numpy 库和查询 numpy 方法：

```
In[11]:   import numpy as np  #导入 numpy 并给出别名
          print(dir(np))
Out[11]:  [……,'var','vdot','vectorize','version','void','void0','vsplit','vstack','warnings',
          'where','who','zeros','zeros_like']    #只给出很少一部分输出
In[12]:   x = [1,2,3]
          np.mean(x)   #用 numpy 中的 mean 方法求均值
Out[12]:  2.0
```

2 Python 基础知识

本章思维导图

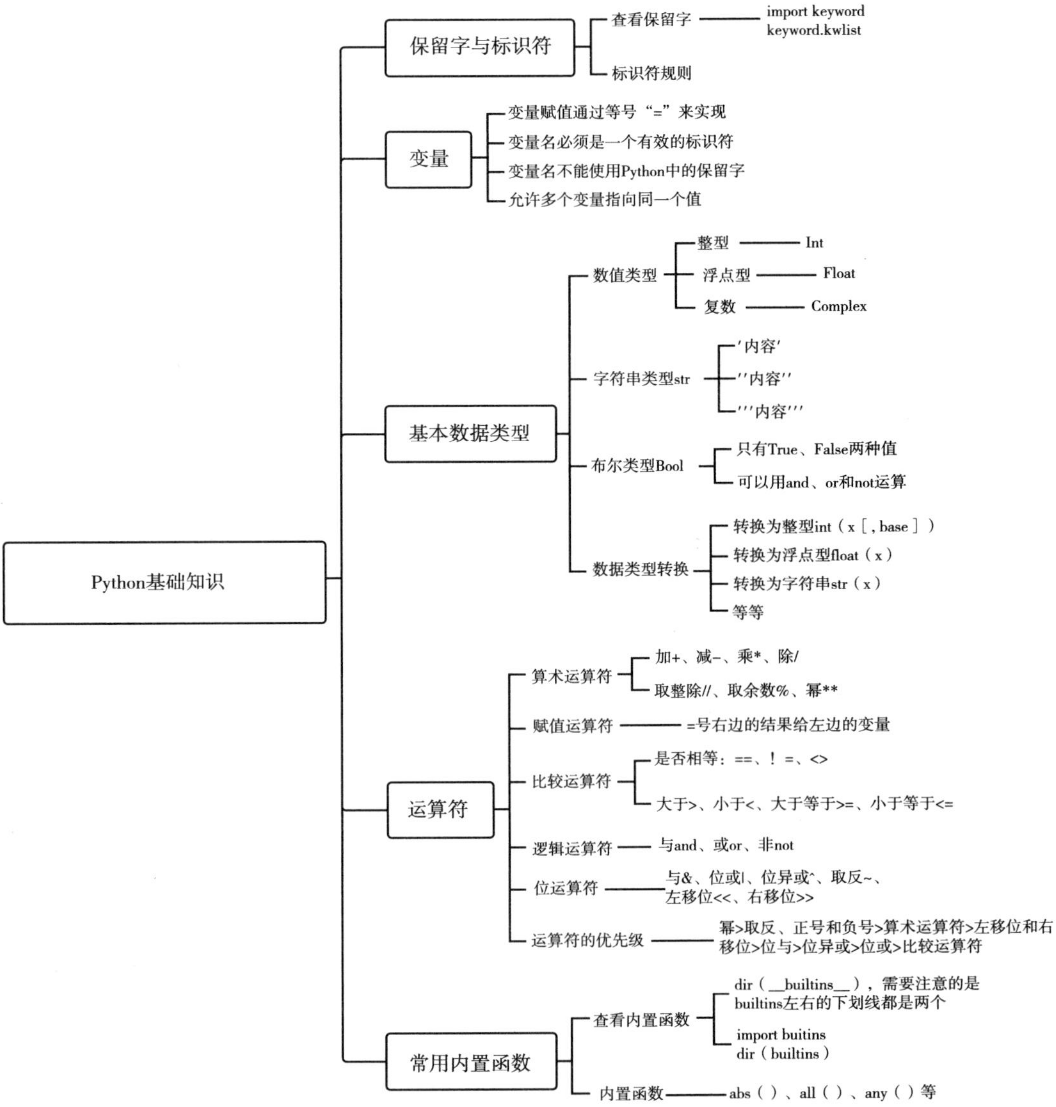

2.1

保留字与标识符

2.1.1 保留字

保留字也称为关键字，指被编程语言内部定义并保留使用的标识符，程序员编写程序时不能定义与保留字相同的标识符。每种程序设计语言都有一套保留字，保留字一般用来构成程序整体框架、表达关键值和具有结构性的复杂语义等。掌握一门编程语言首先要熟记其所对应的保留字。

Python 语言中的保留字如表 2－1 所示：

表 2－1　Python 中的保留字

and	as	assert	break	class
continue	def	del	elif	else
except	finally	finally	for	from
global	if	import	in	Is
lambda	nonlocal	not	or	Pass
raise	return	try	while	with
yield	False	None	True	

值得注意的是 Python 中保留字是区分大小写的。比如，True 是保留字，但是 true 就不属于保留字：

```
In[1]:    True = "中南财经政法大学"
Out[1]:   SyntaxError:can't assign to keyword
```

Python 保留字可以通过输入以下两行代码查看：

```
In[2]:    import keyword
          keyword. kwlist
Out[2]:   ['False','None','True','and','as','assert','break','class','continue','def','del','elif','else',
          'except','finally','for','from','global','if','import','in','is','lambda','nonlocal','not','or',
          'pass','raise','return','try','while','with','yield']
```

2.1.2 标识符

在编程语言中，我们需要用标识符来代指某个东西，这个东西可以是一个数据，可以是一个函数、一个类，那么与之对应的就是变量名、函数名、类名等概念。

就如同我们每个人都有名字一样，程序里，一个具体的东西也需要有名字，不然，我们就无法准确地找到它并对它进行操作。

标识符的定义有 5 个规则：

(1) 第一个字符必须是字母表中字母或下划线__；

(2) 标识符的其他的部分由字母、数字和下划线组成；

(3) 标识符对大小写敏感；

(4) 不能将保留字作为标识符；

(5) 标识符应当有意义，做到见名知意。

标识符的命名规则：

小驼峰式命名法（lower camel case）：第一个单词以小写字母开始；第二个单词的首字母大写，例如，myName、aDog。

大驼峰式命名法（upper camel case）：每一个单字的首字母都采用大写字母，例如，FirstName、LastName。

不过在程序员中还有一种命名法比较流行，就是用下划线“__”来连接所有的单词，比如，send_buf。

在以后的学习中，当你为一个变量起名字时，或者为一个函数起名字时，务必遵守上面这 5 条规定。现在，来示范一个合格的标识符。

如果需要一个变量，来保存学生的数量，那么可以定义变量：

```
In[3]:    teacher_count = 100    #老师数量
```

2.2

变　　量

2.2.1 理解 Python 中的变量

对于变量，在数学中我们已经学习过。在 C ++ 中，对变量的认识应该相当于一个标识符，创建一个变量，即开辟一块内存然后给这块内存起个名字，那么这个名字就是“变量”，当然，这个变量的含义和内存地址以及指针都是不相同的。

那么在 Python 中，变量意味着什么呢？按照我的理解，一言蔽之，就是一个指针。这确实和之前学过的强类型语言是有不同的。为什么这么说呢？首先，Python 中的变量是没有类型的，有类型的是“对象”，而不是变量。变量没有类型，那么就意味着它可以随意指向任何对象。在强类型语言中，变量其实都是有具体的类型来限制的，规定一个类型的变量只能被赋值与该类型相同或兼容的值。但是在 Python 中，变量的自由度更大。其次，之前学过体系结构的同学都应该了解，指针的内存空间大小是与类型无关的，其内存空间只是保存了所指向数据的内存地址。之所以说指针也有类型，是因为在计算偏移量的时候，确实需要类型相关的信息。所以，从深层次的含义上来理解，Python 中的变量与强类型语言中的指针非常相似。

例 2－1：

```
In[4]:     a = 1
In[5]:     "zuel"
Out[5]:    'zuel'
In[6]:     a
Out[6]:    1
```

2.2.2 变量的定义与使用

在 Python 中，不需要先声明变量名及其类型，直接赋值即可创建各种类型的变量。但是变量的命名并不是任意的，应当遵循以下几条规则：

（1）变量名必须是一个有效的标识符；

（2）变量名不能使用 Python 中的保留字；

（3）慎用小写字母 l 和大写字母 O；

（4）应选择有意义的单词作为变量名。

为变量赋值可以通过等号“＝”来实现，其语法格式为：变量名 = value

例如，创建一个整型变量，并为其赋值为 100，可以使用下面的语句：

```
In[7]:     zuel = 100     #创建变量 zuel 并赋值为 100，该变量为数值型
```

这样创建的变量就是数值型变量。如果直接为变量赋值一个字符串，那么该变量即为字符串类型。比如：

```
In[8]:      school ='中南财经政法大学'   #字符串类型变量
```

另外，Python 是一种动态类型的语言，也就是说，变量的类型可以随时变化。例如，创建变量 school，并赋值为字符串“中南财经政法大学”，然后输出该变量的类型，可以看到该变量为字符串类型，再将变量赋值为数值 100，并输出该变量的类型，可以看到该变量为整型。执行过程如下：

```
In[9]:      school ='中南财经政法大学'   #字符串类型变量
In[10]:     print(type(school))          #type( )可以返回变量类型
Out[10]:    <class 'str'>
In[11]:     school = 100
In[12]:     print(type(school))
Out[12]:    <class 'int'>
```

在 Python 中，允许多个变量指向同一个值。例如，将两个变量都赋值为数字 100，再分别应用内置函数 id( )获取变量的内存地址，将得到相同的结果。执行过程如下：

```
In[13]:     student = teacher = 100
            id(student)          #id( )可以返回变量所指的内存地址
Out[13]:    140709972717040
In[14]:     id(teacher)
Out[14]:    140709972717040
```

2.3 基本数据类型

2.3.1 数值类型

Python 可以处理任意大小的整数，当然包括负整数，在程序中的表示方法和数学上的写法一模一样，例如：1，100，－8080，0，等等。

计算机除了使用二进制，还常用十六进制表示，十六进制用 0x 前缀和 0～9，a～f 表示，例如：0xff00，0xa5b4c3d2，等等。

数值类型常包含整型、浮点型、复数类型。

（1）Int 整数。整型就是整数类型，声明整型如表 2－2 所示：

表 2－2 整型的四种方式

十进制：0～9	变量＝十进制数字
二进制：0～1	变量＝0b 二进制数字（0b 是二进制的标志符号）
八进制：0～7	变量＝0o 八进制数字（0o 是八进制的标志符号）
十六进制：0～9　A～F	变量＝0x 十六进制数字（0x 是十六进制的标志符号）

（2）Float 浮点型。浮点数也就是小数，之所以称为浮点数，是因为按照科学记数法表示时，一个浮点数的小数点位置是可变的，比如，1.23×10^9 和 12.3×10^8 是完全相等的。浮点数可以用数学写法，如 1.23，3.14，－9.01，等等。但是对于很大或很小的浮点数，就必须用科学计数法表示，把 10 用 e 替代，1.23×10^9 就是 1.23e9，或者 12.3e8，0.000012 可以写成 1.2e－5，等等。

整数和浮点数在计算机内部存储的方式是不同的，整数运算永远是精确的，而浮点数运算则可能会有四舍五入的误差。

（3）Complex 复数类型。复数的完整结构（实数部分＋虚数部分），声明复数的两种方式如表 2－3 所示：

表 2－3 复数的两种方式

表达式方式	变量＝实数＋虚数 如：var＝3＋2j
特定功能	变量＝complex（实数，虚数值） 如：var＝complex（5，3）

2.3.2 字符串类型

字符串是以单引号'或双引号"括起来的任意文本，比如'abc'，"xyz"，等等。请注意，‘ ’或“ ”本身只是一种表示方式，不是字符串的一部分，因此，字符串'abc'只有 a，b，c 这 3 个字符。如果'本身也是一个字符，那就可以用" "括起来，比如"I'm Zueler"包含的字符是 I，'，m，空格，Z，u，e，l，e，r 这 10 个字符。

字符串类型就是文字类型，声明一个字符串类型有三种方式如表 2－4 所示：

表 2－4 字符串类型的三种方式

单引号	变量＝'内容'
双引号	变量＝"内容"
三引号	变量＝'''内容'''

如何选择声明字符串的方式：

（1）单引号：内容中包含大量双引号时，适合使用单引号声明字符串；

（2）双引号：内容中包含大量单引号时，适合使用双引号声明字符串；

（3）三引号：内容中同时包含单双引号，适合使用三引号声明字符串。

2.3.3 布尔类型

布尔值（Bool）和布尔代数的表示完全一致，一个布尔值只有 True、False 两种值，在 Python 中，可以直接用 True、False 表示布尔值（请注意大小写），也可以通过布尔运算计算出来。

布尔值可以用 and、or 和 not 运算。例如：and 运算是“与”运算，只有所有都为 True，and 运算结果才是 True。

例 2-2：

```
In[15]: x = (2 > 3) and (5 < 6)
        print(x)
        print(type(x))
Out[15]: False
         <class 'bool'>
```

2.3.4 数据类型转换

Python 是动态类型的语言，即弱类型语言，不需要先声明变量的类型，但需要进行类型的转换。表 2-5 提供了各数据类型之间的转换方法。

表 2-5　常用的类型转换函数

函数	说明
int(x[,base])	将 x 转换为一个整数
float(x)	将 x 转换到一个浮点数
complex(real[,imag])	创建一个复数
str(x)	将对象 x 转换为字符串
repr(x)	将对象 x 转换为表达式字符串
eval(str)	用来计算在字符串中的有效 Python 表达式，并返回一个对象
tuple(s)	将序列 s 转换为一个元组
list(s)	将序列 s 转换为一个列表
chr(x)	将一个整数转换为一个字符
unichr(x)	将一个整数转换为 Unicode 字符
ord(x)	将一个字符转换为它的整数值
hex(x)	将一个整数转换为一个十六进制字符串
oct(x)	将一个整数转换为一个八进制字符串

2.4

运算符

在 Python 中，变量可以进行算术运算（见表 2 -6）、赋值运算（见表 2 -7）、比较运算（见表 2 -8）、逻辑运算（见表 2 -9）和位运算。

2.4.1 算术运算符

下面以 a =2，b =6 为例进行计算。

表 2 -6　　算术运算符

运算符	描　述	实　例
+	加	两个对象相加 a + b 输出结果 8
-	减	得到负数或是一个数减去另一个数 a - b 输出结果 -4
*	乘	两个数相乘或是返回一个被重复若干次的字符串 a * b 输出结果 12
/	除	b 除以 a，b/a 输出结果 3
//	取整除	返回商的整数部分 5//2 输出结果 2，5.0//2.0 输出结果 2.0
%	取余（取模）	返回除法的余数 b% a 输出结果 0
**	幂	返回 a 的 b 次幂，a ** b 为 2 的 6 次方，输出结果 64

例 2 -3：

```
In[16]:    5/2.0     #除
Out[16]:   2.5
In[17]:    5//2.0    #取整除
Out[17]:   2.0
```

2.4.2 赋值运算符

表 2 -7　　赋值运算符

运算符	描　述	实　例
=	赋值运算符	把 = 号右边的结果给左边的变量 c =4 +3 * 5 结果 c 的值为 19

例 2 -4:

```
In[18]:    c,d=0,1
In[19]:    c
Out[19]:   0
In[20]:    d
Out[20]:   1
```

2.4.3 比较运算符

表 2 -8 比较运算符

运算符	描述	实例
==	检查两个操作数的值是否相等，如果是则条件变为真	如 a =0，b =0 则（a == b）为 true
! =	检查两个操作数的值是否相等，如果值不相等，则条件变为真	如 a =0，b =1 则（a! =b）为 true
< >	检查两个操作数的值是否相等，如果值不相等，则条件变为真	如 a =2，b =4 则（a < >b）为 true，这个类似于! = 运算符
>	检查左操作数的值是否大于右操作数的值，如果是，则条件成立	如 a =3，b =2 则（a > b）为 true
<	检查左操作数的值是否小于右操作数的值，如果是，则条件成立	如 a =3，b =1 则（a < b）为 false
> =	检查左操作数的值是否大于或等于右操作数的值，如果是，则条件成立	如 a =2，b =2 则（a > =b）为 true
< =	检查左操作数的值是否小于或等于右操作数的值，如果是，则条件成立	如 a =1，b =1 则（a < =b）为 true

2.4.4 逻辑运算符

下面以 a =2，b =6 为例进行计算。

表 2 -9 逻辑运算符

运算符	逻辑表达式	描述	实例
and	x and y	布尔"与"：如果 x 为 False，x and y 返回 False，否则它返回 y 的计算值	(a and b) 返回 6
or	x or y	布尔"或"：如果 x 是 True，它返回 True，否则它返回 y 的计算值	(a or b) 返回 2
not	not x	布尔"非"：如果 x 为 True，返回 False。如果 x 为 False，它返回 True	not (a and b) 返回 False

2.4.5 位运算符

位运算符是把数字看作二进制数来进行计算的，因此，需要先将要执行运算的数据转换为二进制，然后才能执行运算。Python 中的位运算符有位与（&）、位或（|）、位异或（^）、取反（~）、左移位（<<）和右移位（>>）运算符。

（1）按位与

通常，我们写程序判断奇偶数，是除以 2 看余数。现在可以用该数和 1 进行按位与，结果是 1，就是奇数；是 0，则为偶数。

```
In[21]:     def Odd_Even(x):
                if x&1 == 1:
                    print(x,'是奇数')
                else:
                    print(x,'是偶数')
In[22]:     Odd_Even(100)
Out[22]:    100 是偶数
```

（2）按位或

任意数和 1 按位或，可以向上求最接近的奇数。

```
In[23]:     6|1     #位或
Out[23]:    7
In[24]:     7|1     #位或
Out[24]:    7
```

（3）按位异或

一个数 a，另一个数 b 进行两次异或运算，最后结果不变，即(a ^ b)^ b = a：

```
In[25]:     5^7     #位异或
Out[25]:    2
In[26]:     5^7^7     #位异或
Out[27]:    5
```

用异或运算调换两个数字的值：

```
In[28]:    a = 5
In[29]:    b = 7
In[30]:    a = a^b
In[31]:    b = b^a
In[32]:    a = a^b
In[33]:    print(a,b)
Out[33]:   7 5
```

当然 Python 中其实可以用一行代码就完成交换：

```
In[34]:    a = 5
In[35]:    b = 7
In[36]:    a,b = b,a
In[37]:    print(a,b)
Out[37]:   7 5
```

（4）按位取反

对一个数按位取反，等于它的相反数减 1：

```
In[38]:     ~55      #位取反
Out[38]:    -56
```

（5）按位左移

a 左移 b 位，就是把 a 转为二进制后左移 b 位，后面缺位补 0，相当于 a 乘以 2 的 b 次方，因为在二进制数后添一个 0 就相当于该数乘以 2：

```
In[39]:    5 << 2      #位左移
Out[39]:   20
```

（6）按位右移

a 右移 b 位，就是把 a 转为二进制后右移 b 位，前面缺位补 0，相当于 a 除以 2 的 b 次方，并向下取整：

```
In[40]:    14 > >2      #位右移
Out[40]:   3
```

2.4.6 运算符的优先级

所谓运算符的优先级，是指在应用中哪一个运算符先计算，哪一个后计算，与数学的四则运算应遵循的“先乘除，后加减”是一个道理。Python 运算符的运算规则是：优先级高的运算先执行，优先级低的运算后执行，同一优先级的操作按照从左到右的顺序进行。也可以像四则运算那样使用小括号，括号内的运算最先执行。表 2 - 10 按从高到低的顺序列出了运算符的优先级。同一行中的运算符具有相同优先级，此时它们的结合方向决定求值顺序。

表 2 - 10　　运算符的优先级

运算符	说明
* *	幂
~、+、-、	取反、正号和负号
+、-、*、/、%、//	算术运算符
< <、> >	位运算符中的左移和右移
&	位运算符中的位与
^	位运算符中的位异或
|	位运算符中的位或
<、< =、>、> =、! =、= =	比较运算符

2.5 常用的内置函数

Python 中内置了很多常用的函数，开发人员可以直接使用。查看 Python 内置函数的方法有两种，第一种方法是直接输入"dir(__builtins__)"，需要注意的是 builtins 左右的下划线都是两个，如下：

```
In[41]:    dir(__builtins__)      #查看内置函数
Out[41]:   [……,'abs','all','any','ascii','bin','bool','bytearray','bytes','callable','chr',
```

```
'classmethod','compile','complex','copyright','credits','delattr','dict','dir','divmod',
'enumerate','eval','exec','exit','filter','float','format','frozenset','getattr','globals',
'hasattr','hash','help','hex','id','input','int','isinstance','issubclass','iter','len',
'license','list','locals','map','max','memoryview','min','next','object','oct','open',
'ord','pow','print','property','quit','range','repr','reversed','round','set','setattr',
'slice','sorted','staticmethod','str','sum','super','tuple','type','vars','zip']  #部分输出
```

第二种查看 Python 内置函数的方法，直接输入"import builtins"，然后输入"dir(builtins)"，如下：

```
In[42]:    import builtins      #查看内置函数
In[43]:    dir(builtins)
```

```
Out[43]:   ['ArithmeticError',……,'abs','all','any','ascii','bin','bool','bytearray','bytes',
'callable','chr','classmethod','compile','complex','copyright','credits','delattr','dict',
'dir','divmod','enumerate','eval','exec','exit','filter','float','format','frozenset','getattr',
'globals','hasattr','hash','help','hex','id','input','int','isinstance','issubclass','iter',
'len','license','list','locals','map','max','memoryview','min','next','object','oct','open',
'ord','pow','print','property','quit','range','repr','reversed','round','set','setattr',
'slice','sorted','staticmethod','str','sum','super','tuple','type','vars','zip']
```

常用的 Python 内置函数如表 2－11 所示：

表 2－11　常用的内置函数

内置函数	作用	实例
abs()	返回数字的绝对值	In[28]: print(abs(－45)) Out[28]: 45
all()	用于判断给定的参数中的所有元素是否都为 TRUE，如果是返回 True，否则返回 False。元素除了是 0、空、None、False 外都算 True；空元组、空列表返回值为 True	In[29]: print(all([0.1,1,－1])) Out[29]: True In[30]: print(all([None,1])) Out[30]: False
any()	用于判断给定的参数是否全部为 False，是则返回 False，如果有一个为 True，则返回 True。元素除了是 0、空、False 外都算 TRUE	In[31]: print(any(" －45")) Out[31]: True In[32]: print(any((0,""))) Out[32]: False
bin()	返回一个整数 int 或者长整数 long int 的二进制表示	In[33]: print(bin(10)) Out[33]: 0b1010

续表

内置函数	作用	实例
bool()	用于将给定参数转换为布尔类型，如果参数不为空或不为 0，返回 True；参数为 0 或没有参数，返回 False	In[34]:　print(bool(10)) Out[34]:　True In[35]:　print(bool(0)) Out[35]:　False
bytearray()	返回一个新字节数组。这个数组里的元素是可变的，并且每个元素的值范围：0 <= x < 256（即 0 - 255）。即 bytearray() 是可修改的二进制字节格式	In[36]:　b = bytearray("abcd",encoding = "utf - 8") In[37]:　print(b[0]) Out[37]:　97 #把“abcd”的“a”对应的 ascii 码打印出来了
callable()	用于检查一个对象是否可调用的。对于函数、方法、lambda 函式、类以及实现了 __call__方法的类实例，它都返回 True	In[38]:a = 1 In[39]:print(callable(a)) Out[39]:False
chr()	用一个范围在 range（256）内（即 0 ~ 255）的整数作参数，返回一个对应的 ASCII 数值	In[40]:　print(chr(98)) #把数字 98 在 ascii 码中对应的字符打印出来 Out[40]:　b
dict()	用来将元组/列表转换为字典格式	In[41]:　print(dict(a = 'a',b = 'b',t = 't')) Out[41]:　{'a':'a','b':'b','t':'t'}
dir()	不带参数时，返回当前范围内的变量、方法和定义的类型列表；带参数时，返回参数的属性、方法列表	In[42]:　print(dir( ))#　获得当前模块的属性列表 Out[42]:　['__builtins__','__cached__','__doc__','__file__','__loader__','__name__','__package__','__spec__']
divmod()	把除数和余数运算结果结合起来，返回一个包含商和余数的元组（商 x，余数 y）	In[43]:　print(divmod(5,2)) Out[43]:　(2,1)
enumerate()	用于将一个可遍历的数据对象（如列表、元组或字符串）组合为一个索引序列，同时列出数据和数据下标，一般用在 for 循环当中	In[44]:　seasons = ['Spring','Summer','Fall','Winter'] In[45]:　print(list(enumerate(seasons))) Out[45]:　[(0,'Spring'),(1,'Summer'),(2,'Fall'),(3,'Winter')]
filter()	用于过滤序列，过滤掉不符合条件的元素，返回一个迭代器对象，可用 list() 来转换为列表	In[46]:　#过滤掉 0 - 9 中不符合 n > 5 的数据 res = filter(lambda n:n > 5,range(10)) In[47]:　for i in res: 　　print(i) Out[47]:　6 7 8 9
format()	一种格式化字符串的函数，基本语法是通过 {} 和：来代替以前的%。format 函数可以接受不限个参数，位置可以不按顺序	In[48]:　print("{}{}".format('a','1')) Out[48]:　a1
float()	用于将整数和字符串转换成浮点数	In[49]:　print(float(1)) Out[49]:　1.0
frozenset()	返回一个冻结的集合（一个无序的不重复元素序列），冻结后集合不能再添加或删除任何元素	In[50]:　#先创建一个冻结集合 a = frozenset(range(10)) In[51]:　print(a) Out[51]:　frozenset({0,1,2,3,4,5,6,7,8,9})

续表

内置函数	作用	实例

globals()	以字典格式返回当前位置的全部全局变量	In[52]: # globals 函数返回一个全局变量的字典,包括所有导入的变量
		print(globals( ))

hash()	用于获取一个对象(数字或者字符串等)的哈希值。不能直接应用于 list、set、dictionary	In[53]: print(hash(1)) Out[53]: 1
help()	用于查看函数或模块用途的详细说明	In[54]: help('sys')# 查看 sys 模块的帮助
hex()	用于将一个整数转换为十六进制数。返回一个字符串,以 0x 开头	In[55]: print(hex(1)) Out[55]: 0x1
id()	用于获取对象的内存地址	In[56]: a = "123" In[57]: print(id(a)) Out[57]: 13870392

input()	接受一个标准输入数据,返回为 string 类型	In[58]: a = '123456'
		In[59]: b = input("username:")
		In[60]: if b == a:
		#如果 b 的输入数据等于 a 存储的数据,打印"right"
		    print("right")
		else:#否则打印"wrong"
		    print("wrong")
		对话框 username:123456
		Out[60]: right

int()	用于将一个字符串或数字转换为整型	In[61]: print(int(0.5)) Out[61]: 0
isinstance()	判断一个对象是否是一个已知的类型,返回布尔值。类似 type()	In[62]: a = 2 print(isinstance(a,int)) Out[62]: True

issubclass()	用于判断参数 class 是否是类型参数 classinfo 的子类	In[63]: class a:
		    pass
		class b(a): #b 继承了 a,即 b 是 a 的子类
		    pass
		In[64]: print(issubclass(a,b))#判断 a 是 b 的子类?
		Out[64]: False

iter()	用来生成迭代器。list、tuple 等都是可迭代对象,我们可以通过 iter() 函数获取这些可迭代对象的迭代器,然后可以对获取到的迭代器不断用 next() 函数来获取下条数据	In[65]: it = [1,2,3] it_list = iter(it) In[66]: print(next(it_list)) Out[66]: 1 In[67]: print(next(it_list)) Out[67]: 2
len()	返回对象(字符、列表、元组等)长度或元素个数	In[68]: print(len('1234')) Out[68]: 4

续表

内置函数	作用	实例
list()	用于将元组转换为列表	In[69]: print(list((1,2,3))) Out[69]: [1,2,3]
map()	接收函数 f 和 list，并通过把函数 f 依次作用在 list 的每个元素上，得到一个新的 list 并返回	In[70]: res = map(lambda n:n * 2,[0,1,2,3,4,5]) #使用 lambda 匿名函数 In[71]: for i in res: print(i) Out[71]: 0 2 4 6 8 10
max()	返回给定参数的最大值，参数可以为序列	In[72]: print("max(10,20,30):",max(10,20,30)) Out[72]: max(10,20,30):30
min()	返回给定参数的最小值，参数可以为序列	In[73]: print("min(10,20,30):",min(10,20,30)) Out[73]: min(10,20,30):10
oct()	将一个整数转换成八进制字符串	In[74]: print(oct(10)) Out[74]: 0o12
open()	用于打开一个文件，创建一个 file 对象，相关的方法才可以调用它进行读写	In[75]: f = open("test1.txt","w",encoding = "utf-8") #创建一个 file In[76]: print(f.write("abc")) In[77]: f = open("test1.txt","r",encoding = "utf-8") #读取文件数据 In[78]: print(f.read()) Out[78]: abc
pow()	返回 x 的 y 次方的值	In[79]: print(pow(2,2)) #2 的二次方 Out[79]: 4.0
print()	用于打印输出，最常见的一个函数	In[80]: print("Hello World!") Out[80]: Hello World!
range()	创建一个整数列表，一般用在 for 循环中。语法：range（start，stop[，step]）或 range（stop）	In[81]: for i in range(10): print(i) Out[81]: 0 1 2 3 4 5 6 7 8 9
reduce()	对参数序列中元素进行累积	In[82]: import functools a = functools.reduce(lambda x,y:x + y,[1,2,3]) print(a) Out[82]: 6 #从 1 加到 3
reversed()	返回一个反转的迭代器	In[83]: rev = reversed([1,2,3,4,5]) print(list(rev)) Out[83]: [5,4,3,2,1]

round()	返回浮点数 x 的四舍五入值	In[84]: #只有一个参数时,默认保留到整数
		print(round(4.3))
		Out[84]: 4

续表

内置函数	作用	实例
set()	创建一个无序不重复元素集，可进行关系测试，删除重复数据，还可以计算交集、差集、并集等	In[85]: a = set('school') print(a) Out[85]: {'o','c','s','l','h'}
slice()	实现切片对象，主要用在切片操作函数里的参数传递	In[86]: a = slice("school") print(a) Out[86]: slice(None,'school',None)
sorted()	对所有可迭代的对象进行排序（默认升序）操作	In[87]: print(sorted([1,2,5,30,4,22])) Out[87]: [1,2,4,5,22,30]
str()	将对象转化为 string 格式	In[88]: a = str((1,2,3)) print(a) Out[88]: (1,2,3) In[89]: print(type(a)) Out[89]: <class 'str'>
sum()	对参数进行求和计算	In[90]: print(sum([1,2,3])) Out[90]: 6
tuple()	将列表转换为元组	In[91]: print(tuple([1,2,3])) Out[91]: (1,2,3)
type()	如果你只有第一个参数则返回对象的类型，三个参数返回新的类型对象	In[92]: print(type(1)) Out[92]: <class 'int'>
zip()	用于将可迭代的对象作为参数，将对象中对应的元素打包成一个个元组，然后返回由这些元组组成的对象，这样做的好处是节约了不少的内存	In[93]: a = [1,2,3] b = [4,5,6] c = [7,8,9,10] In[94]: for i in zip(a,b): print(i) Out[94]: (1,4) (2,5) (3,6)

3　Python 基本数据结构

本章思维导图

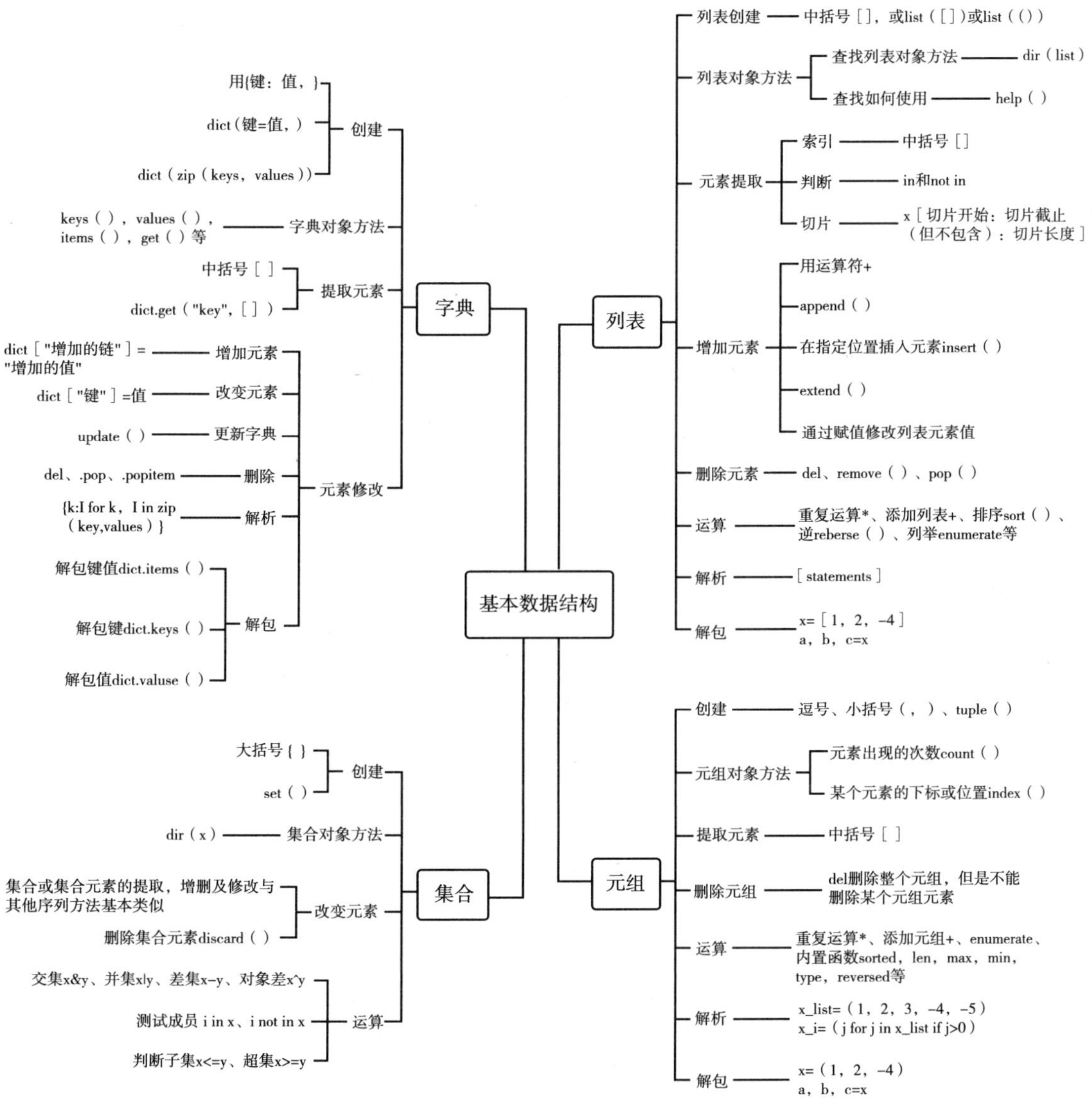

Python 基本数据结构中主要介绍四种序列结构：列表（list）、元组（tuple）、字典（dict）、集合（set）。本章按照对象（object）的创建、提取、增删、修改、运算、解析和解包的顺序进行逐一讨论（提醒：操作本章内容时，请在一个 Jupyter 文件中按节顺序操作）。

每种序列都有与之紧密联系的属性或方法或函数或变量等，称为对象的属性或方法或函数（在本书中我们统称为：属性方法或方法），当然这些对象属性方法有很多与 Python 内置函数是重名的，但是调用方法有些差异。一般，对象属性方法的调用与 Python 内置函数调用很像，只是在属性方法名前面加上对象【object】和点号【.】，也就是说：

object. method(arguments)

其中 object 是对象，method 是对象的属性或函数或方法或库或包或模块等，arguments 是所讨论的量（可以为空）。特别地，对象属性方法中可能还有方法，比如 numpy.random.randn(1)，其中 numpy 是对象，random 是 numpy 对象中的一个产生随机数的包，randn 是 numpy.random 包中产生在（0，1）的随机数的方法。

3.1 列　　表

列表是有序的、可变序列。本节按照列表（list）创建、列表对象方法、列表元素提取、列表和元素增删及修改、列表的运算、列表解析和解包的顺序进行介绍。

3.1.1 列表的创建

列表常用中括号 [ ] 或 list( ) 两种方法创建。

（1）用 [ ] 创建列表

```
In[1]:   x = [1,2,3,"str1","str2"]#[,]生成列表
         print("列表 x:",x)
         print("类型:",type(x))
Out[1]:  列表 x:[1,2,3,'str1','str2']
         类型:<class 'list'>
```

（2）用 list([ ])或 list(( ))创建列表

```
In[2]:   #list( )生成列表,( )内可以是列表或元组或字符串等
         x = list([1,2,3,"str1","str2"])
```

```
          print("列表 x:",x)
          print("类型:",type(x))
Out[2]:   列表 x:[1,2,3,'str1','str2']
          类型:<class 'list'>
In[3]:    x = list((1,2,3,"str1","str2"))#list()生成列表实际上是序列间转换的过程
          print("列表 x:",x)
          print("类型:",type(x))
Out[3]:   列表 x:[1,2,3,'str1','str2']
          类型:<class 'list'>
```

用 Python 内置函数 range( )产生序列，再使用 list(( ))创建列表：

```
In[4]:    x = range(5)  #由内置函数 range()产生一个序列
          print("range of x:",x)
          print("x 类型:",type(x))
          x_x = list(x)
          print("列表:",x_x)
          print("x_x 类型:",type(x_x))
Out[4]:   range of x:range(0,5)
          x 类型:<class 'range'>
          列表:[0,1,2,3,4]
          x_x 类型:<class 'list'>
```

用内置函数 list( )对字符串创建列表：

```
In[5]:    x = list("zhongnan")#对字符串建立列表
          print("列表值:",x)
          print("类型:",type(x))
Out[5]:   列表值:['z','h','o','n','g','n','a','n']
          类型:<class 'list'>
```

（3）单元素列表创建

```
In[6]:    x = [1,]  #也可以用 x = [1]
          print(x)
```

```
          print(type(x))
Out[6]:   [1]
          <class 'list'>
```

(4) 创建空列表

```
In[7]:    x = []
          print("列表 x:",x)
          print("类型:",type(x))
Out[7]:   列表 x:[]
          类型:<class 'list'>
In[8]:    x = list()  #产生空列表
          print("列表 x:",x)
          print("类型:",type(x))
Out[8]:   列表 x:[]
          类型:<class 'list'>
```

3.1.2 列表对象方法

列表对象的方法（见表 3－1）有很多，不要去试图记住列表对象的所有方法，要学会如何用 dir 或 help 或【列表对象．<SHIFT + TAB>】或【列表对象．<TAB>】等知道有哪些方法及如何运用，这才是最重要的。

列表对象的方法：

```
In[9]:    x_list = [1,2,3,"str1","str2"]#[,]生成列表
          print("列表 x_list:",x_list)
          print(dir(x_list))#或者 用 x_list + TAB,或者 dir(list)
Out[9]:   列表 x_list:[1,2,3,'str1','str2']
          ['__add__','__class__','__contains__','__delattr__','__delitem__','__dir__','__doc__',
          '__eq__','__format__','__ge__','__getattribute__','__getitem__','__gt__','__hash__',
          '__iadd__','__imul__','__init__','__init_subclass__','__iter__','__le__','__len__',
          '__lt__','__mul__','__ne__','__new__','__reduce__','__reduce_ex__','__repr__','__re-
          versed__','__rmul__','__setattr__','__setitem__','__sizeof__','__str__','__subclasshook
          __','append','clear','copy','count','extend','index','insert','pop','remove','reverse','sort']
```

表 3-1　　列表对象的常见方法

方　法	说　明
append(x)	将某元素 x 添加到列表 x_list 尾部
clear( )	删除列表中所有元素，单保留列表对象
copy( )	返回列表对象的浅复制
count(x)	返回指定元素 x 在列表中的出现次数
extend(y)	将列表 y 中所有元素添加到列表尾部
index(x)	返回指定元素的下标
insert(index,x)	在列表指定位置 index 处添加元素 x
pop([index])	删除并返回列表对象指定位置的元素，默认为最后一个元素
remove(x)	删除列表中首次出现的元素 x
reverse( )	返回列表的逆序
sort( )	排序列表元素

例 3-1：用列表对象的 reverse( )方法作逆序

```
In[11]:    xx = [1,0.5,4,3]
           xx.reverse( )   #逆序
           print(xx)
Out[11]:   [3,4,0.5,1]
```

3.1.3　列表元素提取

列表元素提取主要使用索引和切片方法，它们都是基于位置，位置序号可为 0、负整数或正整数。

(1) 索引和判断

用中括号 [ ] 进行索引来提取列表元素，用 in 和 not in 进行判断：

```
In[12]:    x = [1,2,3,"str1","str2"]
           x[2]    #位置索引第 3 个元素
Out[12]:   3
In[13]:    x = [1,2,3,"str1","str2"]
           x[-2]    #位置索引倒数第二个元素
Out[13]:   'str1'
In[14]:    x = [1,20,3,"str1",3]
           x.count(3)    #看元素 3 出现的次数
```

```
Out[14]:  2
In[15]:   #判断
          x = [1,20,3,"str1",3]
          print(x)
          print("3 in x:",3 in x)    #看元素3是否在列表中
          print("3 not in x:",3 not in x)    #看元素3是否在列表中
Out[15]:  [1,20,3,'str1',3]
          3 in x:True
          2     not in x:False
```

(2) 切片

用冒号:进行切片来提取列表元素

```
In[16]:   #切片用2个冒号":"来分割3个数字完成,第一数字表示切片开始,
          #第二个数字表示切片截止(但不包含),第三个数字表示切片的长度
          x = [1,2,3,"str4","str5",6,7,8,9]
          print("第1行:",  x[2:4])#位置2,3的元素,左闭右开
          print("第2行:",  x[2:])#位置2以后的所有元素
          print("第3行:",  x[2:2])#异常时只是抛出空表或尾部截断
          print("第4行:",  x[2::2])#从第2个下标位置每隔2个提取
          print("第5行:",  x[::2])#全部元素每隔2个提取
          print("第6行:",  x[::])#全部数据
          print("第7行:",  x[3:20])#尾部截断
          print("第8行:",  x[:-2])#提取倒数第二个元素
          print("第9行:",  x[-5:-2])#提取倒数第5个元素-->倒数第二个元素
Out[16]:  第1行:[3,'str4']
          第2行:[3,'str4','str5',6,7,8,9]
          第3行:[]
          第4行:[3,'str5',7,9]
          第5行:[1,3,'str5',7,9]
          第6行:[1,2,3,'str4','str5',6,7,8,9]
          第7行:['str4','str5',6,7,8,9]
          第8行:[1,2,3,'str4','str5',6,7]
          第9行:['str5',6,7]
```

3.1.4 列表和元素增删及修改

（1）增加和修改列表和元素

在这我们介绍 5 种方法来修改列表，具体为：用运算符 +，或列表对象的 append( )、insert( )、extend( )，或赋值法。

①方法 1：用运算符 + 来增加元素

```
In[17]:    x = [1,2,3,"str1","str2"] + [10]#用运算符来增加元素
           x
Out[17]:   [1,2,3,'str1','str2',10]
```

②用列表方法 append( )增加元素

```
In[18]:    x = [1,2,3,"str1","str2"]#用 append( )添加元素
           x.append(10)
           x
Out[18]:   [1,2,3,'str1','str2',10]
```

③用列表方法 insert( )在指定位置插入元素

```
In[19]:    x = [1,2,3,"str1","str2"]#用 insert( )添加元素,此方法比运算符添加元素快
           x.insert(2,0)#不知道 insert 用法怎么办? x.insert(在这用组合键 SHIFT + TAB)
           x
Out[19]:   [1,2,0,3,'str1','str2']
```

④用列表方法 extend( )添加元素

```
In[20]:    x = [1,2,3,"str1","str2"]#用 extend( )添加一个列表,注意与 append 的区别
           x.extend([1,2])
           x
Out[20]:   [1,2,3,'str1','str2',1,2]
```

⑤通过赋值修改列表元素值

```
In[21]:   x = [1,2,3,"str1","str2","str1",4]
          x[2] = 100
          x
Out[21]:  [1,2,100,'str1','str2','str1',4]
```

修改列表元素的方法有很多，但是我们很少用连接操作符加号 + 来进行修改添加，推荐使用列表的内置方法。

（2）删除列表和元素

①用内置函数 del 删除列表元素和列表

```
In[22]:   x = [1,2,3,"str1","str2","str1"]
          del x[2]  #用 del 来删除某元素或列表
          x
Out[22]:  [1,2,'str1','str2','str1']
```

②用列表方法 remove( )删除指定位置元素

```
In[23]:   x = [1,2,3,"str1","str2","str1"]
          x.remove(2)#用 remove 来删除某个位置的元素,推荐使用
          x
Out[23]:  [1,3,'str1','str2','str1']
```

③用列表方法 pop( )删除元素

```
In[24]:   x = [1,2,3,"str1","str2","str1",4]
          print(x.pop( ))#用 pop 来删除最后一个,并返回指定的位置
          print(x)#显示删除后的列表
Out[24]:  4
          [1,2,3,'str1','str2','str1']
```

```
In[25]:   x = [1,2,3,"str1","str2","str1",3]
          print(x.pop(1))#用 pop 来删除指定位置元素,并返回该元素
          print(x)#显示删除后的列表
```

```
Out[25]:  2
          [1,3,'str1','str2','str1',3]
```

3.1.5 列表的运算

（1）用星号 * 进行列表重复运算

```
In[26]:   x = [1,2,3,"str1","str2","str1"] * 2   #列表重复
          x
Out[26]:  [1,2,3,'str1','str2','str1',1,2,3,'str1','str2','str1']
```

（2）用运算符加号 + 添加列表

```
In[27]:   x = [1,2,3,"str1","str2","str1"] + [1,2,3]   #添加列表
          x
Out[27]:  [1,2,3,'str1','str2','str1',1,2,3]
```

（3）用列表对象方法对列表做各种排序，求逆等运算

```
In[28]:   #还可以用来做 list.sort(),list.reverse()
          x = [1,2,3,0.5,4,1.5]
          x.sort()
          x
Out[28]:  [0.5,1,1.5,2,3,4]
In[29]:   #list.sort()中有两个参数 key 和 reverse
          x = ["a","ab","b","hello","cc"]
          x.sort(key = len)    #注意方法帮助 x.sort(Shift + TAB),可以出现用法
          x
Out[29]:  ['a','b','ab','cc','hello']
In[30]:   x = [2,4,3,9,7]
          x.sort(reverse = True)
          x
Out[30]:  [9,7,4,3,2]
```

（4）用 python 的内置函数处理列表对象，注意用法的区别

```
In[31]:   #也可以用内置函数来处理 list,比如 sorted,len,max,min,type,reversed 等
          x = [1,2,3,0.5,4, -1.58]
          print("值:",x)
          print("长度:",len(x))
          print("max:",max(x))
          print("min:",min(x))
          print("type:",type(x))
          print("sum:",sum(x))
Out[31]:  值:[1,2,3,0.5,4, -1.58]
          长度:6
          max:4
          min: -1.58
          type: <class 'list'>
          sum:8.92
In[32]:   print(dir(__builtins__))  #内置函数,注意这里是两个"_"
Out[32]:  'str','sum','type','vars'  #只给出几个结果展示
```

（5）enumerate 用法

```
In[33]:   # enumerate 处理列表和元组,给出下标和元素值的元组
          x = [1,2,3,0.5,4, -1.58]
          for i in enumerate(x):
              print(i)
Out[33]:  (0,1)
          (1,2)
          (2,3)
          (3,0.5)
          (4,4)
          (5, -1.58)
```

（6）用 zip 将列表或元组对应位置元素组合为元组，并返回列表

```
In[34]:   #内置函数 zip 将列表或元组对应位置元素组合为元组,返回列表
```

```
        x1 = [1,2,3]
        x2 = [4,5,6,7]
        x = zip(x1,x2)
        print(x)
        list(x)
Out[34]:  <zip object at 0x000001DD33EE6E88>
        [(1,4),(2,5),(3,6)]
```

3.1.6 列表解析

用中括号［statements］作列表解析：

```
In[35]:  #列表解析也叫列表推导式
        x_list = [x ** 2 for x in range(10)]
        print(x_list)
        print(type(x_list))
Out[35]:  [0,1,4,9,16,25,36,49,64,81]
        <class 'list'>
```

```
In[36]:  x_list = [1,2,3, -4, -5]
        [i for i in x_list if i > 0]
Out[36]:  [1,2,3]
In[37]:  #等价于下面的
        x_list = [1,2,3, -4, -5]
        for i in x_list:
            if i > 0:
                print(i)
Out[37]:  1
        2
        3
```

3.1.7 列表解包

用多赋值方法进行列表解包：

```
In[38]:     x = [1,2, -4]
            a,b,c = x
            a,b,c
Out[38]:    (1,2, -4)
In[39]:     print(a,b,c)
Out[39]:    1 2 -4
```

3.2 元组

元组（tuple）是有序的、不可变序列，也就意味着创建好元组后一般是不能修改其元素的值，当然也不能增加或删除元素，这与列表是不同的。

3.2.1 元组的创建

创建一个元组常用逗号，或小括号，或 tuple( )等实现。

（1）用逗号，两两间隔元素创建元组，但是不推荐使用

```
In[40]:     x = 1,2,3    #用,创建元组
            print(x)
            print("类型:",type(x))
Out[40]:    (1,2,3)
            类型:<class 'tuple'>
In[41]:     x = "字符 1","字符 2","sequ"
            print(x)
            print("The type of x:",type(x))
Out[41]:    ('字符 1','字符 2','sequ')
            The type of x:<class 'tuple'>
In[42]:     x = 1,  #用, 创建元组,但是要注意只有一个元素时也必须有一个逗号
            print(x)
            print("类型:",type(x))
```

```
Out[42]:  (1,)
          类型:<class 'tuple'>
In[43]:   x = 1      #没有, 那么就不是产生元组
          print(x)
          print("类型:",type(x))
Out[43]:  1
          类型:<class 'int'>
```

(2) 用小括号(,)创建元组

```
In[44]:   x = (1,2,3)  #用(,)创建元组
          print(x)
          print("类型:",type(x))
Out[44]:  (1,2,3)
          类型:<class 'tuple'>
In[45]:   x = (1,)  #用(,)创建元组,但是要注意只有一个元素时也必须有一个逗号
          print(x)
          print("类型:",type(x))
Out[45]:  (1,)
          类型:<class 'tuple'>
In[46]:   x = (1)  #注意只有一个元素时没有逗号发生什么了?
          print(x)
          print("类型:",type(x))
Out[46]:  1
          类型:<class 'int'>
```

(3) 用内置函数 tuple( )创建元组

```
In[47]:   x = tuple((1,2,3))   #用 tuple((,))来产生元组,实际上用了转化方法
          print(x)
          print("类型:",type(x))
Out[47]:  (1,2,3)
          类型:<class 'tuple'>
In[48]:   x = tuple(1,2,3)   #不能用 tuple(,)来产生元组
          print(x)
```

```
         print("类型:",type(x))
Out[48]: TypeError                    Traceback(most recent call last)
         <ipython-input-29-07ca12d2659e> in <module>()
         ----> 1 x = tuple(1,2,3)   # 不能用 tuple(,)来产生元组
               2 print(x)
               3 print("类型:",type(x))
         TypeError:tuple expected at most 1 arguments,got 3
```

（4）创建空元组

```
In[49]:  x = ()   #产生一个空的元组
         print(x)
         print("类型:",type(x))
Out[49]: ()
         类型:<class 'tuple'>
In[50]:  x = tuple()   #产生一个空的元组
         print(x)
         print("类型:",type(x))
Out[50]: ()
         类型:<class 'tuple'>
```

3.2.2 元组对象方法

由于元组是不可变的，致使元组对象方法只有两个常用方法，即 count（元素出现的次数）和 index（某个元素的下标或位置，如果不存在此元素则抛出异常）。具体为：

```
In[51]:  #元组对象方法与列表对象方法的区别非常大
         x = (1,2,3,2,3,4,2)  #用(,)创建元组
         print(x)
         print(dir(x))  #查看元组对象的方法,也可以用 x. + TAB
         #结果显示只有 index 和 count
         print("个数:",x.count(2))
         print("标签:",x.index(1))
Out[51]: (1,2,3,2,3,4,2)
```

```
['__add__','__class__','__contains__','__delattr__','__dir__','__doc__','__eq__',
'__format__','__ge__','__getattribute__','__getitem__','__getnewargs__','__gt__',
'__hash__','__init__','__init_subclass__','__iter__','__le__','__len__','__lt__',
'__mul__','__ne__','__new__','__reduce__','__reduce_ex__','__repr__','__rmul__','__setattr__','__sizeof__','__str__','__subclasshook__','count','index']
个数:3
标签:0
```

```
In[52]:    dir(tuple)
Out[52]:   […,'count', 'index']        #只是给出部分
```

3.2.3 元组元素的提取

用中括号［］提取元组的元素：

```
In[53]:    #提取元素的方法与 list 一样
           x = (1,2,3,2,3,4,2,"字符 1","str1")   #用(,)创建元组
           print(x)
Out[53]:   (1,2,3,2,3,4,2,'字符 1','str1')
In[54]:    x[1]     #选取第 2 个元素
Out[54]:   2
In[55]:    x[3:8]
Out[55]:   (2,3,4,2,'字符 1')
```

3.2.4 元组的删除

用内置函数 del 删除整个元组，但是不能删除某个元组元素：

```
In[56]:    x = (1,2,3,2,3,4,2,"字符 1","str1")   #用(,)创建元组
           print("x 的值:",x)
Out[56]:   x 的值:(1,2,3,2,3,4,2,'字符 1','str1')
In[57]:    del x
```

```
          print(x)
Out[57]:  NameError:name 'x' is not defined
```

3.2.5 元组的运算

用运算符 * 实现元组重复操作:

```
In[58]:   x = (1,2,3,"字符 1") * 2 #重复
          x
Out[58]:  (1,2,3,'字符 1',1,2,3,'字符 1')
```

用加号 + 实现元组元素添加:

```
In[59]:   x = (1,2,3,"字符 1") + (1,2)
          print(x)
          print(type(x))
Out[59]:  (1,2,3,'字符 1',1,2)
          <class 'tuple'>
```

用内置函数处理元组:

```
In[60]:   #用内置函数来处理 tuple,比如 sorted,len,max,min,type,reversed 等
          x = (1,2,3,0.5,4, -1.58)
          print("值:",x)
          print("长度:",len(x))
          print("max:",max(x))
          print("min:",min(x))
          print("type:",type(x))
          print("sum:",sum(x))
          print("sort:",sorted(x))
Out[60]:  值:(1,2,3,0.5,4, -1.58)
          长度:6
          max:4
          min: -1.58
```

```
type: <class 'tuple'>
sum:8.92
sort:[-1.58,0.5,1,2,3,4]
```

用 enumerate 处理列表或元组，给出下标和元素值的元组：

```
In[61]:   # enumerate 来处理列表和元组,给出下标和元素值的元组
          x = (1,2,3,0.5,4, -1.58)
          for i in enumerate(x):
              print(i)
Out[61]:  (0,1)
          (1,2)
          (2,3)
          (3,0.5)
          (4,4)
          (5, -1.58)
```

用 zip 合并列表或元组，返回列表：

```
In[62]:   #内置函数 zip 将列表或元组对应位置元素组合为元组,返回列表
          x1 = (1,2,3)
          x2 = (4,5,6,7)
          x = zip(x1,x2)
          print(x)
          tuple(x)
Out[62]:  <zip object at 0x000001DD33F70808>
          ((1,4),(2,5),(3,6))
```

3.2.6 元组解析

元组解析：

```
In[63]:   x_list = (1,2,3, -4, -5)
```

```
          x_j = (j for j in x_list if j > 0)   #元组解析或生成器推导式
          print(x_j)
          print(tuple(x_j))
          print(type(x_j))
Out[63]:  <generator object <genexpr> at 0x000001DD33F6DC00>
          (1,2,3)
          <class 'generator'>
```

3.2.7 元组解包

元组解包：

```
In[64]:   x = (1,2, -4)
          a,b,c = x
          a,b,c
Out[64]:  (1,2, -4)
In[65]:   b
Out[65]:  2
```

3.3 字　典

字典是“键—值”的无序可变序列，字典中每个元素包含两部分：“键”和“值”。“键”是不可变的且不能重复，其基本构成为{键：值，键：值，…}，其中键是不能重复的。

3.3.1 字典的创建

字典的创建主要是用大括号{ }，或 dict( )实现。

（1）用{键：值,}创建字典

```
In[66]:   x_dict = {"a":1,"b":"hello","c":10,"d":"zuler"}
```

```
          x_dict
Out[66]:  {'a':1,'b':'hello','c':10,'d':'zuler'}
```

（2）用 dict 和 zip 创建字典

```
In[67]:   keys = ["a","b","c","d"]
          values = ["z","u","e","l"]
          dict(zip(keys,values))
Out[67]:  {'a':'z','b':'u','c':'e','d':'l'}
```

（3）用 dict( )创建字典

```
In[68]:   dict(a = 1,b = 2,c = "zuel")
Out[68]:  {'a':1,'b':2,'c':'zuel'}
```

（4）创建空字典

```
In[69]:   x = dict( )#空字典  或 {}
          print(x)
          print(type(x))
Out[69]:  {}
          <class 'dict'>
```

3.3.2 字典对象方法

字典对象的方法有哪些？如何查询字典对象的方法？如何使用字典对象的方法（见表 3－2）？这些问题与列表对象方法的查询和使用方法类似。

字典对象方法：

```
In[70]:   xd = dict(a = 1,b = 2,c = "zuel")
          print(dir(xd))  #使用 dir(dict)也可以查看字典的所有方法
Out[70]:  ['__class__','__contains__','__delattr__','__delitem__','__dir__','__doc__','__eq__',
          '__format__','__ge__','__getattribute__','__getitem__','__gt__','__hash__','__init__','__
```

```
init_subclass __','__iter __','__le __','__len __','__lt __','__ne __','__new __','__reduce __','__reduce_ex __','__repr __','__setattr __','__setitem __','__sizeof __','__str __','__subclasshook __','clear','copy','fromkeys','get','items','keys','pop','popitem','setdefault','update','values']
```

表 3-2　　字典对象方法及说明

字典对象方法	说　明
clear	删除所有的字典项
copy	浅复制
fromkeys	创建一个新的字典
pop	与 list. pop 类似
popitem	类似 pop
get	获取元素
update	使用一个字典中的项来更新另一个字典
setdefault	如同 get
keys	返回一个字典视图，包含键
values	返回字典的值
items	返回一个包含所有字典项的列表：键和值

字典对象的常用方法：keys，values，items，get：

```
In[71]:   xd = dict(a = 1,b = 2,c = "zuel")
          xd.values(),xd.keys()   #查键和值,这是最常用的方法
Out[71]:  (dict_values([1,2,'zuel']),dict_keys(['a','b','c']))
In[72]:   x_dict = {"a":100,"b":"hello","c":20,"d":"zuel"}
          print(x_dict)
          print(x_dict.keys())   #查键
          print(x_dict.values())#查值
          print(x_dict.items())   #查键和值
          print(str(x_dict))   #可打印的字符串格式
Out[72]:  {'a':100,'b':'hello','c':20,'d':'zuel'}
          dict_keys(['a','b','c','d'])
          dict_values([100,'hello',20,'zuel'])
          dict_items([('a',100),('b','hello'),('c',20),('d','zuel')])
          {'a':100,'b':'hello','c':20,'d':'zuel'}
```

3.3.3 字典元素提取

用［］或字典对象方法 get( )提取字典元素：

```
In[73]:   x_dict = {"a":100,"b":"hello","c":20,"d":"zuler"}
          print(x_dict)
          print(x_dict["a"])
Out[73]:  {'a':100,'b':'hello','c':20,'d':'zuler'}
          100
In[74]:   x_dict.get("a",[])
Out[74]:  100
```

3.3.4 字典和元素的增删及修改

（1）增加和修改字典

赋值修改字典：

```
In[75]:   #增加元素
          x_dict = {"a":100,"b":"hello","c":20,"d":"jiang"}
          print(x_dict)
          x_dict["增加"] = "增加的值"
          print(x_dict)
Out[75]:  {'a':100,'b':'hello','c':20,'d':'jiang'}
          {'a':100,'b':'hello','c':20,'d':'jiang','增加':'增加的值'}
```

```
In[76]:   #改变值
          x_dict = {"a":100,"b":"hello","c":20,"d":"jiang "}
          print(x_dict)
          x_dict["a"] = 10000
          print(x_dict)
Out[76]:  {'a':100,'b':'hello','c':20,'d':'jiang '}
          {'a':10000,'b':'hello','c':20,'d':'jiang '}
```

用对象方法 update 更新字典：

```
In[77]:    #用 update( )
           x_dict = {"a":100,"b":"hello","c":20,"d":"jiang "}
           print(x_dict)  #原始字典
           x_dict.update({"e":3,"f":"jiang"})
           print(x_dict)  #更新后的字典
Out[77]:   {'a':100,'b':'hello','c':20,'d':'jiang '}
           {'a':100,'b':'hello','c':20,'d':'jiang ','e':3,'f':'jiang'}
```

（2）删除字典和元素

用内置函数 del 方法删除字典和元素：

```
In[78]:    # del,.pop,.popitem 删除字典和元素
           x_dict = {"a":100,"b":"hello","c":20,"d":"zueler"}
           print(x_dict)
           del x_dict["a"]  #使用 del 方法
           print(x_dict)
Out[78]:   {'a':100,'b':'hello','c':20,'d':'zueler'}
           {'b':'hello','c':20,'d':'zueler'}
```

3.3.5 字典解析

字典解析：

```
In[79]:    x1 = ["j","i","a","n","g"]
           x2 = [1,2,3,4,5]
           {k:l for k,l in zip(x1,x2)}
Out[79]:   {'j':1,'i':2,'a':3,'n':4,'g':5}
```

3.3.6 字典解包

字典解包：

```
In[80]:    x_dict = {"a":100,"b":"hello","c":20,"d":"jiang"}
           a1,a2,a3,a4 = x_dict.items()        #解包键值对
           print(a1,a2,a3,a4)
           print(a1)
           a1,a2,a3,a4 = x_dict.keys()         #解包键
           print(a1,a2,a3,a4)
           a1,a2,a3,a4 = x_dict.values()       #解包值
           print(a1,a2,a3,a4)
Out[80]:   ('a',100) ('b','hello') ('c',20) ('d','jiang')
           ('a',100)
           a b c d
           100 hello 20 jiang
```

3.4 集　　合

集合是无序的、可变序列，与字典类似，也是使用大括号 { } 作为标识符，但是集合中元素是唯一的。同时，集合中只有值，没有键，这与字典是不一样的。

3.4.1 集合的创建

（1）用大括号 { } 创建集合

```
In[81]:    x = {1,2,3,4}
           print(x)
           print(type(x))
Out[81]:   {1,2,3,4}
           <class 'set'>
In[82]:    set()#空集合
Out[82]:   set()
```

（2）用 set( )创建集合

In[83]:
```
#set( )创建,里面可以是列表,元组,字符串
x = set("zhongnan")  #字符拆分,注意自动去重了
print(x)
print(type(x))
```
Out[83]:
```
{'h','z','n','a','g','o'}
<class 'set'>
```

3.4.2 集合对象方法

集合对象方法：

In[84]:
```
x = {1,2,3,4}
print(dir(x))
```
Out[84]:
```
['__and__','__class__','__contains__','__delattr__','__dir__','__doc__','__eq__',
'__format__','__ge__','__getattribute__','__gt__','__hash__','__iand__','__init__',
'__init_subclass__','__ior__','__isub__','__iter__','__ixor__','__le__','__len__',
'__lt__','__ne__','__new__','__or__','__rand__','__reduce__','__reduce_ex__','__
repr__','__ror__','__rsub__','__rxor__','__setattr__','__sizeof__','__str__',
'__sub__','__subclasshook__','__xor__','add','clear','copy','difference','difference_
update','discard','intersection','intersection_update','isdisjoint','issubset',
'issuperset','pop','remove','symmetric_difference','symmetric_difference_update',
'union','update']
```

3.4.3 集合元素提取与增删及修改

集合或集合元素的提取，增删及修改与其他序列方法基本类似，这里我们只讨论新增加的方法 discard。

用集合的方法 discard 删除集合元素：

In[85]:
```
#.add,.update,.discard,.pop,.remove,.clear
x = set("abcde")
```

```
            print(x)#初始集合
            x.discard("a")      #删除元素
            print(x)
Out[85]:    {'e','d','b','c','a'}
            {'e','d','b','c'}
```

3.4.4 集合的运算（见表 3-3）

表 3-3 集合的运算

符号	x 和 y 集合对象方法	说明
x&y	x.intersection(y)	交集
x|y	x.union(y)	并集
x-y	x.difference(y)	差集
x^y	x.symmetric_difference(y)	对称差
i in x	空	测试 i 是否是 x 的成员
i not in x	空	测试 i 是否不是 x 的成员
x<=y	x.issubset(y)	测试 x 是否是 y 的子集
x>=y	x.issuperset(y)	测试 x 是否是 y 的超集
空	x.isdisjoint(y)	测试 x 和 y 是否有交集

例 3-2：

```
In[86]:     x = {1,2,3,4}
            y = {1,2,5,6,7}
            x&y
Out[86]:    {1,2}
```

4 Python 程序结构

本章思维导图

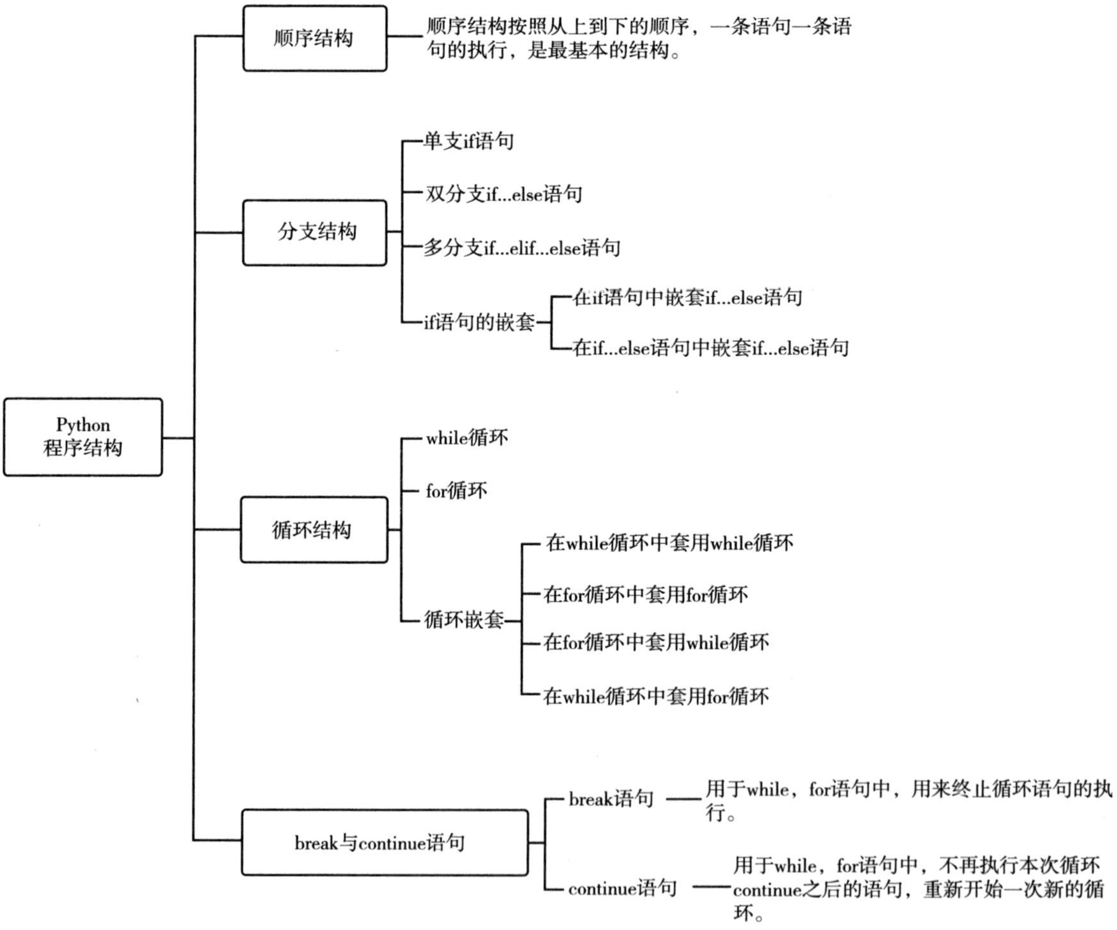

在结构化程序设计中，程序由一些基本结构组成，任何一个复杂的程序都可以由三种基本结构组成，分别是顺序结构、分支结构和循环结构。其中顺序结构最简单，程序从上到下依次执行，就如同生活中一条笔直的大马路，一路畅行无阻；分支结构是指当程序执行到某步时，需根据实际情况选择性的执行某部分代码，就如同生活中的十字路口，需要根据具体情况选择走哪条路，每次只能选择一条路，不可能同时走多条路；循环结构是指重复执行某些代码，直到条件不满足为止，就如同生活中的盘山公路，一圈圈绕行，直到到达目的地为止。

4.1 顺序结构

按照从上到下的顺序，一条语句一条语句的执行，是最基本的结构。Python 解释器是逐行读取代码的，所以在顺序结构中，我们需要将流程图中的每个步骤逐行实现（见图4－1）。

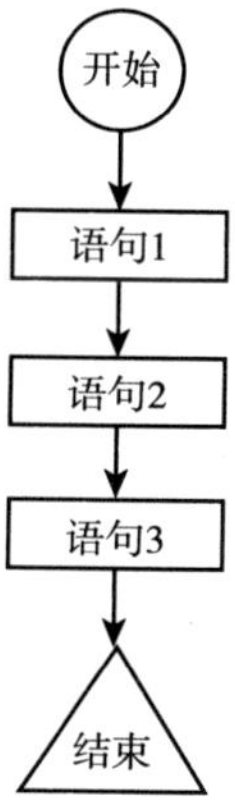

图 4－1 顺序结构

比如，在 Python 上实现输入两个整数，输出它们的和的功能。

```
In[1]:    a = int(input("请输入第一个数 a:"))#提示用户并输入 a
In[2]:    b = int(input("请输入第二个数 b:"))#提示用户并输入 b
In[3]:    c = a + b                          #运算 a + b,并把运算结果放入 c
In[4]:    print("a + b = ",c)                #打印输出结果
```

4.2 分支结构

Python 中的分支结构大致可以分为三种：单分支 if 语句、双分支 if...else 语句以及多

分支 if…elif…else 语句。

4.2.1 单分支 if 语句（见图 4－2）

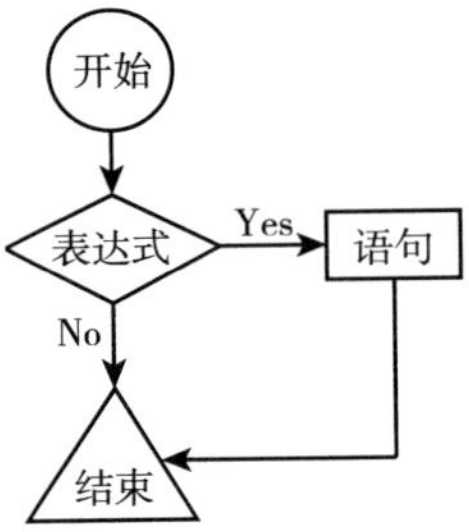

图 4－2 单分支语句

语法结构：

```
if 条件表达式:
    语句块
```

（1）条件表达式就是计算结果必须为布尔值的表达式

（2）条件表达式后面的冒号不能少

（3）if 后面出现的语句，如果属于 if 语句块，则必须同一个缩进等级

（4）条件表达式结果为 True 执行 if 后面的缩进的语句块

例 4－1：

```
In[5]:    age = 18
In[6]:    if age > 18:
              print("成年了")
          print("可以上大学了")
Out[6]:   成年了
          可以上大学了
```

例 4－2：

```
In[7]:    a = "努力学好 Python"
          #条件表达式为字符串,有内容则为真,空内容则为假
```

```
In[8]:    if a:
              print("就掌握了一门技能")
              print("毕业肯定能找到好工作")
          print("我的未来不是梦")
          #和 if 语句平级,if 到这条 print 就属于顺序结构
Out[8]:   就掌握了一门技能
          毕业肯定能找到好工作
          我的未来不是梦
```

4.2.2 双分支 if...else 语句（见图 4-3）

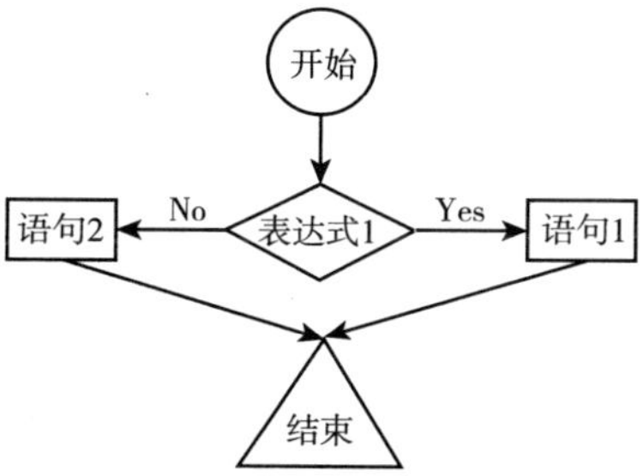

图 4-3 双分支语句

语法结构：

```
if 条件表达式:
    语句 1
else:
    语句 2
```

例 4-3：

```
In[9]:    a = ""
          #条件表达式为字符串,有内容则为真,空内容则为假
In[10]:   if a:
              print("就掌握了一门技能")
              print("毕业肯定能找到好工作")
```

```
        else:
            print("找不到工作")
        print("我的未来不是梦")
        #和 if 语句平级,if 到这条 print 就属于顺序结构
Out[10]: 找不到工作
        我的未来不是梦
```

例 4-4:

```
In[11]:   gender = input("请输入您的性别:")
          print(gender)
          if gender == "boy":
              print("打球去")
              print("好好锻炼身体")
          else:
              print("对不起")
              print("不认识你")
In[12]:   请输入您的性别:boy
Out[12]:  boy
          打球去
          好好锻炼身体
```

4.2.3 多分支 if…elif…else 语句（见图 4-4）

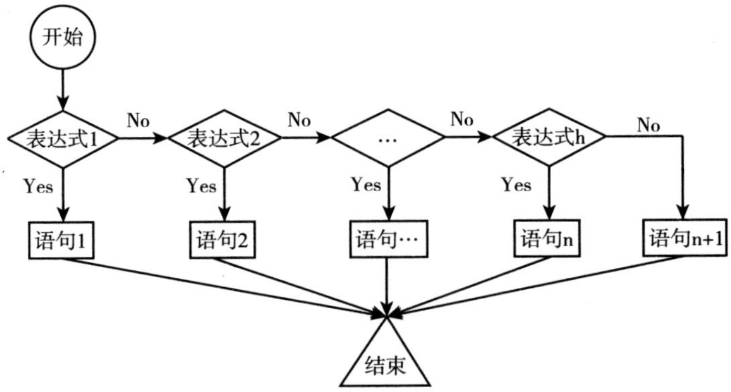

图 4-4 多分支语句

语法结构:

```
if 条件表达式 1:
    语句 1
elif 条件表达式 2:
    语句 2
elif 条件表达式 3:
    语句 3
……
else:
    语句 n
```

例 4-5:

```
In[13]:    score = input("请输入成绩:")
           print(score)
In[14]:    if score  > ="90":
               print("优秀")
           elif score  > ="80":
               print("良好")
           elif score  > ="70":
               print("中等")
           elif score  > ="60":
               print("及格")
           else:
               print("你要多加努力才行!")
In[15]:    请输入成绩:85
Out[15]:   85
           良好
In[16]:    请输入成绩:59
Out[16]:   59
           你要多加努力才行!
```

4.2.4 if 语句的嵌套

前面介绍了三种形式的 if 分支语句，这三种分支语句之间都是可以进行互相嵌套的。嵌套形式如下：

在 if 语句中嵌套 if...else 语句，语法结构：

```
if 条件表达式 1:
    if 条件表达式 2:
        语句 1
    else:
        语句 2
```

在 if...else 语句中嵌套 if...else 语句，语法结构：

```
if 条件表达式 1:
    if 条件表达式 2:
        语句 1
    else:
        语句 2
else:
    if 条件表达式 3:
        语句 3
    else:
        语句 4
```

例 4-6：

```
In[17]:    chepiao = 1      #用 1 代表有车票,0 代表没有车票
           daochang = 9      #刀子的长度,单位为 cm
In[18]:    if chepiao == 1:
               print("有车票,可以进站")
               if daochang < 10:
                   print("通过安检")
                   print("终于可以到家了")
               else:
```

```
            print("没有通过安检")
            print("刀子的长度超过规定")
        else:
            print("没有车票,不能进站")
            print("不能回家了")
In[19]:     #结果 1:chePiao = 1;daochang = 5
Out[19]:    有车票,可以进站
            通过安检
            终于可以到家了
In[20]:     #结果 2:chePiao = 1;daochang = 15
Out[20]:    有车票,可以进站
            没有通过安检
            刀子的长度超过规定
In[21]:     #结果 3:chePiao = 0;daochang = 5
Out[21]:    没有车票,不能进站
            不能回家了
```

if 选择语句可以有多种嵌套方式，开发程序时可以根据自身需要选择合适的嵌套方式，但一定要严格控制好不同级别代码块的缩进量。

4.3 循环结构

Python 主要有 for 循环和 while 循环两种形式的循环结构，多个循环可以嵌套使用，并且还经常和选择结构嵌套使用来实现复杂的业务逻辑。

例如，要计算 1 +2 +3，我们可以直接写表达式：1 +2 +3 =6，要计算 1 +2 +3 + ⋯ + 10，勉强也能写出来。但是，要计算 1 +2 +3 + ⋯ +10000，直接写表达式就不可能了。为了让计算机能进行成千上万次的重复运算，我们就需要循环语句。

4.3.1 while 循环

while 循环（见图 4 –5）是通过一个条件来控制是否要继续反复执行循环体中的语句。只要条件满足，就不断循环，条件不满足时退出循环。

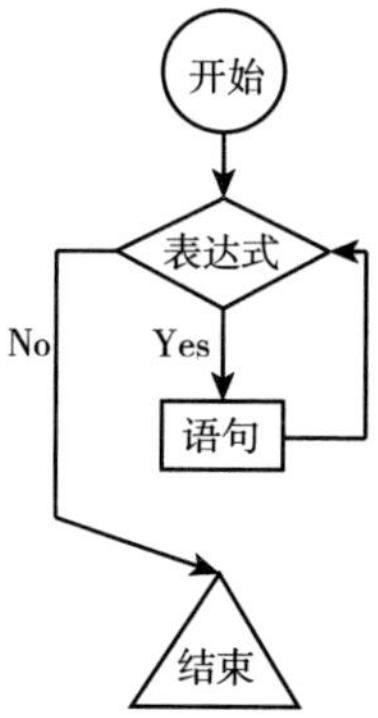

图 4－5　循环结构

（1）语法格式

```
while 条件表达式:
    循环体
```

其中，条件表达式可以是任何表达式，任何非 0，或非空（null）的值均为 True；循环体可以是单个语句或者语句块。

（2）while 循环操作实例

①输入若干个数，并打印该数字的平方，直到输入 0 为止。

```
In[22]:     while True:
                num = int(input("请输入一个数字:"))
                if num == 0:
                    break
                print(num ** 2)
In[23]:     请输入一个数字:3
Out[23]:    9
            请输入一个数字:
```

②实现 1～100 的和

```
In[24]:     sum = 0
In[25]:     i = 1
            while True:
                sum = sum + i
```

```
            if i == 100:
                break
            i += 1
        print(sum)
Out[25]:    5050
```

③求 1 到 99 的偶数和

```
In[26]:     sum = 0
In[27]:     for i in range(1,100):
                if i % 2 == 0:
                    sum = sum + i
                i += 1
            print(f"1 - 99 偶数的和是:{sum}")
Out[27]:    1 - 99 偶数的和是:2450
```

4.3.2 for 循环

for 循环是一个计次循环，通常适用于枚举或遍历序列，以及迭代对象中的元素。一般应用在循环次数已知的情况下。

（1） for 循环使用情景

若要某个操作重复执行且循环次数已知时可以使用 for 循环；所有 for 循环均可以用 while 实现。

（2） 语法格式

```
for i in 对象:        #对象可以是除数字以外的基本类型
    循环体
```

其中，i 用于保存读取出的值；对象为要遍历或迭代的对象，该对象可以是任何有序的序列对象，如字符串、列表和元组等（遍历：通俗点说，就是把这个循环中的第一个元素到最后一个元素依次访问一遍）；循环体为一组被重复执行的语句。

（3） for 循环操作实例

①for 循环遍历字符串

```
In[28]:     str = 'abc'
```

```
In[29]:    for i in str:
               print(i)
Out[29]:   a
           b
           c
```

②for 循环遍历元组

```
In[30]:    tup = (1,2,3,4,5)
In[31]:    for i in tup:
               print(i,end = ' ')        # end = ' '表示空格代替换行
Out[31]:   1 2 3 4 5
```

③for 循环遍历列表

```
In[32]:    list = ['a','b','c']
In[33]:    for i in list:
               print(i)
Out[33]:   a
           b
           c
```

④for 循环遍历集合

```
In[34]:    set = {'a','b',1,2}
In[35]:    for i in set:
               print(i)
Out[35]:   a
           b
           1
           2
```

⑤for 循环遍历字典

```
In[36]:    dict = {'a':1,'b':2}
```

```
In[37]:    for k,v in dict.items( ):      #遍历字典中键值对
               print(k,':',v)
Out[37]:   a:1
           b:2
In[38]:    for k in dict.keys( ):         #遍历字典中的键
               print(k)
Out[38]:   a
           b
In[39]:    for v in dict.values( ):       #遍历字典中的值
               print(v)
Out[39]:   1
           2
```

⑥遍历文件

```
In[40]:    for content in open('0.txt'):      #当前目录下 0.txt
           print(content)
Out[40]:   中南财经政法大学
```

⑦for 循环实现 1 到 9 连乘

```
In[41]:    sum = 1
In[42]:    for i in list(range(1,10)):
               sum * =i
           print(sum)
Out[42]:   362880
```

for 循环和 while 循环，两者的相同点在于都能循环做一件重复的事情；不同点在于，for 循环是在序列穷尽时停止，while 循环是在条件不成立时停止。

4.3.3 循环嵌套

在 Python 中，for 循环和 while 循环都可以进行循环嵌套。下面介绍 4 种嵌套格式。

(1) 在 while 循环中套用 while 循环的语法结构：

```
while 条件表达式 1:
    while 条件表达式 2:
        循环体 2
    循环体 1
```

（2）在 for 循环中套用 for 循环的语法结构：

```
for i in 对象 1:
    for i in 对象 2:
        循环体 2
    循环体 1
```

（3）在 for 循环中套用 while 循环的语法结构：

```
for i in 对象:
    while 条件表达式:
        循环体 2
    循环体 1
```

（4）在 while 循环中套用 for 循环的语法结构：

```
while 条件表达式:
    for i in 对象:
        循环体 2
    循环体 1
```

除了上面介绍的 4 种嵌套格式外，还可以实现更多层的嵌套，因为方法与上面的类似，所以这里就不再一一列出了。

例 4-7：

```
In[43]:    #求出 10 以内的素数
           i = 2
           while(i < 10):
               j = 2
```

```
        while(j <= (i/j)):
            if not(i%j):break
            j = j + 1
        if(j > i/j):print(i,"是素数")
        i = i + 1
```

Out[43]:

```
2 是素数
3 是素数
5 是素数
7 是素数
```

例 4-8:

In[44]:

```
#打印下*三角形
line = 0
while line < 5:
    j = 0
    while j < line + 1:
        print("*",end = " ")
        j += 1
    print()
    line += 1
```

Out[44]:

```
*
**
***
****
*****
```

例 4-9:

In[45]:

```
#九九乘法表
i = 1
while i < 10:
    j = 1
    while j <= i:
        print("%d*%d = %2d"%(j,i,j*i),end = '')
```

```
            j+=1
        print("")
        i+=1
```

Out[45]:

```
1*1=1
1*2=2 2*2=4
1*3=3 2*3=6 3*3=9
1*4=4 2*4=8 3*4=12 4*4=16
1*5=5 2*5=10 3*5=15 4*5=20 5*5=25
1*6=6 2*6=12 3*6=18 4*6=24 5*6=30 6*6=36
1*7=7 2*7=14 3*7=21 4*7=28 5*7=35 6*7=42 7*7=49
1*8=8 2*8=16 3*8=24 4*8=32 5*8=40 6*8=48 7*8=56 8*8=64
1*9=9 2*9=18 3*9=27 4*9=36 5*9=45 6*9=54 7*9=63 8*9=72
9*9=81
```

4.4

break 与 continue 语句

(1) break 语句

作用：用于循环语句（while，for 语句）中，用来终止循环语句的执行。

①当 break 语句执行后，此循环语句 break 之后的语句将不再执行

②break 语句通常和 if 语句组合使用

③break 语句终止循环时 else 子句的语句将不会执行

④break 语句只能终止当前循环语句的执行，如果有循环嵌套时，不会跳出嵌套外重循环

⑤死循环

ⅰ. 死循环是指条件件一直成立的循环

ⅱ. 死循环通常用 break 语句来终止循环

ⅲ. 死循环的 else 子句永远不会执行

例 4-10：

In[46]:

```
#循环打印 1~5 的数字
n=1
while n <=5:
```

```
        print(n)
        n = n + 1
    print('END')
Out[46]:  1
          2
          3
          4
          5
          END
```

如果要提前结束循环，可以用 break 语句：

```
In[47]:   n = 1
          while n <= 5:
              print(n)
              if n > 2:   #当 n = 3 时,条件满足,执行 break 语句
                  break   # break 语句会结束当前循环 print(n)
              n = n + 1
          print('END')
Out[47]:  1
          2
          3
          END
```

可见 break 的作用是提前结束循环。

（2） continue 语句

作用：用于循环语句（while，for）中，不再执行本次循环 continue 之后的语句，重新开始一次新的循环。

①在 while 语句中执行 continue，将会直接跳转到 while 语句的真值表达式处重新判断循环条件

②在 for 语句中执行 continue 语句，将会从迭代对象中取出下一个元素，绑定变量后再次执行循环

例 4 –11：

```
In[48]:   n = 0
```

```
        while n <5:
            n = n + 1
            print(n)
Out[48]:  1
          2
          3
          4
          5
```

但是，如果我们想只打印奇数，可以用 continue 语句跳过某些循环：

```
In[49]:   n = 0
          while n <5:
              n = n + 1
          #如果 n 是偶数,执行 continue 语句,会直接继续下一轮循环,
          #后续的 print( )语句不会执行
              if n%2 == 0:
                  continue
              print(n)
Out[49]:  2
          4
```

综上所述，循环是让计算机做重复任务的有效的方法。break 语句可以在循环过程中直接退出循环，而 continue 语句可以提前结束本轮循环，并直接开始下一轮循环。这两个语句通常都必须配合 if 语句使用。

要特别注意，不要滥用 break 和 continue 语句。break 和 continue 会造成代码执行逻辑分叉过多，容易出错。大多数循环并不需要用到 break 和 continue 语句，上面的两个例子，都可以通过改写循环条件或者修改循环逻辑，去掉 break 和 continue 语句。有些时候，如果代码写得有问题，会让程序陷入“死循环”，也就是永远循环下去。这时可以用 Ctrl + C 退出程序，或者强制结束 Python 进程。

5 字符串与正则表达式

本章思维导图

- 字符串与正则表达式
  - 字符串
    - 字符串大小写 —— upper（ ）、isupper（ ）、lower（ ）、islower（ ）、title（ ）、istitle（ ）、swapcase（ ）、capitalize（ ）
    - 判断类方法 —— is方法、isalpha（ ）方法、isalnum（ ）方法、isspace方法、isdecimal（ ）方法、isdigit（ ）方法、startswith（ ）方法、endswith（ ）方法
    - 查找字符串 —— find（ ）方法、index（ ）方法、rfind（ ）方法、rindex（ ）方法
    - 分割字符串 —— split（ ）方法
    - 拼接字符串 —— %方式、format（ ）拼接方式、join（ ）拼接方式、f-string方式
    - 替换字符串 —— replace（ ）方法：str.replace（old，new[，max]）
    - 格式化字符串 —— 使用%、str.format（ ）、f-Strings、数字格式化
  - 正则表达式
    - 正则表达式的基本语法规则——参见表5-10
    - re模块
      - re.match（pattern，string，flags=0）
      - re.search（pattern，string，flags=0）
      - re.findall（pattern，string，flags=0）
      - re.sub（pattern，repl，string，count=0，flags=0）
      - re.split（pattern，string，maxsplit=0，flags=0）
      - re.complie（pattern，flags=0）
    - 常用的正则表达式

日常编码中，大家会发现，太多时候我们需要对数据进行处理，而这些数据不管是数组、列表、字典，最终都逃不开字符串的处理。Python 通过非常灵活的字符串操作属性，给开发者提供更加高效的编程方法，如拼接字符串、拆分字符串、替换字符串、查找字符串及格式化字符串等。正则表达式描述了一种字符串匹配的模式，可以用来检查一个串是否含有某种子串、将匹配的子串替换或者从某个串中取出符合某个条件的子串等。正则表达式在文本编辑与处理、网页爬虫之类的场合中有重要应用。

5.1

字符串大小写

用 . upper、. lower、. title、. swapcase 和 . capitalize 实现字符串大小写转换。

例 5 –1：

```
In[1]:   str = 'hello,ZUEL'
         print(str)
Out[1]:  hello,ZUEL
In[2]:   str1 = str.upper()          # upper():将字符串转换为大写
         print(str1)
Out[2]:  HELLO,ZUEL
In[3]:   print(str1.isupper())       # isupper():判断字符串是否都为大写
Out[3]:  True
In[4]:   str2 = str.lower()          # lower():将字符串转换为小写
         print(str2)
Out[4]:  hello,zuel
In[5]:   print(str2.islower())       # islower():判断字符串是否都为小写
Out[5]:  True
In[6]:   str3 = str2.title()
         # title():将字符串中的单词转换为标题格式,每个单词首字母大写,其余小写
         print(str3)
Out[6]:  Hello,Zuel
In[7]:   print(str3.istitle())       # istitle():判断字符串是不是一个标题
Out[7]:  True
In[8]:   str4 = str3.swapcase()      # swapcase():小写转大写,大写转小写
         print(str4)
```

```
Out[8]:   hELLO,zUEL
In[9]:    str5 = str4.swapcase()      # swapcase():小写转大写,大写转小写
          print(str5)
Out[9]:   Hello,Zuel
In[10]:   str6 = str5.capitalize()    # capitalize():将首字母转换为大写
          print(str6)
Out[10]:  Hello,zuel
```

5.2

判断类方法

5.2.1 is 方法

is 是判断两个标识符是不是引用自一个对象 x is y，类似 id(x) == id(y)，如果引用的是同一个对象则返回 True，否则返回 False。is not 是判断两个标识符是不是引用自不同对象 x is not y，类似 id(a)! =id(b)。如果引用的不是同一个对象则返回结果 True，否则返回 False。

例 5 -2:

```
In[1]:    a = 20
          b = 20
In[2]:    if(a is b):
              print("a 和 b 有相同的标识")
          else:
              print("a 和 b 没有相同的标识")

          if(id(a) == id(b)):
              print("a 和 b 有相同的标识")
          else:
              print("a 和 b 没有相同的标识")
Out[2]:   a 和 b 有相同的标识
          a 和 b 有相同的标识
In[3]:    b = 30      #修改变量 b 的值
In[4]:    if(a is b):
```

```
            print("a 和 b 有相同的标识")
        else:
            print("a 和 b 没有相同的标识")

        if(a is not b):
            print("a 和 b 没有相同的标识")
        else:
            print("a 和 b 有相同的标识")
Out[4]:  a 和 b 没有相同的标识
         a 和 b 没有相同的标识
```

is 与 == 区别：is 用于判断两个变量引用对象是否为同一个，==用于判断引用变量的值是否相等。

is 用法：

```
In[5]:   a = [1,2,3]
         b = a
In[6]:   b is a
Out[6]:  True
```

==（两个等号）用法：

```
In[7]:   b = a[:]
         b is a
Out[7]:  False
In[8]:   b == a
Out[8]:  True
```

5.2.2 isalpha( )方法

isalpha( )方法检测字符串是否只由字母组成。如果字符串至少有一个字符并且所有字符都是字母则返回 True，否则返回 False。

isalpha( )方法语法：str. isalpha( )

例 5－3：

```
In[9]:      str = "zuel"
            print(str.isalpha())
Out[9]:     True
In[10]:     str = "This is a good example!"
            print(str.isalpha())
Out[10]:    False
```

5.2.3 isalnum( )方法

isalnum( )方法检测字符串是否由字母和数字组成。如果 string 至少有一个字符并且所有字符都是字母或数字则返回 True，否则返回 False。

isalnum( )方法语法：str. isalnum( )

例 5－4：

```
In[11]:     str = "zuel2020" #字符中没有空格
            print(str.isalnum())
Out[11]:    True
In[12]:     str = "This is a good example!"
            print(str.isalnum())
Out[12]:    False
```

5.2.4 isspace( )方法

isspace( )方法检测字符串是否只由空白字符组成。如果字符串中只包含空格/指标位/换行符，则返回 True，否则返回 False。

isspace( )方法语法：str. isspace( )

例 5－5：

```
In[13]:     str = "           \n \t"
            print(str.isspace())
Out[13]:    True
```

```
In[14]:    str = "This is a good example!"
           print(str.isspace())
Out[14]:   False
```

5.2.5 isdecimal( )方法

isdecimal( )方法检查字符串是否只包含十进制字符。这种方法只存在于 unicode 对象。如果字符串是否只包含十进制字符返回 True，否则返回 False。定义一个十进制字符串，只需要在字符串前添加 'u' 前缀即可。

isdecimal( )方法语法：str. isdecimal( )

例 5 -6：

```
In[15]:    str = "zuel2020"
           print(str.isdecimal())
Out[15]:   False
In[16]:    str = "432432423"
           print(str.isdecimal())
Out[16]:   True
```

5.2.6 isdigit( )方法

isdigit( )方法检测字符串是否只由数字组成。如果字符串只包含数字则返回 True 否则返回 False。

isdigit( )方法语法：str. isdigit( )

例 5 -7：

```
In[17]:    str = "21312";
           print(str.isdigit())
Out[17]:   True
In[18]:    str = "This is a good example!"
           print(str.isdigit())
Out[18]:   False
```

5.2.7 startswith( )方法

startswith( )方法用于检查字符串是否是以指定子字符串开头，如果是则返回 True，否则返回 False。如果参数 beg 和 end 指定值，则在指定范围内检查。

startswith( )方法（见表 5－1）语法：str. startswith(prefix[,start[,end]])

表 5－1 参数说明

参 数	说 明
prefix	该参数可以是一个字符串或者一个元素
start	字符串中的开始位置
end	字符中结束位置

例 5－8：

```
In[19]:    str = "this is a good example!"
In[20]:    print(str.startswith('this'))       #字符串是否以 this 开头
Out[20]:   True
In[21]:    print(str.startswith('good',10))      #从第十个字符开始的字符串是否以 good
           开头
Out[21]:   True
In[22]:    print(str.startswith('this',2,4))      #从第 2 个字符开始到第四个字符结束的
           字符串是否以 this 开头
Out[22]:   False
```

5.2.8 endswith( )方法

endswith( ) 方法用于判断字符串是否以指定后缀结尾，如果以指定后缀结尾返回 True，否则返回 False。可选参数"start"与"end"为检索字符串的开始与结束位置。

endswith( )方法（见表 5－2）语法：str. endswith(suffix[,start[,end]])

表 5－2 参数说明

参 数	说 明
suffix	该参数可以是一个字符串或者是一个元素
start	字符串中的开始位置
end	字符中结束位置

例 5－9：

```
In[23]:    Str = 'this is a good example!'
           suffix = '!'
In[24]:    print(Str.endswith(suffix))
           print(Str.endswith(suffix,20))
Out[24]:   True
           True
In[25]:    suffix = '!!'
In[26]:    print(Str.endswith(suffix))
           print(Str.endswith(suffix,0,19))
Out[26]:   False
           False
```

5.3

查找字符串

5.3.1 find( )方法

find( )方法检测字符串中是否包含子字符串 str，如果指定 beg（开始）和 end（结束）范围，则检查是否包含在指定范围内，如果指定范围内如果包含指定索引值，返回的是索引值在字符串中的起始位置。如果不包含索引值，返回 －1。

find( )方法（见表 5－3）语法：str.find(str,beg=0,end=len(string))

表 5－3　　参数说明

参　数	说　明
str	指定检索的字符串
beg	开始索引，默认为 0
end	结束索引，默认为字符串的长度

例 5－10：

```
In[1]:    str1 = "This is a good example!"
```

```
          str2 = "exam"
In[2]:    print(str1.find(str2))
          print(str1.find(str2,10))
          print(str1.find(str2,16))
Out[2]:   15
          15
          -1
In[3]:    info = 'abca'
          print(info.find('a'))        #从下标0开始,查找在字符串里第一个出现的子串
Out[3]:   0
In[4]:    print(info.find('a',1))      #从下标1开始,查找在字符串里第一个出现的子串
Out[4]:   3
In[5]:    print(info.find('3'))        #查找不到返回-1
Out[5]:   -1
```

5.3.2 index( )方法

index( )方法检测字符串中是否包含子字符串 str，如果指定 beg（开始）和 end（结束）范围，则检查是否包含在指定范围内，该方法与 find( )方法一样，只不过如果 str 不在 string 中会报一个异常。

index( )方法（见表 5-4）语法：str. index(str,beg=0,end=len(string))

表 5-4　　参数说明

参　数	说　明
str	指定检索的字符串
beg	开始索引，默认为 0
end	结束索引，默认为字符串的长度

例 5-11：

```
In[6]:    str1 = "This is a good example!"
          str2 = "exam"
In[7]:    print(str1.index(str2))
```

```
         print(str1.index(str2,10))
         print(str1.index(str2,16))
Out[7]:  15
         15
         Traceback(most recent call last):
         <iPython-input-16-98c5cbba6cfb> in <module>
               3 print(str1.index(str2))
               4 print(str1.index(str2,10))
         ----> 5 print(str1.index(str2,16))
         ValueError:substring not found
```

5.3.3 rfind( )方法

rfind( )返回字符串最后一次出现的位置，如果没有匹配项则返回 -1。

rfind( )方法（见表 5-5）语法：str.rfind(str,beg=0,end=len(string))

表 5-5　　参数说明

参 数	说 明
str	指定检索的字符串
beg	开始索引，默认为 0
end	结束索引，默认为字符串的长度

例 5-12:

```
In[8]:   str1 = "This is a good example!"
         str2 = "is"
In[9]:   print(str1.rfind(str2))
         print(str1.rfind(str2,0,10))
         print(str1.rfind(str2,10,0))
Out[9]:  5
         5
         -1
In[10]:  print(str1.find(str2))
         print(str1.find(str2,0,10))
```

```
         print(str1.find(str2,10,0))
Out[10]: 2
         2
         -1
```

5.3.4 rindex( )方法

rindex( )返回子字符串 str 在字符串中最后出现的位置，如果没有匹配的字符串会报异常，你可以指定可选参数［beg：end］设置查找的区间。

rindex( )方法（见表 5-6）语法：str.rindex(str,beg=0,end=len(string))

表 5-6　参数说明

参　数	说　明
str	指定检索的字符串
beg	开始索引，默认为 0
end	结束索引，默认为字符串的长度

例 5-13：

```
In[11]:  str1 = "This is a good example!"
         str2 = "exam"
In[12]:  print(str1.rindex(str2))
         print(str1.rindex(str2,10))
         print(str1.rindex(str2,16))
Out[12]: 15
         15
         Traceback(most recent call last)
          <iPython-input-28-03d7958959fc> in <module>
                3 print(str1.rindex(str2))
                4 print(str1.rindex(str2,10))
          ----> 5 print(str1.rindex(str2,16))
         ValueError:substring not found
```

5.4 分割字符串

split( )通过指定分隔符对字符串进行切片，如果第二个参数 num 有指定值，则分割为 num +1 个子字符串。

split( )方法（见表 5 -7）语法：str. split(str = " " ,num = string. count(str))

表 5 -7　参数说明

参　数	说　明
str	分隔符，默认为所有的空字符，包括空格、换行（\n）、制表符（\t）等
num	分割次数。默认为 -1，即分隔所有

例 5 -14：

```
In[1]:    str = "China#Hubei#Wuhan#ZUEL"
In[2]:    x = str.split("#",1)       #第二个参数为 1,返回两个参数列表
In[3]:    print(x)
Out[3]:   ['China','Hubei#Wuhan#ZUEL']
```

5.5 拼接字符串

5.5.1　%方式

%格式化字符串的方式继承自 C 语言，这在很多编程语言都有类似的实现。上例的%s 是一个占位符，它仅代表一段字符串，并不是拼接的实际内容。实际的拼接内容在一个单独的%后面，放在一个元组里。

```
In[1]:    print('%s %s' % ('Hello','ZUEL'))
Out[1]:   Hello ZUEL
```

类似的占位符还有:%d（代表一个整数）、%f（代表一个浮点数）、%x（代表一个16进制数），等等。%占位符既是这种拼接方式的特点，同时也是其限制，因为每种占位符都有特定意义，实际使用起来太麻烦了。

5.5.2 format( )拼接方式

使用大括号{}作占位符，在format方法中再转入实际的拼接值。容易看出，它实际上是对%拼接方式的改进。

例5-15:

```
方式一:
In[2]:    s1 = 'Hello {}! My name is {}.'.format('ZUEL','Jiang')
In[3]:    print(s1)
Out[3]:   Hello ZUEL! My name is Jiang.
方式二:
In[4]:    s2 = 'Hello {0}! My name is {1}.'.format('ZUEL','Jiang')
In[5]:    print(s2)
Out[5]:   Hello ZUEL! My name is Jiang.
方式三:
In[6]:    s3 = 'Hello {name1}! My name is {name2}.'.format(name1 = 'ZUEL',name2 =
          'Jiang')
In[7]:    print(s3)
Out[7]:   Hello ZUEL! My name is Jiang.
```

例5-15中，方式一的大括号中无内容，缺点是容易弄错次序。方式二是传入序列号的方式，方式三则使用key-value的方式。实战中，更推荐后两种方式，既不会数错次序，又更直观可读。

5.5.3 常用的+号方式

```
In[8]:    str_1 = 'Hello ZUEL! '
          str_2 = 'My name is Jiang.'
In[9]:    print(str_1 + str_2)
Out[9]:   Hello ZUEL! My name is Jiang.
```

这种方式最常用、直观、易懂，是入门级的实现方式。当拼接的最终字符串长度不超过20 时，“ + ”操作符的方式，会比后面提到的 join 等方式快得多，这与“ + ”的使用次数无关。

5.5.4 join( )拼接方式

str 对象自带的 join( )方法，接受一个序列参数，可以实现拼接。拼接时，元素若不是字符串，需要先转换一下。可以看出，这种方法比较适用于连接序列对象中（例如列表）的元素，并设置统一的间隔符。

例 5 –16：

```
In[10]:     str_list = ['Hello','ZUEL']
In[11]:     str_join1 = ' '.join(str_list)
            str_join2 = '-'.join(str_list)
In[12]:     print(str_join1)
            print(str_join2)
Out[12]:    Hello ZUEL
            Hello-ZUEL
```

当拼接长度超过 20 时，这种方式基本上是首选。不过，它的缺点就是，不适合进行零散片段的、不处于序列集合的元素拼接。

5.5.5 f-string 方式

f-string 方式从 Python3.6 版本引入，其特点是在字符串前加 f 标识，字符串中间则用大括号{}包裹其他字符串变量。该方式在可读性上优于 format( )方式，处理长字符串的拼接时，速度与 join( )方法相当。

例 5 –17：

```
In[13]:     name = 'ZUEL'
            myname = 'Jiang'
In[14]:     words = f'Hello {name}. My name is {myname}.'
In[15]:     print(words)
Out[15]:    Hello ZUEL. My name is Jiang.
```

尽管如此，这种方式与其他某些编程语言相比，还是欠优雅，因为它引入了一个 f 标识，而其他某些程序语言可以更简练，比如 shell。

5.6

替换字符串

replace( )方法把字符串中的 old（旧字符串）替换成 new（新字符串），如果指定第三个参数 max，则替换不超过 max 次。

replace( )方法（见表 5－8）语法：str. replace(old, new[,max])

表 5－8　参数说明

参　数	说　明
old	将被替换的子字符串
new	新字符串，用于替换 old 子字符串
max	可选字符串，替换不超过 max 次

例 5－18：

```
In[1]:    str = "首义校区"
          print("ZUEL 老校区:",str)
          print("ZUEL 新校区:",str.replace("首义校区","南湖校区"))
Out[1]:   ZUEL 老校区:首义校区
          ZUEL 新校区:南湖校区
In[2]:    str = "This is a good university!"
          print(str.replace("is","was",1))
Out[2]:   Thwas is a good university!
In[3]:    str = "This is a good university!"
          print(str.replace("is","was",3))
Out[3]:   Thwas was a good university!
```

5.7

格式化字符串

5.7.1　使用%

%是我们最为熟悉的了。格式字符串中的%s 称为转换说明符，指出了要将值插入什么地方。s 意味着将值视为字符串进行格式设置。如果指定的值不是字符串，将使用 str 将其转换为字符串。其他说明符将导致其他形式的转换。例如，.3f % 将值的格式设置为包含 3 位小数的浮点数。有多少个格式转换说明符后面的值就需提供对应多少个。

具体用法如下：

```
In[1]:    name = "ZUEL"
          "Hello,%s." % name
Out[1]:   'Hello,ZUEL.'
```

如果要在字符串中嵌入多个变量，则必须使用元组，例如：

```
In[2]:    name = "ZUEL"
          age =72
          "Hello,%s. You are %s." % (name,age)
Out[2]:   'Hello ZUEL. You are 72.'
```

上面的代码看起来还不错，但如果在更长的字符串中嵌入更多变量，代码的可读性就会成为一个问题：

```
In[3]:    first_name = "ZUEL"
          last_name = "University"
          age =72
          profession = "Colleges"
          affiliation = "Education Department"
In[4]:    "Hello,%s %s. You are %s. You are a %s. You were a member of %s." % (first_
          name,last_name,age,profession,affiliation)
Out[4]:   'Hello,ZUEL University. You are 72. You are a colleges. You were a member of
          Education Department.'
```

因此，这种格式化方式的主要问题是过于繁琐，容易出错，不能正确格式化元组与字典。

5.7.2　str.format( )

Python2.6 开始，新增了一种格式化字符串的函数 str.format( )，它增强了字符串格式化的功能。基本语法是通过{}和：来代替以前的%。format 函数可以接受无限个参数，位置可以不按顺序。

例 5－19：

```
In[5]:     name = "ZUEL"
           age = 72
           "Hello,{}. You are {}.".format(name,age)
Out[5]:    'Hello,ZUEL. You are 72.
In[6]:     "Hello,{1}. You are {0}.".format(age,name)      #指定变量的引用顺序
Out[6]:    'Hello,ZUEL. You are 72.'
In[7]:     person = {'name':'ZUEL','age':72}
           "Hello,{name}. You are {age}.".format(name = person['name'],age = person
           ['age'])      #直接使用变量名称:
Out[7]:    'Hello,ZUEL. You are 72.'
In[8]:     person = {'name':'ZUEL','age':72}
           "Hello,{name}. You are {age}.".format(**person)  #用**操作符进行字典拆包
Out[8]:    'Hello,ZUEL. You are 72.'
```

总地来说，str. format( )是%格式化方式的一次升级，但依然存在一些问题。

例 5－20：

```
In[9]:     first_name = "ZUEL"
           last_name = "University"
           age = 72
           profession = "Colleges"
           affiliation = "Education Department"
In[10]:    print(("Hello,{first_name} {last_name}. You are {age}. " +
           "You are a {profession}. You were a member of {affiliation}.")\
           .format(first_name = first_name,last_name = last_name,age = age,\
           profession = profession,affiliation = affiliation))
Out[10]:   'Hello,ZUEL University. You are 72. You are a Colleges. You were a member of
           Education Department.'
```

当然，如果我们提前把需要嵌入的变量放在一个字典中，就可以通过**进行拆包操作，从而显得简洁一些。

例 5－21：

```
In[11]:    "{} {}".format("hello","ZUEL")    #不设置指定位置,按默认顺序
Out[11]:   'hello ZUEL'
In[12]:    "{0} {1}".format("hello","ZUEL")    #设置指定位置
Out[12]:   'hello ZUEL'
In[13]:    "{1} {0} {1}".format("hello","ZUEL")    #设置指定位置
Out[13]:   'ZUEL hello ZUEL'
```

例 5－22：

```
In[14]:    print("网站名:{name},地址 {url}".format(name="ZUEL",url="http://
           www.zuel.edu.cn/"))
Out[14]:   网站名:ZUEL,地址 http://www.zuel.edu.cn/
In[15]:    site = {"name":"ZUEL","url":"http://www.zuel.edu.cn/"}
           #通过字典设置参数
           print("网站名:{name},地址 {url}".format(**site))
Out[15]:   网站名:ZUEL,地址 http://www.zuel.edu.cn/
In[16]:    my_list = ['ZUEL','http://www.zuel.edu.cn/']#通过列表索引设置参数
           print("网站名:{0[0]},地址 {0[1]}".format(my_list))    # "0" 是必须的
Out[16]:   网站名:ZUEL,地址 http://www.zuel.edu.cn/
```

5.7.3 f-strings

自 Python 3.6 开始引入了新的字符串格式化方式 f-strings，这种方式由 Eric V. Smith 在 2015 年 8 月提出。f-strings 也称作“格式化的字符串字面量”，它是一个带有 f 前缀的字符串，通过大括号嵌入所需的 Python 表达式，这些表达式的具体值是在运行时确定的，背后依赖的也是嵌入对象的__format( )__接口。

（1）最简单的句法

f-strings 的句法类似于 str.format( )，但要更简洁，你可以感受一下它的可读性：

```
In[17]:    name = "ZUEL"
           age = 72
           f"Hello,{name}. You are {age}."
```

```
Out[17]:    'Hello,ZUEL. You are 72.'
In[18]:     F"Hello,{name}. You are {age}."     #前缀 f 也可以使用大写的 F
Out[18]:    'Hello,ZUEL. You are 72.'
```

（2）支持任意表达式

由于 f-strings 是在运行时计算具体值的，我们得以在字符串中嵌入任意有效的 Python 表达式，从而写出更优雅的代码。可以使用很直接的计算式，比如：

```
In[19]:     f"{2 * 36}"
Out[19]:    '72'
```

也可以在里面调用函数：

```
In[20]:     def to_lowercase(input):
                return input.lower()
In[21]:     name = "ZUEL University"
In[22]:     f"{to_lowercase(name)} is wonderful."
Out[22]:    'zuel university is wonderful.'
In[23]:     f"{name.lower()} is wonderful."     #直接调用对象的方法
Out[23]:    'zuel university is wonderful.'
```

（3）多行字符串中使用 f-strings

f-string 中的 f 前缀也可以是“fast”的意思。f-strings 比% 和 str.format()格式化都要快。正如之前所说，f-strings 是在运行时确定表达式的具体值的。

例 5-23：

```
In[24]:     name = "ZUEL"
            profession = "College"
            affiliation = "Education Department"
In[25]:     message = (
                 f"Hi {name}. "
                 f"You are a {profession}. "
                 f"You were in {affiliation}."
                 )#在每一行字符串之前都要加上 f 前缀
In[26]:     message
```

```
Out[26]:    'Hi ZUEL. You are a College. You were in Education Department. '
In[27]:     message = f"Hi {name}. " \
...                   f"You are a {profession}. " \
...                   f"You were a member of {affiliation}. "
...)        #通过反斜线 \ 拼接多行字符串
In[28]:     message
Out[28]:    'Hi ZUEL. You are a College. You were a member of Education Department. '
```

(4) 使用时注意事项

①引号

可以在表达式中使用各种引号，但应该注意，表达式中的引号不要与外部的引号一样。

例 5-24：

```
In[29]:     f'{"ZUEL University"}'
Out[29]:    'ZUEL University'
In[30]:     f"{'ZUEL University'}"
Out[30]:    'ZUEL University'
In[31]:     f"""ZUEL University"""
Out[31]:    'ZUEL University'
In[32]:     f'''ZUEL University'''
Out[32]:    'ZUEL University'
```

如果确实要在字符串中使用与外部一样的引号的话，可以使用反斜线 \ 进行转义：

```
In[33]:     f"The \"College\" is {name},aged {age}."
Out[33]:    'The "College" is ZUEL University,aged 72. '
```

②字典

关于引号的问题，需要注意表达式中的字典取值。如果外部字符串使用的是单引号，字典取值就应该用双引号。

```
In[34]:     College = {'name':'ZUEL University','age':72}
In[35]:     f"The College is {College['name']},aged {College['age']}."
Out[35]:    The College is ZUEL University,aged 72.
```

③大括号

如果想在表达式中使用大括号，我们必须使用两次大括号：

```
In[36]:    f"{{72}}"
Out[36]:   '{72}'
In[37]:    f"{{{72}}}"      #使用三次大括号并不会给你两个大括号
Out[37]:   '{72}'
In[38]:    f"{{{{72}}}}"      #使用四次,就可以给你两个大括号了:
Out[38]:   '{{72}}'
```

5.7.4 数字格式化（见表5-9）

表5-9 参数说明

参数	说明
^，<，>	分别是居中、左对齐、右对齐，后面带宽度
:	后面带填充的字符，只能是一个字符，不指定则默认是用空格填充。
+	表示在正数前显示 +
-	表示在负数前显示 -
（空格）	表示在正数前加空格
b、d、o、x	分别是二进制、十进制、八进制、十六进制。

例5-25：

```
In[39]:    print('{:.2f}'.format(3.1415926))      #精度
Out[39]:   3.14
In[40]:    print('{:+.2f}'.format(3.1415926))      #符号
Out[40]:   +3.14
In[41]:    print('{:10.2f}'.format(3.1415926))      #宽度
Out[41]:         3.14      #3.14 前面有6个空格
In[42]:    print('{:^10.2f}'.format(3.1415926))      #对齐方式
Out[42]:      3.14      #3.14 前面和后面各有3个空格
In[43]:    print('{:,}'.format(31415926))      #逗号分隔
Out[43]:   31,415,926
```

例 5 - 26：

```
In[44]:   print("{{}}对应的位置是{{0}}".format("ZUEL"))#用大括号{{}}转义大括号
Out[44]:  ZUEL 对应的位置是{0}
```

5.8

正则表达式

正则表达式（regular expression）描述了一种字符串匹配的模式（pattern），可以用来检查一个串是否含有某种子串、将匹配的子串替换或者从某个串中取出符合某个条件的子串等。正则表达式在文本编辑与处理、网页爬虫之类的场合中有重要应用。

5.8.1 正则表达式基本语法规则

正则表达式（见表 5 - 10）是一个很强大的字符串处理工具，它能帮助我们方便的检查一个字符串是否与某种模式匹配。

表 5 - 10　　正则表达式的基本语法或转义符

代码	解释	表达式	成功匹配对象
一般字符	匹配自身相对应的字符	abc	abc
.	匹配除换行符（\n）以外的任意字符	a. c	abc
\	转义字符，可以改变原字符的意思	"a\\c"	‘a\c’
\'	单引号	‘Let\'s go!’	"Let's go!"
\``	双引号	"\"Good! \"I see"	'"Good!"I see'
\\	反斜杠	print("zuel. edu. cn\\")	zuel. edu. cn\
\d	匹配数字：0 ~ 9	\dabc	1abc
\w	匹配单词字符，a ~ z；A ~ Z；0 ~ 9	\w\w\w	oX2
\s	匹配空格字符（\t，\n，\r，\f，\v）	a\sc	a c
\D	匹配非数字字符	\Dabc	aabc
\W	匹配非单词字符	a\Wc	a c
\S	匹配非空格字符	\S\Sc	1bc
[ ]	字符集，对应位置上可以是字符集里的任意字符	a[def]c	aec
[^]	对字符集当中的内容进行取反	a[^def]c	a2c
[a - z]	指定一个范围字符集	a[A - Z]c	aBc

续表

代码	解释	表达式	成功匹配对象
*	允许前一个字符可以出现 0 次或者无限次	a * b	aaab 或 b
+	前一个字符至少出现 1 次	a + b	aaab 或 ab
?	前一个字符只能出现一次或者不出现	a?b	ab 或 b
{m}	允许前一个字符只能出现 m 次	a{3}b	aaab
{m,n}	允许前一个字符至少出现 m 次，最多出现 n 次（如果不写 n，则代表至少出现 m 次）	a{3,5}b 和 a{3,}	aaaab 和 aaaaaab
^	匹配字符串的开始，多行内容时匹配每一行的开始	^abc	abc
$	匹配字符串的结尾，多行内容时匹配每一行的结尾	abc&	abc
\A	匹配字符串开始位置，忽略多行模式	\Aabc	abc
\Z	匹配字符串结束位置，忽略多行模式	abc\Z	abc
\a	发出系统响铃声	-	-
\b	匹配位于单词开始或结束位置的空字符串	hello \bworld	hello world
\n	换行符	print("a\nb")	a b
\r	回车符	-	-
\f	换页符	-	-
\B	匹配不位于单词开始或结束位置的空字符串	he\Bllo	hello
|	表示左右表达式任意满足一种即可	abc|cba	abc 或 cba
(…)	将被括起来的表达式作为一个分组，可以使用索引单独取出	(abc)d	abcd
\o	八进制数代表的字符	-	-
\x	十六制数代表的字符	-	-
\0	表示一个空字符	-	-

5.8.2 re 模块

想要使用 Python 的正则表达式功能就需要调用 re 模块，re 模块为高级字符串处理提供了正则表达式工具。模块中提供了不少有用的函数，比如：re.compile 函数、re.match 函数、re.search 函数、re.findall 函数、re.finditer 函数、re.split 函数、re.sub 函数、re.subn 函数等。

（1） re.match 函数

re.match( )尝试从字符串的起始位置匹配一个模式，如果不是起始位置匹配成功的话，re. match( )就返回 none。

re. match 方法（见表 5－11）语法：re. match(pattern,string,flags＝0)

表 5－11　参数说明

参　数	说　明
pattern	匹配的正则表达式
string	要匹配的字符串
flags	标志位，用于控制正则表达式的匹配方式，如：是否区分大小写，多行匹配等等

flags 匹配模式如表 5－12 所示：

表 5－12　匹配模式参数说明

参　数	说　明
re. I	忽略大小写
re. M	多行模式，改变'^' 和'$' 的行为
re. L	由当前语言区域决定\w，\W，\b，\B，\d 和大小写敏感匹配
re. S	匹配包括换行符在内的任意字符，改变'.' 的行为
re. X	忽略空格和#后面的注释

例 5－27：取出字符串中的数字

```
In[1]:   import re
In[2]:   content = 'ZUEL430073 is a number. Postcode'
         result = re.match('^ZUEL(\d+).*Postcode$',content)
         # "^ZUEL"匹配字符串开头
         #(\d+)匹配任意个数字
         #.*匹配任意字符(换行符除外)
         # String$匹配字符串结尾
In[3]:   if result:
             print(result.group(1))#取出第一个括号的内容,即(\d+)中的数字
Out[3]:  430073
```

例 5－28：贪婪模式

```
In[4]:   import re
```

```
In[5]:    content = 'abcdefgabcdefg'
          result = re.match('ab(.*)g',content)
          #使用 .* 匹配其他所有字符,(\d+)匹配我们想要的数字
In[6]:    if result:
              print(result.group(1))
Out[6]:   cdegabcdef
```

结果只输出了最后一个数字 3。原因是正则贪婪模式导致的，贪婪模式会匹配尽可能多的字符。".*"可以匹配所的字符，自然也包括了我们要的数字，所以它很贪婪地只给我们留一个 3，正好满足（\d+）的匹配。

例 5-29：非贪婪模式

```
In[7]:    import re
In[8]:    content = 'ZUEL 430073 is a number. Postcode'
          result = re.match('.*?(\d+).*',content)
          #在 .* 后面加 ? 就可以使用非贪婪模式
In[9]:    if result:
              print(result.group(1))
Out[10]:  430073
```

例 5-30：多行匹配

```
In[11]:   import re
In[12]:   content = 'ZUEL\
          430073 is a number. Postcode'      #把数字换到第二行
          result = re.match('.*?(\d+).*',content)
          #在 .* 后面加 ? 就可以使用非贪婪模式
In[13]:   if result:
              print(result.group(1))
Out[13]:  430073
```

（2） re. search 函数

re. search( )扫描整个字符串并返回第一个成功的匹配。

re. search( )方法（见表 5-13）语法：re. search(pattern,string,flags=0)

表 5－13　　参数说明

参 数	说 明
pattern	匹配的正则表达式
string	要匹配的字符串
flags	标志位，用于控制正则表达式的匹配方式

例 5－31： match 和 search 的对比

```
In[14]:    import re
In[15]:    content = 'ZUEL Hello 430073 is a number.  Postcode'
In[16]:    result = re.match('Hello.*?(\d+).*?number',content)
           print(result)
Out[16]:   None      # match 没有匹配,字符串不是 Hello 开头
In[17]:    result = re.search('Hello.*?(\d+).*?number',content)
           print(result.group(1))
Out[17]:   430073
```

re.match 只匹配字符串的开始，如果字符串开始不符合正则表达式，则匹配失败，函数返回 None。而 re.search 匹配整个字符串，直到找到一个匹配。

（3） re.findall 函数

re.findall( )会搜索字符串，以列表形式返回全部能匹配的子串。

re.findall( )方法（见表 5－14）语法：re.findall(pattern,string,flags=0)

表 5－14　　参数说明

参 数	说 明
pattern	匹配的正则表达式
string	要匹配的字符串
flags	标志位，用于控制正则表达式的匹配方式

例 5－32：

```
In[18]:    import re
           s = "123zuel 456ZUEL 789Zuel zuel1011"
           re1 = re.compile('\w+\s+')
           print(re1.findall(s))
```

```
Out[18]:  ['123zuel ','456ZUEL ','789Zuel ','zuel1011']
          #此处出现的匹配是\w + \s +,最后一个字符串没有空格字符,所以没有匹配。
In[19]:   import re
          s = "123zuel 456ZUEL 789Zuel zuel1011 "
          re1 = re.compile('\w + \s +')
          print(re1.findall(s))
Out[19]:  ['123zuel ','456ZUEL ','789Zuel ']#最后一个字符串有空格字符,所以匹配
```

（4） re. sub 函数

re. sub 用于替换字符串中的匹配项。将正则表达式 pattern 匹配到的全部字符串替换为 repl 指定的字符串，

re. sub 方法（见表 5－15）语法：re. sub(pattern,repl,string,count = 0,flags = 0)

表 5－15　参数说明

参　数	说　明
pattern	匹配的正则表达式
repl	可以为替换的字符串，也可以为一个函数
string	要匹配的字符串
count	可指定替换次数，不指定时全部替换
flags	标志位，用于控制正则表达式的匹配方式

如果 repl 是字符串，那么就会去替换字符串匹配的子串，返回替换后的字符串。如果 repl 是函数，定义的函数只能有一个参数（匹配的对象），并返回替换后的字符串。

例 5－33：

```
In[20]:   import re
          pattern = r'1[34578]\d{9}'     #定义要替换的模式字符串
          string = '中奖号码为:84978981 联系电话为:13611111111'
          result = re.sub(pattern,'1xxxxxxxxxx',string)     #替换字符串
          print(result)
Out[20]:  中奖号码为:84978981 联系电话为:1xxxxxxxxxx
```

（5） re. split 函数

re. split( )方法用于实现根据正则表达式分割字符串，并以列表的形式返回，其作用与字符串对象的 split( )方法类似，不同的是分割字符由模式字符串指定。

re. split 方法（见表 5－16）语法：re. split(pattern,string,maxsplit = 0,flags = 0)

表 5-16　　参数说明

参　数	说　明
pattern	匹配的正则表达式
string	要匹配的字符串
maxsplit	最大拆分次数
flags	标志位，用于控制正则表达式的匹配方式

例 5-34：

```
In[21]:    import re
           str1 = '1,2,a,5,6,b,9,10,c'
In[22]:    re.split(pattern = ',[a-b],',string = str1,maxsplit = -1,flags = 0)
           # maxsplit <0,表示不分割
Out[22]    ['1,2,a,5,6,b,9,10,c']
In[23]:    re.split(patter = ',[a-b],',string = str1,maxsplit = 0,flags = 0)
           # maxsplit = 0,表示能分几次分几次
Out[23]:   ['1,2','5,6','9,10,c']
In[24]:    re.split(patter = ',[a-b],',string = str1,maxsplit = 1,flags = 0)
           # maxsplit = 1,表示分割一次
Out[24]:   ['1,2','5,6,b,9,10,c']
```

（6）re.compile 函数

在 Python 中使用正则表达式时，re 模块内部会干两件事情：第一，编译正则表达式，如果正则表达式的字符串本身不合法，会报错；第二，用编译后的正则表达式去匹配字符串。如果一个正则表达式要重复使用几千次，出于效率的考虑，我们应该先把这个正则先预编译好，接下来重复使用时就不再需要编译这个步骤了，直接匹配，提高我们的效率。

re.compile 函数用于编译正则表达式，生成一个正则表达式（Pattern）对象，供 re.match( )和 re.search( )这两个函数使用。如果匹配成功则返回一个 re.match 对象，其语法（见表 5-17）为：re.compile(pattern,flags = 0)。

表 5-17　　参数说明

参　数	说　明
pattern	匹配的正则表达式
flags	标志位，用于控制正则表达式的匹配方式

例 5－35：

```
In[25]:   import re
In[26]:   re_telephone = re.compile(r'^(\d{3})-(\d{3,8})$')  #编译
In[27]:   A = re_telephone.match('027-12345').groups()  # 使用
          print(A)
Out[27]:  ('027','12345')
In[28]:   B = re_telephone.match('010-8086').groups()  # 使用
          print(B)  #结果('010','8086')
Out[28]:  ('010','8086')
```

编译后生成 Regular Expression 对象，由于该对象自己包含了正则表达式，所以调用对应的方法时不用给出正则字符串。

5.8.3 常用的正则表达式（见表 5－18）

表 5－18　　常用的正则表达式

<table>
<tr><th>说　明</th><th>代　码</th></tr>
<tr><td>校验密码强度</td><td>^(?=.*\\d)(?=.*[a-z])(?=.*[A-Z]).{8,10}$
#包含大小写字母和数字的组合，不能使用特殊字符，长度在 8—10</td></tr>
<tr><td>校验中文</td><td>^[\\u4e00-\\u9fa5]{0,}$</td></tr>
<tr><td>由数字、26 个英文字母</td><td>^\\w+$</td></tr>
<tr><td>校验 E-Mail 地址</td><td>[\\w!#$%&'*+/=?^_`{|}~-]+(?:\\.[\\w!#$%&'*+/=?^_`{|}~-]+)*@(?:[\\w](?:[\\w-]*[\\w])?\\.)+[\\w](?:[\\w-]*[\\w])?</td></tr>
<tr><td>校验身份证</td><td>^[1-9]\\d{5}[1-9]\\d{3}((0\\d)|(1[0-2]))(([0|1|2]\\d)|3[0-1])\\d{3}([0-9]|X)$</td></tr>
<tr><td>#提取 URL 链接</td><td>^(f|ht){1}(tp|tps):\\/\\/([\\w-]+\\.)+[\\w-]+(\\/[\\w-./?%&=]*)?
#可在爬虫代码中使用</td></tr>
<tr><td>#匹配 HTML 标签</td><td><\\/?\\w+((\\s+\\w+(\\s*=\\s*(?:".*?"|'.*?'|[\\^'">\\s]+))?)+\\s*|\\s*)\\/?></td></tr>
</table>

6 函　　数

本章思维导图

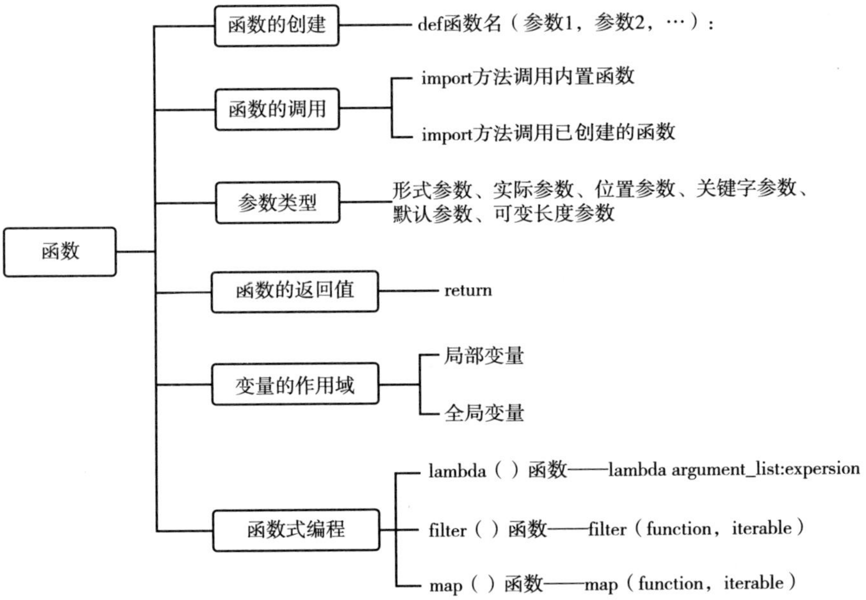

函数
函数的创建
def函数名（参数1，参数2，…）：
函数的调用
import方法调用内置函数
import方法调用已创建的函数
参数类型
形式参数、实际参数、位置参数、关键字参数、
默认参数、可变长度参数
函数的返回值
return
变量的作用域
局部变量
全局变量
函数式编程
lambda（）函数——lambda argument_list:expersion
filter（）函数——filter（function，iterable）
map（）函数——map（function，iterable）

6.1

函数的定义

函数是最基本的一种代码抽象的方式，是组织好的、可重复使用的，用来实现单一或相关联功能的代码段。函数是对做相似的事情或相似的动作进行封装，它能提高应用的模块性和代码的重复利用率。Python 不但能非常灵活地定义函数，而且本身内置了很多有用的函数，可以直接调用，如 print( )能输出任何对象，len( )能计算不同类型对象的长度。

定义一个函数要使用 def 语句，依次写出函数名、小括号、小括号中的参数和冒号“:”，然后，在缩进块中编写函数体，函数的返回值用 return 语句返回。

定义函数格式：

```
def 函数名 (参数 1, 参数 2, ……):
        函数体
        return 返回值
```

例 6-1:

```
In[1]:    def max(a,b):      #定义一个函数,接收两个参数,返回其最大值
              if a> =b:
                  return a   #返回 a
              else:
                  return b   #返回 b
In[2]:    max(4,3)
Out[2]:   4
```

函数体内部的语句在执行时，一旦执行到 return 时，函数就执行完毕，并将结果返回。如果没有 return 语句，函数执行完毕后会返回 None。

例 6-2:

```
In[3]:    def equation(a,b,c):      #一元二次方程求解
              import math
```

```
        t = math. sqrt(b * b - 4 * a * c)
        v1 = ( - b + t)/(2 * a)
        v2 = ( - b - t)/(2 * a)
        return v1 ,v2
In[4]:  print(equation(1, -2,1))
        print(equation(1,2,1))
Out[4]: (1.0,1.0)
        ( -1.0, -1.0)
```

注：函数可以返回多个值，它的返回值是个元组。

6.2

函数的调用

Python 内置了很多有用的函数，我们可以直接调用。要调用一个函数，需要知道函数的名称和参数，比如，求长度函数 len( )，它接收一个参数。

例 6 -3：

```
In[1]:  lenght = len('zuel')   #使用变量接收函数返回值
        print(lenght)
Out[1]: 4
In[2]:  len([1,2,3],'zuel')
Out[2]: TypeError:len( )takes exactly one argument(2 given)
        #函数的参数类型或者参数数量不正确会抛出 TypeError 错误
```

例 6 -4：

```
In[3]:  # max_6_2. py
        def max(a,b):
            if a > =b:
                return a   #返回 a
            else:
                return b   #返回 b
```

```
In[4]:    c = max(4,3)  #调用 max 函数
          print(c)
Out[4]:   4
```

将上述定义的函数保存为 max_6_2. py，假设保存路径为：

E:\Myjupyter\python 基础\max_6_2. py

```
In[5]:    %run  E:\Myjupyter\python 基础\max_6_2.py
In[6]:    %load  E:\Myjupyter\python 基础\max_6_2.py  #运行后为其代码
In[7]     max_6_2(1,2)#调用编写的 max_6_2.py
Out [7]:  2
```

也可以用 import 方法，但是要谨慎调用方法：

```
In[8]:    #系统路径中填写存放 .py 文件地址,然后通过 import 方法导入
          import sys
          sys.path.append("E:\\Myjupyter\\python 基础")
In[9]:    import max_6_2
In[10]    max_6_2.max(1,2)
Out[10]:  2
```

在 Python 中有一个 pass 语句，表示空语句，是为了保持程序结构的完整性。pass 不做任何事情，一般用做占位语句。

pass 语句语法格式如下：

```
def func():
    pass     #占位符,不做任何事情
```

Python 3 版本中有 pass 语句的替代方案，如下：

```
def func():
    …     #三个连续的点号省略代码
```

6.3

参数传递

在调用函数时，大多数情况下，主调函数和被调用函数之间有数据传递关系，这就是有参数的函数形式。函数参数的作用是传递数据给函数使用，函数利用接收的数据进行具体的操作处理。函数参数在定义函数时放在函数名称后面的一对小括号中。

6.3.1 形式参数与实际参数

（1）形式参数

形式参数（形参）指的是函数定义时给参数定义的名字，形式参数只是起到提示作用，用来提示使用时该传什么类型的参数。比如，定义了一个函数叫“国家”，这个函数里面有个参数为“国家的人口”，这里的“国家的人口”就是形式参数。形式参数的“形”字又有形象的意思，是指在我们给定义参数名字时能够做到见名知意，这样的话，使用时基本一看就明白要传什么参数了。

（2）实际参数

实际参数（实参）是指在调用函数时实际传入的具体数值。比如，定义了一个函数叫“国家”，这个函数里面有个参数为“国家的人口”，然后传入“14 亿”这个数字，这里的“14 亿”就是“国家的人口”这个参数的具体化，这就是实际参数。把实际的数值或内容传入函数的参数中，这就是函数的参数传递。

例 6－5：

```
In[1]:    def add(a,b):      #定义或者创建 add 函数时,a 和 b 为形式参数
              return a + b
In[2]:    c = add(4,3)     #调用 add 函数时,4 和 3 为实际参数
          print(c)
Out[2]:   7
```

6.3.2 位置参数

按照从左到右的顺序依次定义的参数叫做位置参数。位置参数的传参：有几个位置参数必须传放几个实际参数，即有几个形式参数就得传几个实际参数，多一个不行，少一个

也不行。位置形式参数：按从左到右的顺序依次定义的参数；位置实际参数：按从左到右的顺序依次传入的值。

例 6-6：

```
In[3]:    def demo(a,b,c):
              print(a,b,c)
In[4]:    demo(3,4,5)     #按位置传递参数
Out[4]:   3 4 5
In[5]:    demo(1,2,3,4)      #实参与形参数量必须相同
Out[5]:   TypeError:demo( )takes 3 positional arguments but 4 were given
```

6.3.3 关键字参数

按照关键字进行传参的参数，按照 key = value 的形式进行传参的参数，关键字参数可以不按参数的顺序进行传值。

例 6-7：

```
In[6]:    def demo(a,b,c=4):
              print(a,b,c)
In[7]:    demo(2,1)
Out[7]:   2 1 4
In[8]:    demo(c=3,a=2,b=1)
Out[8]:   2 1 3
```

6.3.4 默认参数

在函数定义阶段就定义好默认值的参数，传参时，如果不传入具体的值，则使用定义时的值。

例 6-8：

```
In[9]:    def power(x,n=2):  # n 有默认值
              return x ** n
In[10]:   print(power(5))  #调用函数不传递 n 的值,使用默认值
```

```
        print(power(3,3))  #调用函数传递 n 的值,使用传递值
Out[10]:  25
          27
```

由于函数的参数按从左到右的顺序匹配，所以默认参数只能定义在必需参数的后面。

例 6－9：

```
In[11]:   def per_info(name,sex='男',age=32):
              print(name,sex,age)
In[12]:   per_info('A')
          per_info('B','女')
          per_info('C',age=18)  #要用后面的默认参数,需要给出参数名
          per_info(age=24,sex='女',name='D')#用参数名传递参数,对参数位置没要求
Out[12]:  A 男 32
          B 女 32
          C 男 18
          D 女 24
In[13]:   tuple=('E','男',35)
          per_info(*tuple)  #要将列表或元组中值当参数传入函数,我们可在前面加上*
Out[13]:  E 男 35
```

在调用函数时，缺省参数的值如果没有传入，则被认为是默认值。

例 6－10：

```
In[14]:   def demo1(name,age=25):
              print("Name:",name)
              print("Age ",age)
In[15]:   demo1(name="zuel1")
          demo1(age=9,name="zuel2")
Out[15]:  Name:  zuel1
          Age   25
          Name:  zuel2
          Age   9
```

带有默认值的参数一定要位于参数列表的最后面。

例 6－11：

```
In[16]:    def printinfo(name,sex,age=35):    #带有默认值的参数要位于最后
               print(name)
           #未报错
In[17]:    def printinfo(name,age=35,sex):
               print(name)
Out[17]:   SyntaxError:non-default argument follows default argument
```

在 Python 中，默认参数的默认值可以使用所有的数据类型，但是不推荐使用可变的数据类型，因为把可变类型的数据当作默认参数可能会引发一些无法预测的问题。例如：默认参数中传入一个列表，我们可能在某个地方修改了列表的值，当我们调用参数时，我们就无法得知函数执行后具体返回的结果是什么。

6.3.5　可变长度参数

可变长度参数又称为不定长参数，指的是传入参数时可以同时传入 1 个或 n 个值，Python 中的不定长参数分为两种：

*parameter 用来接受多个位置参数并将其放在一个元组中。

**parameter 接受多个关键参数并存放到字典中。

例 6－12：

```
In[18]:    def demo(*p):
               print(p)
In[19]:    demo(1,2,3)
Out[19]:   (1,2,3)
In[20]:    demo(1,2,3,4,5,6,7)
Out[20]:   (1,2,3,4,5,6,7)
```

例 6－13：

```
In[21]:    def demo(**p):
               for item in p.items():
                   print(item)
In[22]:    demo(x=1,y=2,z=3)
```

```
Out[22]:    ('y',2)
            ('x',1)
            ('z',3)
```

6.4

函数的返回值

函数的返回值就是函数调用表达式的值，Python 中所有函数调用表达式都有值，也就是说所有的函数都有返回值，返回值就是 return 关键字后的表达式的值。我们首先看几个没有使用 return 函数的例子。

例 6－14：

```
In[1]:    def func1( ):
              print('123')
In[2]:    func1( )
Out[2]:   123
```

例 6－15：

```
In[3]:    def func1( ):
              print('123')
In[4]:    a = func1( )              #有返回值说明把 func1 的值赋给 a
Out[4]:   123
In[5]:    print('函数的值:',a)     #因为函数中没有 return,没有把值返回给 a
Out[5]:   函数的值:None
```

注：如果函数没有 return，那么函数的返回值就是 None。

例 6－16：函数中如果加上 return：

```
In[6]:    def func1( ):
              return 123    #函数中加上 return
In[7]:    print(func1( ))
          a = func1( )
```

```
          print('函数的值:',a)    # return 把函数值返回给了 a
Out[7]:   123
          函数的值:123
```

没有 return 的时候，函数体全部执行完成，函数就结束：

```
In[8]:    def info( ):
              print('hello')
              print('zuel')
          print('Python')
out[8]:   Python
In[9]     info( )
Out[9]:   hello
          zuel
```

下面看一个有 return 的例子：

```
In[10]:   def add( * numbers):  #   * 表示传入的参数不确定有多少个
              sum =0
              for x in numbers:
                  sum + =x
              return sum          #将 sum 交给函数调用者
In[11]:   a =add(1,2,3)    #执行完后返回 6,然后把 6 赋给 a
          print(a)
Out[11]:  6
```

同时，如果函数有 return，则 return 后面的不将执行：

```
In[12]:   def num( ):
              print('000')
              print('111')
              print('aaa')
              return(999)
              print('------')    #return 后面的执行不到
```

```
In[13]:    a = num( )
           print(a)
Out[13]:   000
           111
           aaa
           999
```

一般，函数中的 return 与 print 的区别有：

①return：在定义函数时从函数中返回一个函数的返回值，终止函数的执行，函数中 return 以下的代码不再执行。print( )：是把结果打印出来，返回结果值为 None。

②函数中的 return 与循环中的 break 相似，只要遇到 return 关键字，函数就结束。

③可以使用 return 给函数返回结果。

6.5

局部变量和全局变量

变量起作用的代码范围称为变量的作用域，不同作用域内变量名可以相同，互不影响。根据变量的有效范围，将变量分为局部变量和全局变量。局部变量的引用比全局变量速度快，应优先考虑使用。

6.5.1 局部变量

局部变量是在函数内部定义的变量，只能在函数内部使用，当函数执行结束后，局部变量自动删除，不再可以使用。

例 6-17：

```
In[1]:    def demo( ):
              x ='学好 Python'     ##创建了局部变量
              print(x)
In[2]:    demo( )
Out[2]:   学好 Python
In[3]:    print(x)     #在函数体外输出局部变量的值
Out[3]:   NameError:name 'x' is not defined
```

6.5.2　全局变量

全局变量是在函数外部定义的变量（没有定义在某一个函数内），所有函数内部都可以使用这个变量。全局变量可以通过关键字 global 来定义。这分为两种情况：

①一个变量已在函数外定义，如果在函数内需要为这个变量赋值，并要将这个赋值结果反映到函数外，可以在函数内使用 global 将其声明为全局变量。

②如果一个变量在函数外没有定义，在函数内部也可以直接将一个变量定义为全局变量，该函数执行后，将增加一个新的全局变量。

例 6－18：

```
In[4]:      def demo():
                global x      #声明创建全局变量
                x = 3      #全局变量的值
                y = 4      #局部变量
                print(x,y)
In[5]:      x = 5      #在函数外定义了一个全局变量
In[6]:      demo()      #本次调用修改了全局变量的值,x = 3
Out[6]:     3   4
In[7]:      x
Out[7]:     3
In[8]:      y      #局部变量在函数运行之后自动删除
Out[8]:     NameError:name 'y' is not defined
In[9]:      del x      #删除了全局变量 x
In[10]:     x
Out[10]:    NameError:name 'x' is not defined
In[11]:     demo()      #本次调用创建了全局变量
Out[11]:    3   4
In[12]:     x
Out[12]:    3
In[13]:     y      #调用之后删除局部变量,在函数外不可访问
Out[13]:    NameError:name 'y' is not defined
```

如果局部变量与全局变量具有相同的名字，那么该局部变量会在自己的作用域内隐藏同名的全局变量。

例 6 -19：

```
In[14]:    def demo( ):
                x = 3        #创建了局部变量,并自动隐藏了同名的全局变量
In[15]:    x = 5     #在函数外定义了一个全局变量
In[16]:    x
Out[16]:   5
In[17]:    demo( )
In[18]:    x     #函数执行不影响外面全局变量的值
Out[18]:   5
```

6.6

函数式编程

函数式编程是用函数计算来表示程序，与过程化编程相比，函数式编程里函数的计算可随时调用。下面我们主要介绍 filter( )函数，map( )函数和 lambda。

6.6.1 lambda 函数

在 Python 中有两种函数，一种是 def 定义的函数，另一种是 lambda 函数，也就是常说的匿名函数。lambda 表达式可以用来声明匿名函数，也就是没有函数名字的临时使用的小函数，尤其适合需要一个函数作为另一个函数参数的场合。lambda 表达式只可以包含一个表达式，该表达式的计算结果可以看作是函数的返回值，不允许包含其他复杂的语句，但在表达式中可以调用其他函数。

例 6 -20：

```
In[1]:    def sq(x):       #将一个列表里的每个元素都平方
              return x * x
In[2]:    map(sq,[y for y in range(10)])
```

再用 lambda 函数来编写代码。

例 6 – 21：

```
In[3]:    map(lambda x:x * x,[y for y in range(10)])
```

从这个简单的例子，我们可以看出，首先，用 lambda 函数减少了代码的冗余；其次，用 lambda 函数，不用费神地去命名一个函数的名字，可以快速地实现某项功能；最后，lambda 函数使代码的可读性更强，程序看起来更加简洁。

lambda 函数（见表 6 – 1）语法：lambda argument_list：expersion

表 6 – 1　　lambda 函数参数说明

参数	说明
argument_list	argument_list 是参数列表，它的结构与 Python 中函数（function）的参数列表是一样的。如：a，b；a = 1，b = 2；*parameter；**parameter；a，b = 1，*parameter；空
expression	expression 是一个关于参数的表达式，表达式中出现的参数需要在 argument_list 中有定义，并且表达式只能是单行的。如：1；None；a + b；sum(a)；1 if a > 10 else 0

例 6 – 22：

```
In[4]:    f = lambda x,y,z:x * y * z     #可以给 lambda 表达式起名字
In[5]:    f(1,2,3)    #像函数一样调用
Out[5]:   6
```

例 6 – 23：

```
In[6]:    h = lambda x,y = 2,z = 3:x * y * z     #参数默认值
In[7]:    h(1)
Out[7]:   6
In[8]:    h(2,z = 4,y = 5)     #关键参数
Out[8]:   40
```

例 6 – 24：

```
In[9]:    def demo(n):
              return n * n
In[10]:   a_list = [0,1,2,3]
```

```
In[11]:    list(map(lambda x:demo(x),a_list))      #在 lambda 表达式中调用函数
Out[11]:   [0,1,4,9]
```

6.6.2 filter( )函数

filter( )函数，顾名思义，用于过滤，把一个序列的每个元素映射到函数中，返回结果为 True 的元素。

filter( )方法语法：filter(function,iterable)

其中 function 是判断函数，filter 会遍历 iterable 里的每一个数据，用 function 进行判断，如果符合条件，才会被留下。iterable 是可迭代对象，如列表、元组，甚至集合都可以。

例 6-25：

```
In[12]:    a=[1,2,3,5,6,7,8,9]
           filter_list=filter(lambda x:x>5,a)
           print(list(filter_list))
Out[12]:   [6,7,8,9]
```

例 6-26：

```
In[13]:    print(list(filter(lambda x:x%3==0,[3,4,5,6])))
           #留下能被 3 整除的元素
Out[13]:   [3,6]
```

例 6-27：

```
In[14]:    print(list(filter(lambda x:True if x %5==0 else False,range(100))))
Out[14]:   [0,5,10,15,20,25,30,35,40,45,50,55,60,65,70,75,80,85,90,95]
```

例 6-28：

```
In[15]:    def only_str(x):
               try:
                   if isinstance(x,str):
```

```
            return True
        else:
            return False
    except ValueError as e:
        return False
```

```
In[16]:  dt = filter(only_str,[0,1,2,'zuel',3.14, -3.14])
         list(dt)
Out[16]: ['zuel']
```

6.6.3 map( )函数

map( )方法会将一个函数映射到序列的每一个元素上，生成新序列，包含所有函数返回值。也就是说序列里每一个元素都被当作 x 变量，放到一个函数 f(x) 里，其结果是 f(x1)、f(x2)、f(x3)……组成的新序列。

map( )方法语法：map(function,iterable)

其中，function 代表函数，iterable 是可迭代的序列。

举一个例子，对列表 a 每个元素都加上 5：

```
In[17]:  a = [0,1,2]
         b = [i +5 for i in a]
         print(b)
Out[17]: [5,6,7]
```

如果使用的 map 函数的话，可以先定义一个 add 的函数用于加 5，然后再调用 map 函数：

```
In[18]:  def add(x):
             return x +5
         print(list(map(add,a)))
Out[18]: [5,6,7]
```

也可以直接使用匿名函数 lambda，一行代码实现：

```
In[19]:  print(list(map(lambda x:x +5,[0,1,2])))      #用匿名函数 lambda
```

```
Out[19]:    [5,6,7]
```

例 6-29:

```
In[20]:     a = [0,1,2]
            print(list(map(lambda x:x ** 3,a)))
Out[20]:    [0,1,8]
```

例 6-30:

```
In[21]:     def square(x):
                return x ** 3
In[22]:     print(list(map(square,[0,1,2])))      #注意要用 list 作转换
Out[22]:    [0,1,8]
In[23]:     print(list(map(lambda x:x ** 3,[0,1,2])))      #用匿名函数 lambda
Out[23]:    [0,1,8]
```

7 文件操作

本章思维导图

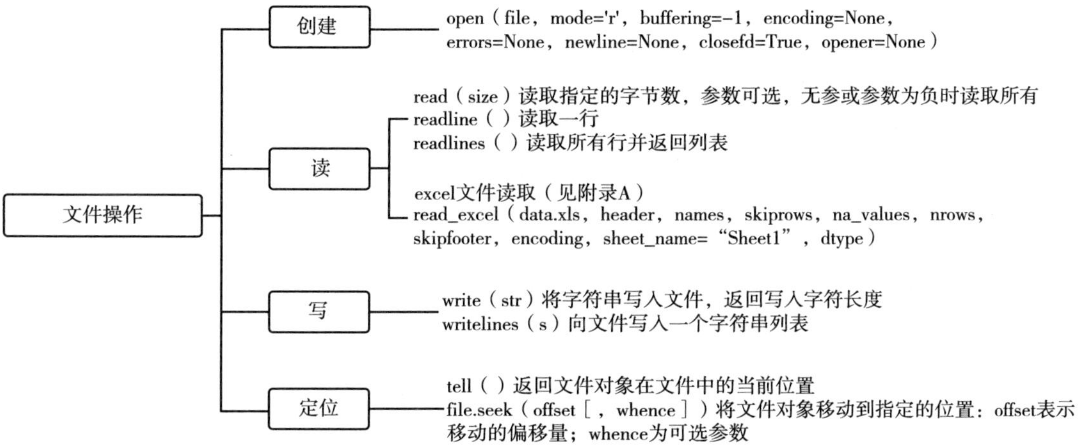

在编程工作中文件操作还是比较常见的，基本文件操作包括：创建、读、写、关闭等，Python 中内置了一些文件操作函数，我们使用 Python 操作文件还是很方便的。

7.1

文件创建

Python 使用 open( )函数（见表 7－1）创建或打开文件，语法格式为：

```
open(file,mode = 'r',buffering = -1,encoding = None,errors = None,newline = None,closefd = True,opener = None)
```

表 7－1　参数说明

参　数	说　明
file	表示将要打开的文件的路径，也可以是要被封装的整数类型文件描述符
mode	是一个可选字符串，用于指定打开文件的模式，默认值是 'r'（以文本模式打开并读取）。可选模式如表 7－2 所示
end	字符中结束位置
buffering	是一个可选的整数，用于设置缓冲策略
encoding	用于解码或编码文件的编码的名称
errors	是一个可选的字符串，用于指定如何处理编码和解码错误（不能在二进制模式下使用）
newline	区分换行符
closefd	如果 closefd 为 False 并且给出了文件描述符而不是文件名，那么当文件关闭时，底层文件描述符将保持打开状态；如果给出文件名，closefd 为 True（默认值），否则将引发错误
opener	可以通过传递可调用的 opener 来使用自定义开启器

表 7－2　mode 可选模式

模　式	描　述
r	读取（默认）
w	写入，并先截断文件
x	排它性创建，如果文件已存在则失败
a	写入，如果文件存在则在末尾追加
b	二进制模式
t	文本模式（默认）
+	更新磁盘文件（读取并写入）

以 txt 格式文件为例，我们不手动创建文件，而是通过代码方式来创建，如下所示：

```
open('test.txt',mode = 'w',encoding = 'utf-8')
```

执行完上述代码，即创建好了 test. txt 文件。

7.2 文件写入

上面我们创建的文件 test. txt 没有任何内容，我们向这个文件中写入一些信息，对于写操作，Python 文件对象提供了两个函数，如表 7－3 所示：

表 7－3　写入操作的两个函数

函　数	描　述
write(str)	将字符串写入文件，返回写入字符长度
writelines(s)	向文件写入一个字符串列表

例 7－1：

```
In[1]:    wf = open('test.txt','w',encoding = 'utf-8')
          wf.write('小明\n')
          wf.writelines(['Hello\n','Python'])
          wf.close()       #关闭
Out[1]:   小明
          Hello
          Python
```

上面我们使用了 close( ) 函数进行关闭操作，如果打开的文件忘记了关闭，可能会对程序造成一些隐患，为了避免这个问题的出现，可以使用 with as 语句，通过这种方式，程序执行完成后会自动关闭已经打开的文件。如下所示：

例 7－2：

```
In[2]:    with open('test.txt','w',encoding = 'utf-8') as wf:
              wf.write('小明\n')
              wf.writelines(['Hello\n','Python'])
```

```
Out[2]:   小明
          Hello
          Python
```

7.3

文件读取

之前我们已经向文件中写入了一些内容，现在我们读取一下，对于文件的读操作，Python 文件对象提供了三个函数，如表 7－4 所示：

表 7－4　　读取操作的三个函数

函　数	描　述
read(size)	读取指定的字节数，参数可选，无参或参数为负时读取所有
readline( )	读取一行
readlines( )	读取所有行并返回列表

7.3.1　read( )方法

当使用 open 函数打开文件后，就可以使用该文件对象的各种方法了，read 就是其中一种。read( )会读取一些数据并将其作为字符串（在文本模式下）或字节对象（在二进制模式下）返回。

read 方法有一个参数：

```
f.read(size)# f 为文件对象
```

参数 size（可选）为数字，表示从已打开文件中读取的字节计数，默认情况下为读取全部。

假设有一个文件 sample1.txt，内容是：Zhongnan University of Economics and Law，现在读取该文件。

例 7－3：

```
In[3]:   with   open('sample1.txt')as f:
              content = f.read( )
```

```
          print(content)
          f.close()
Out[3]:   Zhongnan University of Economics and Law
```

7.3.2 readline( )方法

readline( ) 方法一次只能读取文件中的一行，包括换行符'\n'。如果在括号中指定了一个非负参数，则返回该参数指定的字节数。如果 f. readline( )返回一个空的字符串，则表示已经到达了文件末尾，而空行使用 '\n'表示，该字符串只包含一个换行符。

f. readline( )有一个参数：

```
f.readline(size)      #参数 size 表示从文件读取的字节数。
```

假设有一个文件 sample2. txt，内容是：

```
Zhongnan University
of Economics
and Law
```

例 7－4：

```
In[4]:    with  open('sample2.txt') as f:
              print(f.readline())
              print(f.readline(6))
              f.close()
Out[4]:   Zhongnan University
          Zhongn
```

7.3.3 readlines( )方法

readlines 方法和 readline 方法虽然长得像，但功能不一样，前面说过 readline 方法只读取一行，readlines 方法则是读取所有行，返回的是所有行组成的列表。

readlines 方法没有参数，使用更加简单。依旧以 sample2. txt 为例：

例 7 -5:

```
In[5]:    with  open('sample2.txt') as f:
              print(f.readlines())
              f.close()
Out[5]:   ['Zhongnan University\n','of Economics \n','and Law\n']
In[6]:    with open('test.txt','r',encoding='utf-8') as rf:
              print('readline:',rf.readline())
              print('read:',rf.read(6))
              print('readlines:',rf.readlines())
Out[6]:   readline:小明
          read:Hello
          readlines:['Python']
```

7.4 定 位

Python 提供了两个与文件对象位置相关的函数，如表 7-5 所示：

表 7-5 定位操作的两个函数

函 数	描 述
tell()	返回文件对象在文件中的当前位置
file.seek(offset[,whence])	将文件对象移动到指定的位置：offset 表示移动的偏移量；whence 为可选参数，值为 0 表示从文件开头起算（默认值）、值为 1 表示使用当前文件位置、值为 2 表示使用文件末尾作为参考点

例 7 -6:

```
In[7]:    with open('test.txt','rb+') as f:
              f.write(b'123456789')
              print(f.tell())      #文件对象位置
              f.seek(2)      #移动到文件的第三个字节
              print(f.read(1))      #读取一个字节,文件对象向后移动一位
```

```
        print(f.tell())
        f.seek(-2,2)          #移动到倒数第二个字节
        print(f.tell())
        print(f.read(1))
Out[7]: 9
        b'3'
        3
        19
        b'o'
```

8 面向对象程序设计

本章思维导图

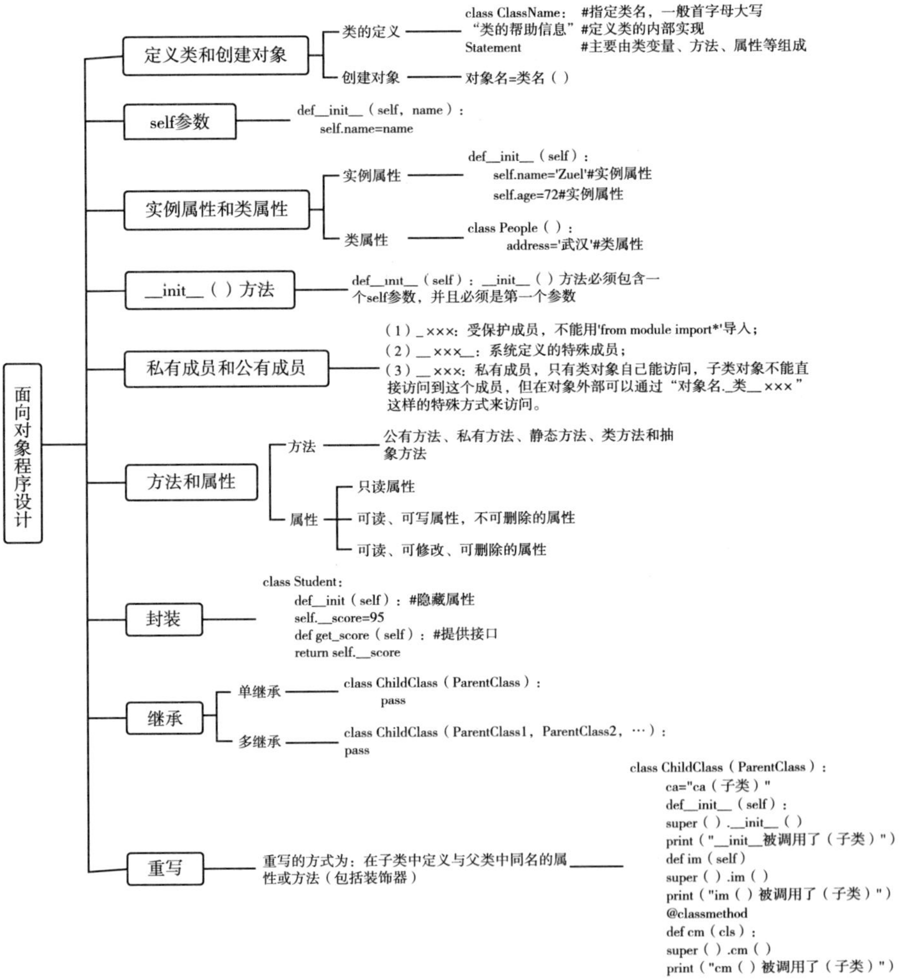

8.1

程序设计的方法

8.1.1 面向过程编程

面向过程编程（Procedural-Oriented Programming，POP）又叫函数式编程，是一种以过程为中心的编程思想，也可称之为“面向记录”编程思想，它们不支持丰富的“面向对象”特性（比如继承、多态）。面向过程编程就是分析出解决问题所需要的步骤，然后用函数把这些步骤一步一步实现，使用的时候一个一个依次调用就可以了。比如，以学生早上上学为例说明面向过程，粗略地可以将过程拟为：

第一步：起床
第二步：穿衣
第三步：洗脸刷牙
第四步：去学校

这四步就是一步一步地完成，它的顺序很重要，你只需要一个一个地实现就行了。如果是用面向对象的方法的话，可能就只抽象出一个学生的类，它包括这四个方法，但是具体的顺序就不一定按照原来的顺序。

8.1.2 面向对象编程

面向对象编程（Object-Oriented Programming，OOP），是一种程序设计思想，以对象为核心，认为程序由一系列对象组成。OOP 把对象作为程序的基本单元，一个对象包含了数据和操作数据的函数。面向对象是一种对现实世界理解和抽象的方法。OOP 达到了软件工程的三个主要目标：重用性、灵活性和扩展性。OOP = 对象 + 类 + 继承 + 多态 + 消息，其中核心概念是类和对象。面向对象程序设计的分析基本步骤如下：

①导入各种外部库；②设计各种全局变量；③决定你要的类；④给每个类提供完整的一组操作；⑤明确地使用继承来表现不同类之间的共同点；⑥根据需要，决定是否写一个 main 函数作为程序入口。

8.2

类和对象

8.2.1 类

类（Class）是封装对象的属性和行为的载体，具有相似属性和行为的一类实体被称为类。类是抽象的，在使用的时候通常会找到这个类的一个具体的存在，并使用这个具体的存在。通常一个类可以找到多个对象，如人类、鸟类、水果，是一个总的称呼，没有具体到某个物体。

属性（Attribute）：类里面用于描述所有对象共同特征的变量或数据。比如学生的名字和分数。

方法（Method）：类里面的函数，用来区别类外面的函数，用来实现某些功能。比如打印出学生的名字和分数。

8.2.2 对象

对象（Object）是类的具体实例。Python 是一种面向对象的编程语言，所以 Python 中的几乎所有东西都是对象，拥有属性和方法。字符串、函数等也都是对象，这说明 Python 天生就是面向对象的。对象是一个具体事物，在现实世界中可以是看得见摸得着的，可以直接使用的。

8.2.3 类和对象之间的关系

类是对象的抽象，而对象是类的具体实例。类描述了一组有相同属性和相同方法的对象。类与对象的关系就如图纸和汽车的关系，类就相当于制造汽车时的图纸，用它来进行创建的汽车就相当于对象。

8.3

定义类与创建对象

8.3.1 类的定义

Python 使用 class 关键字来定义类，类名通常习惯为首字母大写，语法格式如下：

```
class ClassName:          #指定类名，一般首字母大写
    "类的帮助信息"          #定义类的内部实现
    Statement             #主要由类变量、方法、属性等组成
```

我们创建一个 Car 类：

```
In[1]:    class Car:        #创建 Car 类,Car 为类名
              def infor(self):
                  print("This is a car")
```

8.3.2 创建对象

定义了类之后，可以根据已经定义的类去创建出一个个对象，即实例化对象，并通过“对象名．成员”的方式来访问其中的数据成员或成员方法。创建对象的格式为：

```
对象名 = 类名()
```

例 8－1：

```
In[2]:    car = Car()
In[3]:    car.infor()
Out[3]    This is a car
```

例 8－2：

```
In[4]:    class Car:     #定义一个 Car 类
              def move(self):     #构造方法
                  print('车在行驶')
              def toot(self):
          #方法中至少有一个参数,第一个参数表示当前对象,名字随意取,习惯都写 self
                  print("车在鸣笛")
In[5]:    Benz = Car()      #创建一个对象,并用变量 Benz 来保存它的引用
```

```
        Benz.color = '蓝色'
        Benz.wheelNum = 4#轮子数量
        Benz.move( )
        Benz.toot( )
        print(Benz.color)
        print(Benz.wheelNum)
Out[5]  车在行驶
        车在鸣笛
        蓝色
        4
```

解释：

①Benz = Car( )，这样就产生了一个 Car 的实例对象，一定在内存中有一块空间存放对象的数据信息。此时也可以通过实例对象 Benz 来访问属性或者方法；

②第一次使用 Benz.color = '蓝色'表示给 Benz 这个对象添加属性，如果后面再次出现 Benz. color = xxx 表示对属性进行修改；

③Benz 是一个对象，它拥有属性（数据）和方法（函数）；

④创建一个对象，就是用一个模子，来制造一个实物。

如果在定义类时，没想好类的具体功能，可以在类体中直接使用 pass 语句代替，如下：

例 8－3：

```
In[6]:   class Car:      #创建 Car 类,Car 为类名
             pass      #可添加属性和方法,没想好类的具体功能,使用 pass
```

在 Python 中，可以使用内置方法 isinstance( )来测试一个对象是否为某个类的实例。

例 8－4：

```
In[7]:   car = Car( )
In[8]:   isinstance(car,Car)
Out[8]   True
In[9]:   isinstance(car,str)
Out[9]   False
```

8.4

self 参数

类的所有实例方法都必须至少有一个名为 self 的参数，并且必须是方法的第一个形参（如果有多个形参的话），self 参数代表将来要创建的对象本身。在类的实例方法中访问实例属性时需要以 self 为前缀。在外部通过对象名调用对象方法时并不需要传递这个参数。如果在外部通过类名调用对象方法则需要显示为 self 参数传值。

例 8-5：

```
In[1]:    class Animal:
              def __init__(self,name):
                  self.name = name
              def printName(self):
                  print('名字为:%s'% self.name)
In[2]:    dog1 = Animal('旺财')
          dog1.printName()
Out[2]:   名字为:旺财
```

在 Python 中，在类中定义实例方法时将第一个参数定义为“self”只是一个习惯，而实际上类的实例方法中第一个参数的名字是可以变化的，而不必须使用“self”这个名字，尽管如此，建议编写代码时仍以 self 作为方法的第一个参数名字。

例 8-6：

```
In[3]:    class A:
              def __init__(hi,v):
                  hi.value = v
              def show(hi):
                  print(hi.value)
In[4]:    a = A(1)
In[5]:    a.show()
Out[5]    1
```

8.5 实例属性与类属性

8.5.1 实例属性

在实例对象中定义的属性，是用来区分每个实例不同的基础。实例属性每个实例都各自拥有，相互独立。

例 8-7：

```
In[1]:   class People():
             address = '武汉'     #类属性
             def __init__(self):
                 self.name = 'Zuel'     #实例属性
                 self.age = 72     #实例属性
In[2]:   p = People()
         p.age = 50     #实例属性
         print(p.address)
         print(p.name)
         print(p.age)
         print(People.address)
         print(People.name)
         print(People.age)
Out[2]:  武汉
         Zuel
         50
         武汉
         AttributeError:Traceback(most recent call last)
         AttributeError:type object 'People' has no attribute 'name'
```

8.5.2 类属性

在类对象（也就是类）中定义的属性，并且多个实例对象之间共享一份类属性，相当于 java 中静态属性。

例 8-8：

```
In[3]:   class People( ):
             name = 'Zuel'      #公有的类属性
             __age = 12      #私有的类属性
In[4]:   p = People( )
         print(p.name)
         print(People.name)
         print(p.__age)      #不能在类外通过实例对象访问私有的类属性
         print(People.__age)      #不能在类外通过类对象访问私有的类属性
Out[4]:  Zuel
         Zuel
         AttributeError:Traceback(most recent call last)
         AttributeError:'People' object has no attribute '__age'
```

在主程序中（或类的外部），实例属性属于实例（对象），只能通过对象名访问；而类属性属于类，通过类名或对象名都可以访问，即“类名.类属性”或“对象名.类属性”。在实例方法中可以调用该实例的其他方法，也可以访问类属性以及实例属性。

例 8-9：

```
In[5]:   class Car:
             price = 123456          #定义类属性
             def __init__(self,c):
                 self.color = c      #定义实例属性
In[6]:   car1 = Car("Yellow")          #实例化对象
         car2 = Car("Red")
In[7]:   print(car1.color,Car.price)      #查看实例属性和类属性的值
Out[7]:  Yellow 123456
In[8]:   Car.price = 654321      #修改类属性
         Car.name = 'Audi'      #动态增加类属性
         car1.color = "Black"      #修改实例属性
In[9]:   print(car2.color,Car.price,Car.name)
         print(car1.color,Car.price,Car.name)
Out[9]:  Red 654321 Audi
         Black 654321 Audi
```

8.6

__init __( )方法

在创建类后，类通常会自动创建一个__init __( )方法[①]（注意：左右两边各是两个未空格的下划线_）。在__init __( )名称中，开头和结尾处是两个下划线，中间没有空格，这是一种约定，目的是区分 Python 的默认方法和普通方法。__init __( )方法必须包含一个 self 参数，并且必须是第一个参数。self 参数是一个指向实例本身的引用，用于访问类中的属性和方法。在方法调用时会自动传递实际参数 self。因此，当__init __( )方法只有一个参数时，在创建类的实例时，就不需要指定实际参数了。

例 8 – 10：

```
In[1]:    class Car:
              def __init __(self):
                  self.wheelNum = 4
                  self.color = '红色'
              def move(self):
                  print('车在跑')
In[2]:    Benz = Car( )
          print('车的颜色为:%s'% Benz.color)
          print('车轮胎数量为:%d'% Benz.wheelNum)
Out[2]:   车的颜色为:红色
          车轮胎数量为:4
```

当创建 Car 对象后，在没有调用__init __( )方法的前提下，Benz 就默认拥有了 wheelNum 属性和 color 属性，原因是__init __( )方法是在创建对象后，就立刻被默认调用了。

既然在创建完对象后__init __( )方法已经被默认地执行了，那么能否让对象在调用__init __( )方法的时候传递一些参数呢？

例 8 – 11：

```
In[3]:    class Car:
```

① 本教程中，注意观察横线或下划线是一个还是两个连接在一起。

```
        def __init __(self,newWheelNum,newColor):
            self. wheelNum = newWheelNum
            self. color = newColor
        def move(self):
            print('车在跑')
In[4]:  Benz = Car(4,'green')
        print('车的颜色为:% s'% Benz. color)
        print('车轮子数量为:% d'% Benz. wheelNum)
Out[4]: 车的颜色为:green
        车轮子数量为:4
```

8.7

私有成员与公有成员

私有成员在类的外部不能直接访问，一般是在类的内部进行访问和操作，或者在类的外部通过调用对象的公有成员方法来访问，而公有成员是可以公开使用的，既可以在类的内部进行访问，也可以在外部程序中使用。

从形式上看，在定义类的成员时，如果成员名以两个下划线开头但是不以两个下划线结束则表示是私有成员，否则就不是私有成员。

Python 并没有对私有成员提供严格的访问保护机制，通过一种特殊方式“对象名._类名__xxx”也可以在外部程序中访问私有成员，但这会破坏类的封装性，不建议这样做。

例 8－12：

```
In[1]:  class A:
            def __init __(self,value1 =0,value2 =0):
                self. _value1 = value1
                self. __value2 = value2
            def setValue(self,value1,value2):
                self. _value1 = value1
                self. __value2 = value2
            def show(self):
```

```
                print(self. _value1)
                print(self. __value2)
In[2]:      a = A()
In[3]:      a. _value1
Out[3]:     0
In[4]:      a. _A __value2      #在外部访问对象的私有数据成员
Out[4]:     0
```

在 IDLE 环境中，在对象或类名后面加上一个圆点“.”，稍等一秒钟则会自动列出其所有公开成员，模块也具有同样的用法。如果在圆点“.”后面再加一个下划线，则会列出该对象、类或模块的所有成员，包括私有成员。

在 Python 中，以下划线开头的变量名和方法名有特殊的含义，尤其是在类的定义中。用下划线作为变量名和方法名前缀和后缀来表示类的特殊成员：

①_xxx：受保护成员，不能用'from module import *'导入；

②__xxx __：系统定义的特殊成员；

③__xxx：私有成员，只有类对象自己能访问，子类对象不能直接访问到这个成员，但在对象外部可以通过“对象名._类名__xxx”这样的特殊方式来访问。

例 8 - 13：

```
In[5]:      class Fruit:
                def __init __(self):
                    self. __color = 'Blue'
                    self. price = 5
In[6]:      apple = Fruit()
            apple. price      #显示对象公开数据成员的值
In[7]:      5
In[8]:      apple. price = 3      #修改对象公开数据成员的值
In[9]:      apple. price
Out[9]:     3
In[10]:     print(apple. price,apple. _Fruit __color)      #显示对象私有数据成员的值
Out[10]:    3 Blue
In[11]:     print(apple. __color)      #不能直接访问对象的私有数据成员,出错
Out[11]:    AttributeError:'Fruit' object has no attribute '__color'
```

8.8 方法与属性

8.8.1 方法

Python 类的成员方法大致可以分为公有方法、私有方法、静态方法、类方法和抽象方法这几种类型。

①公有方法、私有方法都属于对象，私有方法的名字以两个下划线“__”开始，每个对象都有自己的公有方法和私有方法，在这两类方法中可以访问属于类和对象的成员；

②公有方法通过对象名直接调用，私有方法不能通过对象名直接调用，只能在属于对象的方法中通过 self 调用或在外部通过 Python 支持的特殊方式来调用；

③如果通过类名来调用属于对象的公有方法，需要显示为该方法的 self 参数传递一个对象名，用来明确指定访问哪个对象的数据成员；

④静态方法和类方法都可以通过类名和对象名调用，但不能直接访问属于对象的成员，只能访问属于类的成员；

⑤静态方法可以没有参数；

⑥一般将 cls 作为类方法的第一个参数名称，但也可以使用其他的名字作为参数，并且在调用类方法时不需要为该参数传递值。

例 8－14：

```
In[1]:    class Root:
              __total = 0
              def __init__(self,v):      #构造方法
                  self.__value = v
                  Root.__total += 1
              def show(self):      #普通实例方法
                  print('self.__value:',self.__value)
                  print('Root.__total:',Root.__total)
              @classmethod      #修饰器,声明类方法
              def classShowTotal(cls):      #类方法
                  print(cls.__total)
```

```
        @staticmethod       #修饰器,声明静态方法
        def staticShowTotal( ):      #静态方法
            print(Root. __total)
In[2]:    r = Root(3)
In[3]:    r. classShowTotal( )      #通过对象来调用类方法
Out[3]:   1
In[4]:    r. staticShowTotal( )      #通过对象来调用静态方法
Out[4]:   1
In[5]:    r. show( )
Out[5]:   self. __value:3
          Root. __total:1
In[6]:    rr = Root(5)
In[7]:    Root. classShowTotal( )      #通过类名调用类方法
Out[7]:   2
In[8]:    Root. staticShowTotal( )      #通过类名调用静态方法
Out[8]:   2
In[9]:    Root. show( )      #试图通过类名直接调用实例方法,失败
Out[9]:   TypeError:unbound method show( )must be called with Root instance as first argu-
          ment(got nothing instead)
In[10]:   Root. show(r)      #但是可以通过这种方法来调用方法并访问实例成员
Out[10]:  self. __value:3
          Root. __total:2
In[11]:   Root. show(rr)      #通过类名调用实例方法时为 self 参数显式传递对象名
Out[11]:  self. __value:5
          Root. __total:2
```

8.8.2 属性

在 Python 3. x 中，属性得到了较为完整的实现，支持更加全面的保护机制。

(1) 只读属性

```
In[1]:    class Test:
              def __init__(self,value):
                  self. __value = value
```

```
        @property
        def value(self):        #只读,无法修改和删除
            return self.__value
In[2]:    t = Test(3)
In[3]:    t.value
Out[3]:   3
In[4]:    t.value = 5                    #只读属性不允许修改值
Out[4]:   AttributeError:can't set attribute
In[5]:    t.v = 5
In[6]:    t.v
Out[6]:   5
In[7]:    del t.v                        #动态删除成员
In[8]:    del t.value                    #试图删除对象属性,失败
Out[8]:   AttributeError:can't delete attribute
In[9]:    t.value
Out[9]:   3
```

(2) 可读、可写属性，不可删除的属性

```
In[10]:    class Test:
               def __init__(self,value):
                   self.__value = value
               def __get(self):
                   return self.__value
               def __set(self,v):
                   self.__value = v
               value = property(__get,__set)
               def show(self):
                   print(self.__value)
In[11]:    t = Test(3)
In[12]:    t.value      #允许读取属性值
Out[12]:   3
In[13]:    t.value = 5      #允许修改属性值
In[14]:    t.value
Out[14]:   5
```

In[15]:　t. show()　#属性对应的私有变量也得到了相应的修改

Out[15]:　5

In[16]:　del t. value　#试图删除对象属性,失败

Out[16]:　AttributeError:can't delete attribute

（3）可读、可修改、可删除的属性

```
In[17]:   class Test:
              def __init__(self,value):
                  self. __value = value
              def __get(self):
                  return self. __value
              def __set(self,v):
                  self. __value = v
              def __del(self):
                  del self. __value
              value = property(__get,__set,__del)
              def show(self):
                  print(self. __value)
In[18]:   t = Test(3)
In[19]:   t. show()    #属性对应的私有变量也得到了相应的修改
Out[19]:  3
In[20]:   t. value
Out[20]:  3
In[21]:   t. value = 5
In[22]:   t. show()
Out[22]:  5
In[23]:   t. value
Out[23]:  5
In[24]:   del t. value  #删除属性
In[25]:   t. value #对应的私有数据成员已删除
Out[25]:  AttributeError:'Test' object has no attribute '_Test __value'
In[26]:   t. show()
Out[26]:  AttributeError:'Test' object has no attribute '_Test __value'
In[27]:   t. value = 1    #为对象动态增加属性和对应的私有数据成员
```

```
In[28]:   t.show()
Out[28]:  1
In[29]:   t.value
Out[29]:  1
```

8.9 封　　装

将数据（属性）和行为（方法）包装到类对象中。在方法内部对属性进行操作，在类对象的外部调用方法，无须关心方法内部的具体细节，从而隔离了复杂度。

在类对象内部通过访问控制把某些属性和方法隐藏起来，不允许在类对象的外部直接访问，而是在类对象的内部对外提供公开的接口方法以访问隐藏的信息，对隐藏的信息进行保护。

例 8 - 15：

```
In[1]:   class Student:
             def __init__(self):#隐藏属性
                 self.__score = 95
             def get_score(self):#提供接口
                 return self.__score
             def set_score(self,score):
                 if 0 <= score <= 100:
                     self.__score = score
                 else:
                     raise ValueError("成绩在 0 - 100 之间")#抛出异常
In[2]:   student1 = Student()
         print(student1.get_score())
Out[2]:  95
In[3]:   student1.set_score(60)
         print(student1.get_score())
Out[3]:  60
```

8.10

继　承

继承有些类似于生物学上的遗传，就是子类的一些特征是来源于父类的，种瓜得瓜种豆得豆。面向对象里的继承也就是父类的相关的属性可以被子类重复使用，子类不必再在自己的类里面重新定义一回，父类里有的只要拿过来用就好了。而对于自己类里面需要用到的新的属性和方法，子类就可以自己来扩展了。

继承是实现代码复用的重要手段，对几个类对象中有共同代码的情况，提高代码利用率。继承的两个类别：只继承了一个类叫做单继承，继承多个类叫做多继承。

8.10.1　单继承

子类只有一个直接父类

单继承语法：

```
class ChildClass (ParentClass):
    pass
```

8.10.2　多继承

子类有多个直接父类

多继承语法：

```
class ChildClass (ParentClass1, ParentClass2, …):
    pass
```

子类会继承所有父类（包括所有直接父类和间接父类）的所有属性和方法，同时，子类可以添加父类中没有的方法和属性。

例 8-16：

```
In[1]:    class Animal:
              def eat(self):
```

```
            print("吃食物")
        def drink(self):
            print("喝水")
    class Cat(Animal):      #继承 Animal 的属性和方法
        def run(self):      #添加父类中没有的方法
            print("奔跑")
In[2]:  cat = Cat()
        cat.eat()
        cat.drink()
        cat.run()
Out[2]: 吃食物
        喝水
        奔跑
```

8.11 重写

如果子类对继承自父类的某个属性或方法不满意，可以在子类中对其进行重写，从而完成自定义的实现。重写的方式为：在子类中定义与父类中同名的属性或方法（包括装饰器）。

子类重写父类的属性后，通过子类或其实例对象只能访问子类中重写后的属性，而无法再访问父类中被重写的属性；子类重写父类的方法后，通过子类或其实例对象只能调用子类中重写后的方法，而无法再调用父类中被重写的方法。

例 8-17：

```
In[1]:  class ParentClass:
            ca = "ca(父类)"
            def __init__(self):
                print("__init__()被调用了(父类)")
            def im(self):
                print("im()被调用了(父类)")
            @classmethod
            def cm(cls):
                print("cm()被调用了(父类)")
```

```
In[2]     class ChildClass(ParentClass):
              ca = "ca(子类)"
              def __init__(self):
                  print("__init__被调用了(子类)")
              def im(self):
                  print("im()被调用了(子类)")
              @classmethod
              def cm(cls):
                  print("cm()被调用了(子类)")
In[3]:    cc = ChildClass()
          print(ChildClass.ca)
          print(cc.ca)
          cc.im()
          ChildClass.cm()
          cc.cm()
Out[3]:   __init__被调用了(子类)
          ca(子类)
          ca(子类)
          im()被调用了(子类)
          cm()被调用了(子类)
          cm()被调用了(子类)
```

可见，虽然子类继承自父类，但子类的属性与方法均是重写的，因此在调用时并没有调用父类中的属性和方法。如果想要调用父类中的属性和方法，可通过 super().xxx 调用。

例 8－18：

```
In[4]:    class ChildClass(ParentClass):
              ca = "ca(子类)"
              def __init__(self):
                  super().__init__()
                  print("__init__被调用了(子类)")
              def im(self):
                  super().im()
                  print("im()被调用了(子类)")
```

```
        @classmethod
        def cm(cls):
            super().cm()
            print("cm()被调用了(子类)")
In[5]   cc = ChildClass()
        print(ChildClass.ca)
        print(cc.ca)
        cc.im()
        ChildClass.cm()
        cc.cm()
Out[5]: __init__()被调用了(父类)
        __init__()被调用了(子类)
        ca(子类)
        ca(子类)
        im()被调用了(父类)
        im()被调用了(子类)
        cm()被调用了(父类)
        cm()被调用了(子类)
        cm()被调用了(父类)
        cm()被调用了(子类)
```

9 异常处理

本章思维导图

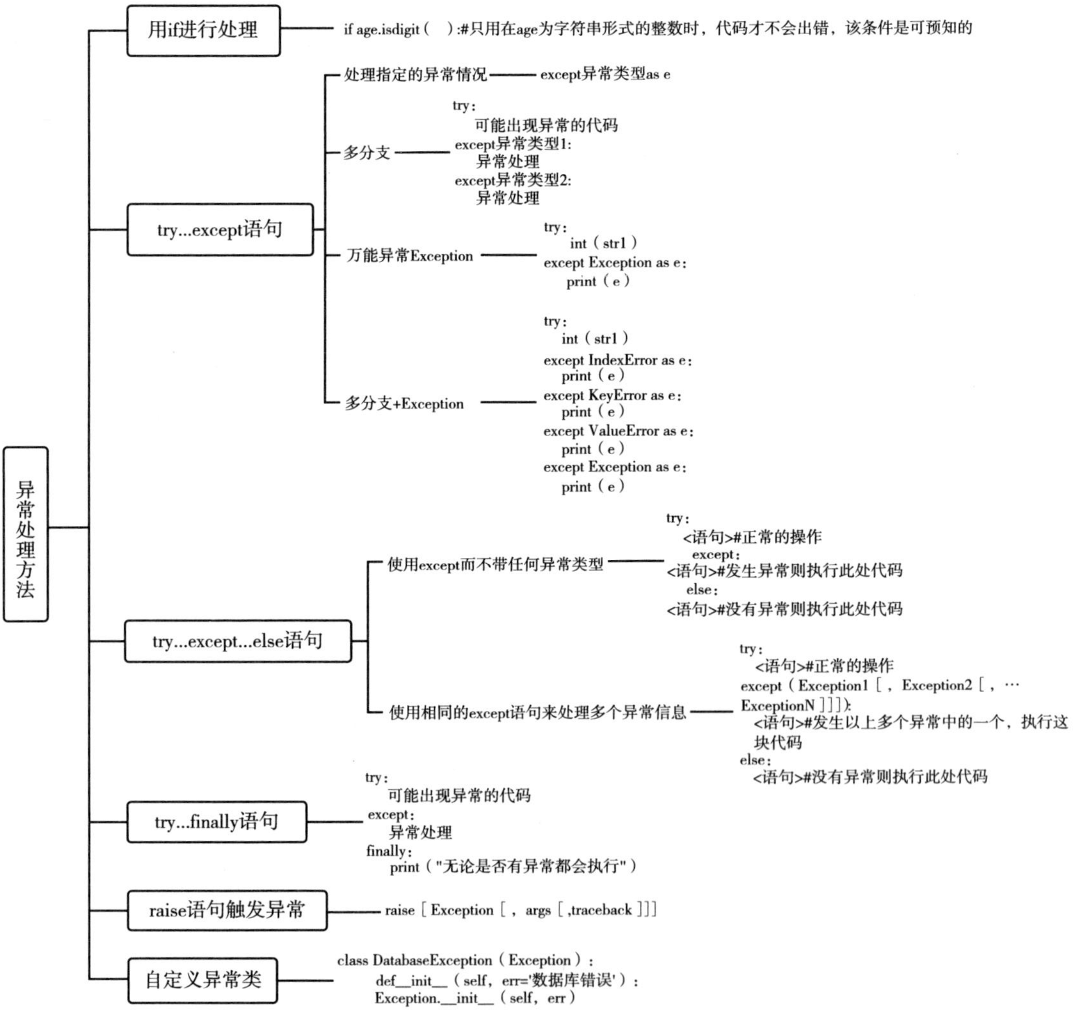

异常处理在任何一门编程语言里都是值得关注的一个话题，良好的异常处理可以使你的程序更加稳健，清晰的错误信息更能帮助你快速修复问题。在 Python 中，与部分高级语言一样，使用 try/except/finally 语句块来处理异常。

9.1

错误与异常概述

从软件方面来说，错误是语法或逻辑上的。语法错误指示软件的结构上有错误，导致不能被解释器解释或编译器无法编译。这些错误必须在程序执行前纠正。当程序的语法正确后，剩下的就是逻辑错误了。逻辑错误可能是由于不完整或是不合法的输入所致，在其他情况下，还可能是逻辑无法生成、计算，或是输出结果需要的过程无法执行。这些错误通常分别被称为域错误或范围错误。当 Python 检测到一个错误时，Python 解释器就会指出当前流已经无法继续执行下去，这时候就出现了异常。

异常一般是因为程序出现了错误而在正常控制流以外采取的行为。这个行为又分为两个阶段：首先是引起异常发生的错误，其次是检测（或采取可能的措施）阶段。

第一阶段是在发生了一个异常条件后发生的，只要检测到错误并且意识到异常条件，解释器就会发生一个异常，解释器通过它通知当前控制流有错误发生。Python 也允许程序员自己引发异常，无论是 Python 解释器还是程序员引发的，异常就是错误发生的信号。

当前流将被打断，用来处理这个错误并采取相应的操作，就是第二阶段。对于异常的处理发生在第二阶段，异常引发后，可以调用很多不同的操作，可以是忽略错误，例如记录错误但不采取任何措施，采取补救措施后终止程序；也可以是减轻问题的影响后设法继续执行程序。所有的这些操作都代表一种继续，或是控制的分支，关键是程序员在错误发生时可以指示程序如何执行。

Python 用异常对象（exception object）来表示异常，如果异常对象并未被处理或捕捉，程序就会用所谓的回溯（traceback）终止执行，常见的异常如表 9-1 所示。

表 9-1　Python 标准异常类

异常名称	描　述
BaseException	所有异常的基类
SystemExit	解释器请求退出
KeyboardInterrupt	用户中断执行（通常是输入^C）
Exception	常规错误的基类
StopIteration	迭代器没有更多的值
GeneratorExit	生成器（generator）发生异常来通知退出

续表

异常名称	描 述
SystemExit	Python 解释器请求退出
StandardError	所有的内建标准异常的基类
ArithmeticError	所有数值计算错误的基类
FloatingPointError	浮点计算错误
OverflowError	数值运算超出最大限制
ZeroDivisionError	除（或取模）零（所有数据类型）
AssertionError	断言语句失败
AttributeError	对象没有这个属性
EOFError	没有内建输入，到达 EOF 标记
EnvironmentError	操作系统错误的基类
IOError	输入/输出操作失败
OSError	操作系统错误
WindowsError	系统调用失败
ImportError	导入模块/对象失败
KeyboardInterrupt	用户中断执行（通常是输入^C）
LookupError	无效数据查询的基类
IndexError	序列中没有此索引（index）
KeyError	映射中没有这个键
MemoryError	内存溢出错误（对于 Python 解释器不是致命的）
NameError	未声明/初始化对象（没有属性）
UnboundLocalError	访问未初始化的本地变量
ReferenceError	弱引用（Weak reference）试图访问已经垃圾回收了的对象
RuntimeError	一般的运行时错误
NotImplementedError	尚未实现的方法
SyntaxError Python	语法错误
IndentationError	缩进错误
TabError	Tab 和空格混用
SystemError	一般的解释器系统错误
TypeError	对类型无效的操作
ValueError	传入无效的参数
UnicodeError	Unicode 相关的错误
UnicodeDecodeError	Unicode 解码时的错误
UnicodeEncodeError	Unicode 编码时错误
UnicodeTranslateError	Unicode 转换时错误
Warning	警告的基类

续表

异常名称	描　述
DeprecationWarning	关于被弃用的特征的警告
FutureWarning	关于构造将来语义会有改变的警告
OverflowWarning	旧的关于自动提升为长整型（long）的警告
PendingDeprecationWarning	关于特性将会被废弃的警告
RuntimeWarning	可疑的运行时行为（runtime behavior）的警告
SyntaxWarning	可疑的语法的警告
UserWarning	用户代码生成的警告

9.2

异常处理用法

9.2.1　用 if 进行处理

如果错误发生的条件是可预知的，我们需要用 if 进行处理，在错误发生之前进行预防。

例 9－1：

```
In[1]:    AGE = 8
          while True:
              age = input('请输入:').strip( )
              if age.isdigit( ):
          #只有在 age 为字符串形式的整数时,下列代码才不会出错是可预知的
                  age = int(age)
                  if age == AGE:
                      print('你猜对了')
                      break
Out[1]:   请输入:
In[2]:    5
Out[2]:   请输入:
In[3]:    8
Out[3]:   你猜对了
```

9.2.2 try...except 语句

如果错误发生的条件是不可预知的，则需要用到 try...except：在错误发生之后进行处理，try...except 语句用来检测 try 语句块中的错误，从而让 except 语句捕获异常信息并处理。如果你不想在异常发生时结束你的程序，只需在 try 里捕获它。

try...except 方法语法：

```
try:
    <语句>              #表示可能出现的错误代码
except <名字>:
    <语句>              #如果在 try 部分引发了'name'异常
except <名字>,<数据>:
    <语句>              #如果引发了'name'异常,获得附加的数据
```

try 的工作原理是，当开始一个 try 语句后，Python 就在当前程序的上下文中作标记，这样当异常出现时就可以回到这里，try 子句先执行，接下来会发生什么依赖于执行时是否出现异常。

例 9-2：

```
In[4]:  try:
            f = open('test.txt')
            g = (line.strip() for line in f)
            print(next(g))
            print(next(g))
            print(next(g))
            print(next(g))
            print(next(g))
        except StopIteration:
            f.close()
```

(1) 处理指定的异常情况

异常类只能来处理指定的异常情况，如果非指定异常则无法处理。在异常处理中，我们会看到代码：except 异常类型 as e

这里，e 可以理解为一个异常实例。比如我们自定义一个异常类，如果有属性，可以

用 e 去调用的，这个 e 也可以是 a、b，只是取不同的名字罢了。

例 9 – 3：

```
In[5]:    str1 = 'hello'
          try:
              int(str1)
          except IndexError as e:        #未捕获到异常,程序直接报错:
              print(e)
```

（2）多分支

有时候要 try 的语句可能不只一个异常，这时候有两种方式：一种是使用多个 except 语句；另一种是在 except 语句中将可能出现的异常以元组的形式括起来。

方式一：

```
try:
    可能出现异常的代码
except 异常类型 1:
    异常处理
except 异常类型 2:
    异常处理
```

方式二：

```
try:
    可能出现异常的代码块
except (异常类型 1, 异常类型 2):
    异常处理
```

使用多个 except 语句需要注意的是，无论有多少个 except 语句，只会处理 try 中的一个异常，之后，其他的异常不会被处理了，两种方式皆是如此。

例 9 – 4：

```
In[6]:    str1 = 'hello'
          try:
              int(str1)
```

```
    except IndexError as e:
        print(e)
    except KeyError as e:
        print(e)
    except ValueError as e:
        print(e)
```

（3）万能异常 Exception

例 9-5：

```
In[7]:  str1 = 'hello'
        try:
            int(str1)
        except Exception as e:
            print(e)
```

（4）多分支 + Exception

例 9-6：

```
In[8]:  str1 = 'hello'
        try:
            int(str1)
        except IndexError as e:
            print(e)
        except KeyError as e:
            print(e)
        except ValueError as e:
            print(e)
        except Exception as e:
            print(e)
```

9.2.3 try…except…else 语句

（1）使用 except 而不带任何异常类型

以 try-except 语句捕获所有发生的异常。但这不是一个很好的方式，我们不能通过该程序识别出具体的异常信息。因为它捕获所有的异常。

```
try:
<语句>            #正常的操作
except:
<语句>            #发生异常则执行此处代码
else:
<语句>            #没有异常则执行此处代码
```

(2) 使用相同的 except 语句来处理多个异常信息

```
try:
<语句>            #正常的操作
except(Exception1[,Exception2[,...ExceptionN]]]):
<语句>            #发生以上多个异常中的一个，执行这块代码
else:
<语句>            #没有异常则执行此处代码
```

try...except...else 工作原理:

①如果当 try 后的语句执行时发生异常，Python 就跳回到 try 并执行第一个匹配该异常的 except 子句，异常处理完毕，控制流就通过整个 try 语句（除非在处理异常时又引发新的异常）。

②如果在 try 后的语句里发生了异常，却没有匹配的 except 子句，异常将被递交到上层的 try，或者到程序的最上层（这样将结束程序，并打印默认的出错信息）。

③如果在 try 子句执行时没有发生异常，Python 将执行 else 语句后的语句（如果有 else 的话），然后控制流通过整个 try 语句。

例 9-7:

```
In[9]:  try:
            num = 10
            print(num)
        except NameError as errorMsg:
            print('程序异常,捕获到异常:% s'% errorMsg)
        else:
            print('程序正常,没有捕获到异常')
```

9.2.4 try…finally 语句

try…finally 语句无论是否发生异常都将执行最后的代码。当在 try 块中抛出一个异常，立即执行 finally 块代码。finally 块中的所有语句执行后，异常被再次触发，并执行 except 块代码。

finally 语句一般用于清理工作，比如打开文件、操作，无论是否有异常，都会在 finally 中将文件关闭，以免占用内存。

try…finally 方法语法：

```
try:
    可能出现异常的代码
except:
    异常处理
finally:
    print("无论是否有异常都会执行")
```

例 9－8：

```
In[10]:    str1 ='hello'
           try:
               int(str1)
           except IndexError as e:
               print(e)
           except KeyError as e:
               print(e)
           except ValueError as e:
               print(e)
           else:
               print ('try 内代码块没有异常则执行本条语句')
           finally:
               print ('无论异常与否，都会执行该模块，通常是进行清理工作')
```

例 9－9：

```
In[11]:    import time
```

```
try:
    f = open('test. txt')
    try:
        while True:
            content = f. readline( )
            if len(content) == 0:
                break
            time. sleep(2)
            print(content)
    finally:
        f. close( )
    print('关闭文件')
except:
    print("没有这个文件")
```

9.2.5 raise 语句触发异常

我们可以使用 raise 语句自己触发异常，raise 语法格式为：

raise[Exception[,args[,traceback]]]

语句中 Exception 是异常的类型（例如，NameError）参数是一个异常参数值，该参数是可选的，如果不提供，异常的参数是"None"。最后一个参数是可选的（在实践中很少使用），如果存在，是跟踪异常对象。

例 9－10：

```
In[12]:   def functionName(level):
              if level < 1:
                  raise Exception("Invalid level!",level)
          #触发异常后，后面的代码就不会再执行
```

例 9－11：

```
In[13]:   try:
              raise TypeError('类型错误')
```

```
    except Exception as e:
        print(e)
```

9.2.6 自定义异常类

实际开发中，有时候系统提供的异常类型不能满足开发的需求。这时候你可以通过创建一个新的异常类来拥有自己的异常。异常类继承自 Exception 类，可以直接继承，或者间接继承。

例 9－12：

```
In[14]:  class TooLongExceptin(Exception):
             "this is user's Exception for check the length of name "
             def __init__(self,leng):
                 self.leng = leng
             def __str__(self):
                 print("姓名长度是" + str(self.leng) + ",超过长度了")
```

例 9－13：

```
In[15]:  class DatabaseException(Exception):
             def __init__(self,err='数据库错误'):
                 Exception.__init__(self,err)
         class PreconditionsException(DatabaseException):
             def __init__(self,err='PreconditionsErr'):
                 DatabaseException.__init__(self,err)
         def testRaise():
             raise PreconditionsException()
         try:
             testRaise()
         except PreconditionsException as e:
             print(e)
```

以下为与 BaseException 相关的实例，实例中创建了一个类，基类为 BaseException，用于在异常触发时输出更多的信息。在 try 语句块中，用户自定义的异常后执行 except 块语句，变量 e 是用于创建 Networkerror 类的实例。

例 9－14：

```
In[16]:   class Networkerror(BaseException):
              def __init__(self,msg):
                  self.msg = msg
              def __str__(self):
                  return self.msg
          try:
              raise Networkerror('类型错误')
          except Networkerror as e:
              print(e)
```

总之，程序出现异常或错误后是否能够调试程序并快速定位和解决存在的问题是程序员综合水平和能力的重要体现方式之一。异常处理结构可以提高程序的容错性和稳健性，但不建议过多依赖异常处理结构。具体总结如下：

①except 语句不是必须的，finally 语句也不是必须的，但是二者必须要有一个，否则就没有 try 的意义了；

②except 语句可以有多个，Python 会按 except 语句的顺序依次匹配你指定的异常，如果异常已经处理就不会再进入后面的 except 语句；

③except 语句可以以元组形式同时指定多个异常；

④except 语句后面如果不指定异常类型，则默认捕获所有异常，你可以通过 logging 或者 sys 模块获取当前异常；

⑤如果要捕获异常后要重复抛出，请使用 raise，后面不要带任何参数或信息；

⑥不建议捕获并抛出同一个异常，请考虑重构你的代码；

⑦不建议在不清楚逻辑的情况下捕获所有异常，有可能你隐藏了很严重的问题；

⑧尽量使用内置的异常处理语句来替换 try/except 语句，比如 with 语句，getattr( )方法。

10 NumPy 简介

本章思维导图

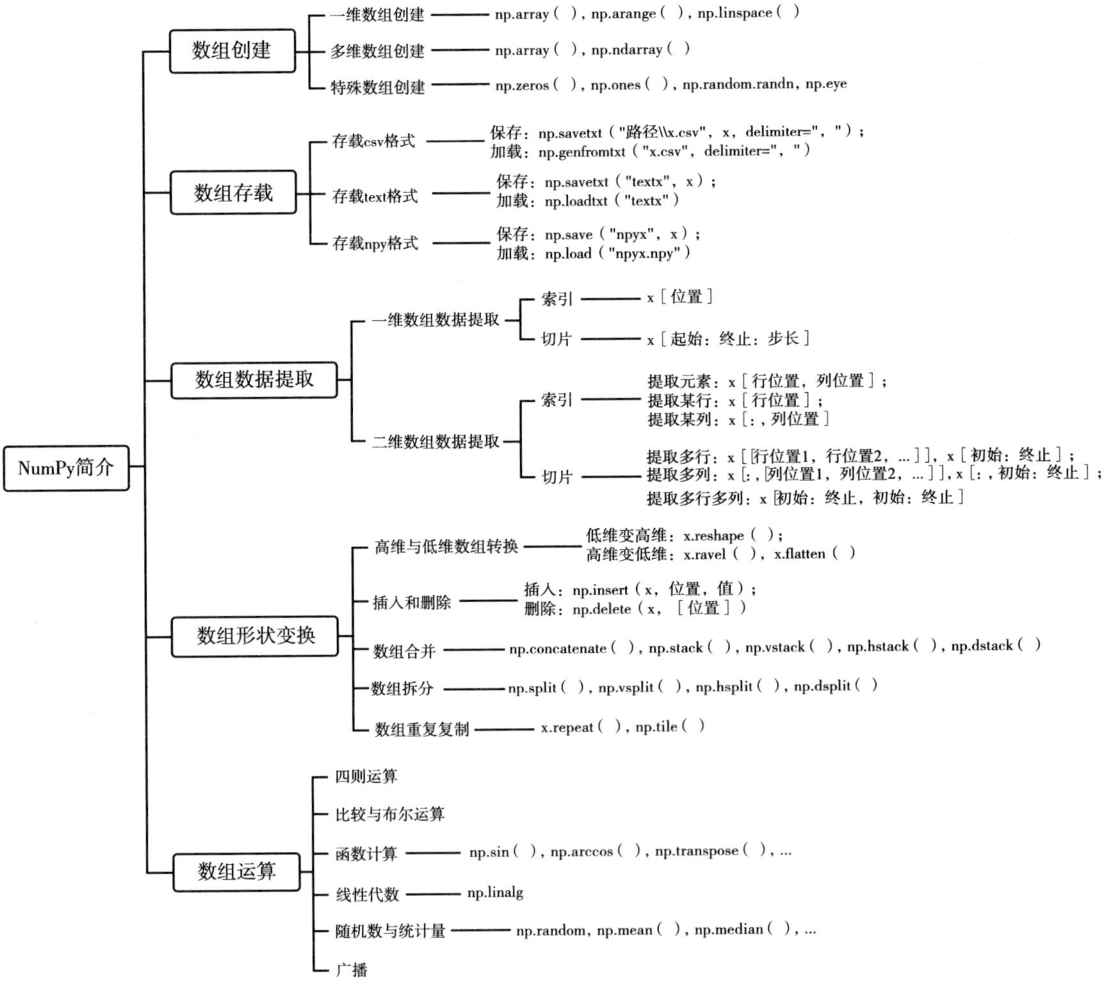

NumPy 是 Python 中关于数组对象科学计算的基础库，包括基本的代数运算、矩阵运算、随机数、统计量计算等，可以与 Pandas、SciPy 一起进行有效的科学计算。在本章我们以 NumPy 1.19.0 版本为例介绍 *n* 维 numpy 数组，特别是一维数组和二维数组，详情可以访问 NumPy 官网：https：//numpy.org/。

在本书中导入 numpy 后始终简记为 np，即：

```
In[1]:    import numpy as np #导入 numpy 库
          np.__version__       #查版本,注意左右都是两个下划线且无空格
Out[1]:   '1.19.0'
```

10.1 numpy 方法

本书中，我们始终认为 numpy 方法包含 numpy 的方法（numpy 库本身的方法，比如，np.sqrt( )）和 numpy 数组对象的方法（由 numpy 创建的数组的方法，比如，数组 X.transpose( )）。它们的用法可以用 dir 和 help 查询和获得帮助。

numpy 库的方法：

```
In[2]:    print(dir(np))    #np 常见属性方法查看
Out[2]:   #部分输出
          [……,'__builtins__','__dir__','__package__','__version__','abs','absolute','add',
          'amax','amin','angle','append','arange','arccos','arccosh','arcsin','arcsinh','arctan',
          'arctan2','arctanh','argmax','argmin','argpartition','argsort','array','asarray','asmatrix',
          'asscalar','average','bool','broadcast','byte','ceil','char','choose','clip','complex',
          'compress','concatenate','copy','corrcoef','correlate','cos','cosh','count_nonzero','cov
          ','cumprod','cumproduct','cumsum','datetime64','datetime_as_string','datetime_data',
          'delete','diag','diff','divide','dot','double','dsplit','dstack','dtype','e','empty','empty_
          like','equal','exp','eye','fix',  'float','float16','float32','float64','floating','floor','full_
          like','gradient','greater','greater_equal','half','histogram','hsplit','hstack','hypot','i0',
          'identity','inf','info','infty','inner','insert','int','int0','int16','int32','int64','int8','int_',
          'intc','integer','invert','isfinite','isin','isinf','isnan','isnat','isneginf','isposinf','isreal',
          'isrealobj','isscalar','issctype','issubclass_','iterable','less','less_equal','lexsort','lib',
          'linalg','linspace','load','loads','loadtxt','log','log10','log1p','log2','logaddexp','logad-
```

dexp2','logical_and','logical_not','logical_or','logical_xor','logspace','long','longcomplex','longdouble','longfloat','longlong','lookfor','math','matmul','matrix','matrixlib','max','maximum','mean','median','meshgrid','mgrid','min','min_scalar_type','minimum','mod','nan','nan_to_num','nanargmax','nanargmin','nancumprod','nancumsum','nanmax','nanmean','nanmedian','nanmin','nanpercentile','nanprod','nanquantile','nanstd','nansum','nanvar','nbytes','ndarray','ndenumerate','ndfromtxt','ndim','object','ones','ones_like','os','outer','partition','percentile','pi','piecewise','place','pmt','poly','positive','power','ppmt','prod','product','promote_types','ptp','put','quantile','random','rate','ravel','ravel_multi_index','real','rec','record','remainder','repeat','require','reshape','resize','roll','rollaxis','roots','rot90','round','row_stack','select','shape','short','sign','signbit','sin','sinc','single','sinh','size','sometrue','sort','sort_complex','source','spacing','split','sqrt','square','squeeze','stack','std','str','str0','str_','string_','subtract','sum','swapaxes','sys','take','tan','tanh','tensordot','test','testing','tile','timedelta64','trace','transpose','trapz','tri','tril','tril_indices','tril_indices_from','trim_zeros','triu','trunc','typeDict','typeNA','typecodes','typename','ubyte','ufunc','uint','unique','var','vdot','vectorize','version','void','void0','vsplit','vstack','warnings','where','who','zeros','zeros_like']

---

numpy 数组对象的方法：

In[3]:
```
# np_a 数组对象的属性方法，或 np_a. +TAB 方法
np_a = np.arange(8)      # 1 维数组
print(np_a)
print(dir(np_a))         #np 产生的数组对象的方法
```
Out[3]:
```
[0 1 2 3 4 5 6 7]
#部分输出
['T',……,'all','any','argmax','argmin','argsort','astype','base','byteswap','choose','clip','compress','conj','conjugate','copy','ctypes','cumprod','cumsum','data','diagonal','dot','dtype','dump','dumps','fill','flags','flat','flatten','imag','item','itemset','itemsize','max','mean','min','nbytes','ndim','nonzero','partition','prod','ptp','put','ravel','real','repeat','reshape','resize','round','shape','size','sort','squeeze','std','strides','sum','swapaxes','take','tobytes','tofile','tolist','tostring','trace','transpose','var','view']
```

In[4]:
```
#numpy 数组对象的方法举例
np_a = np.arange(8)
```

```
        print(np_a.cumsum())
        print(np.sqrt(np_a))
Out[4]: [0  1  3  6 10 15 21 28]
        [0.          1.          1.41421356 1.73205081 2.          2.23606798
        2.44948974 2.64575131]
```

注：①numpy 的方法和 numpy 数组对象的方法是有差异的。比如，numpy 库有 sqrt 方法，但是 numpy 数组对象的方法却没有 sqrt 方法；②numpy 方法的用法，我们后续章节中将会介绍一些常见用法。

10.2

数组结构图

数组按维数可分为一维数组和多维数组，图 10－1，图 10－2，图 10－3 分别展示了一维数组、二维数组和三维数组的结构图。

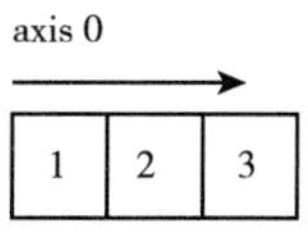

图 10－1　一维数组结构图

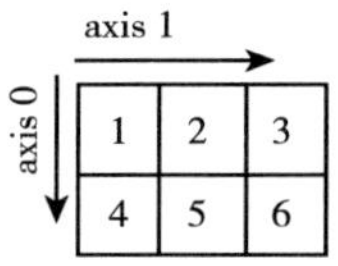

图 10－2　二维数组结构图

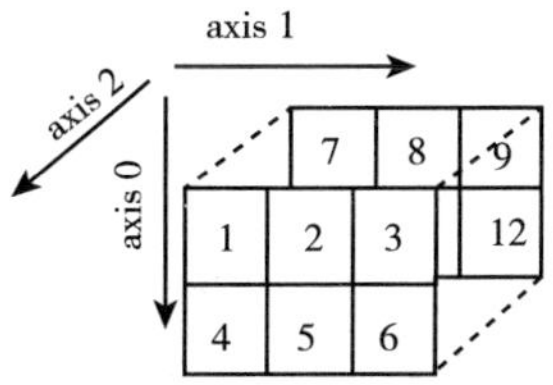

图 10－3　三维数组结构图

10.3

数组创建

在本节，首先介绍一维数组常见的三种创建方法：np.array 创建方法、np.arange 创建方法、np.linspace 创建方法；然后介绍多维数组，特别是二维数组的 np.array 创建方法和 np.ndarray 创建方法。

10.3.1　一维数组创建

（1）一维数组的 np.array 创建方法

对 list 和 tuple 序列应用 np.array 构建一维数组，它其实就是多维数组的特殊情况，当然 np.array 也是构建多维数组的主要方法。

①np.array（list）对列表序列进行数组创建

```
In[5]:    np.array([2,3,7.4,1.5,-2.7,-0.8],np.int32)#整数型
Out[5]:   array([2,  3,  7,  1,-2,  0])
```

```
In[6]:    np.array([2,3,7.4,1.5,0.7,-0.8],np.float64)#浮点型,缺失时默认浮点型
Out[6]:   array([2. ,  3. ,  7.4,  1.5,  0.7,-0.8])
```

```
In[7]:    x.astype(int)
Out[7]:   array([2,3,7,1,0,0])
```

②np. array（tuple）对元组序列进行数组创建

```
In[8]:    x0 = np.array((2,3,7.4,1.5,0.7,-0.8))
          x0
Out[8]:   array([2. ,  3. ,  7.4,  1.5,  0.7,-0.8])
```

```
In [9]:   type(np.array((2,3,7.4,1.5,0.7,-0.8)))
Out[9]:   numpy.ndarray
```

```
In[10]:   np.array(((2,3,7.4,1.5,0.7,-0.8)))
Out[10]:  array([2. ,  3. ,  7.4,  1.5,  0.7,-0.8])
```

```
In[11]:   x0.astype(int)#转换数值类型
Out[11]:  array([2,3,7,1,0,0])
```

注：numpy 数组的输出都带有 array( )的字样。

（2）一维数组的 np. arange 创建方法

np. arange（start，end，step）创建指定起始点和步长的序列为数组，但是要注意输出结果是左闭右开的：

```
In[12]:   np.arange(2,8,1)#左闭右开,最后一个数字是步长
Out[12]:  array([2,3,4,5,6,7])
```

```
In[13]:   np.arange(2,8,2)
Out[13]:  array([2,4,6])
```

(3) 一维数组的 np. linspace 创建方法

np. linspace (start, end, num) 创建指定起始点和数目的序列为数组，但要注意输出结果是左闭右闭：

```
In[14]:    np.linspace(2,6,3)  #左闭右闭
Out[14]:   array([2. ,4. ,6. ])
```

```
In[15]:    #x_1. +TAB,查看 x_1 的属性方法
           #dir(x_1)属性方法
           #比如'all','any','dtype','ndim','shape','size'等
           #print(dir(x_1))
           x1 = np.array([1,2,3,4])
           print(x1)
           print('数组类型:',type(x1))
           print('数组长度:',len(x1))# 行的个数
           print('维度:',x1.ndim)
           print('数组元素个数:',x1.size)
           print('数组形状:',x1.shape)
           print('数组跨度:',x1.strides)
           print('数组元素类型:',x1.dtype)#注意与 tpye 的区别
Out[15]:   [1 2 3 4]
           数组类型:<class 'numpy.ndarray'>
           数组长度;4
           维度:1
           数组元素个数:4
           数组形状:(4,)
           数组跨度:(4,)
           数组元素类型:int32
```

10.3.2 多维数组创建

(1) 多维数组的 np. array 创建方法

np. array 也是以列表和元组为对象创建多维数组，同时还可以对一维数组用 reshape 方法创建多维数组，具体为：

```
In[16]:   np.array([[1,2],[4,5],[7,8]],float)# 2 维数组
Out[16]:  array([[1. ,2. ],
          [4. ,5. ],
          [7. ,8. ]])
```

```
In[17]:   np.array(((1,2,3),(1.4,2.3,3.5)),int)# 2 维数组取整
Out [17]: array([[1,2,3],
          [1,2,3]])
```

```
In [18]:  np.random.random((2,2,2,3))# 4 维数组
Out [18]: array([[[[0.42364821,0.67430268,0.86369932],
          [0.49073411,0.86460609,0.71391445]],
          [[0.23381634,0.1501751,0.17240472],
          [0.34233785,0.04102369,0.79748309]]],
          [[[0.6637282,0.17828505,0.70363887],
          [0.44044057,0.28651626,0.2513226]],
          [[0.17469823,0.12292707,0.35696693],
          [0.5148416,0.03168126,0.78022198]]]])
```

查看数组类型:

```
In[19]:   x_1 = np.array([[1,2],[4,5],[7,8]])# 2 维数组
```

```
In[20]     x_1
Out[20]:  array([[1,2],
          [4,5],
          [7,8]])
```

```
In[21]:   print('数组类型:',type(x_1))
          print('数组长度:',len(x_1))# 行的个数
          print('维度:',x_1.ndim)
          print('数组元素个数:',x_1.size)
          print('数组形状:',x_1.shape)
          print('数组跨度:',x_1.strides)
```

```
      print('数组元素类型:',x_1.dtype)#注意与 tpye 的区别
Out[21]: 数组类型:<class 'numpy.ndarray'>
      数组长度;3
      维度:2
      数组元素个数:6
      数组形状:(3,2)
      数组跨度:(8,4)
      数组元素类型:int32
```

```
In[22]: #3 维数组
      x_2 = np.random.random((3,2,3))
      x_2
Out[22]: array([[[0.53155137,0.53182759,0.63440096],
              [0.84943179,0.72445532,0.61102351]],
             [[0.72244338,0.32295891,0.36178866],
              [0.22826323,0.29371405,0.63097612]],
             [[0.09210494,0.43370117,0.43086276],
              [0.4936851,0.42583029,0.31226122]]])
```

```
In[23]: print('数组类型:',type(x_2))
      print('数组长度;',len(x_2))# 行的个数
      print('维度:',x_2.ndim)
      print('数组元素个数:',x_2.size)
      print('数组形状:',x_2.shape)
      print('数组跨度:',x_2.strides)
      print('数组元素类型:',x_2.dtype)#注意与 tpye 的区别
Out[23]: 数组类型:<class 'numpy.ndarray'>
      数组长度;3
      维度:3
      数组元素个数:18
      数组形状:(3,2,3)
      数组跨度:(48,24,8)
      数组元素类型:float64
```

---

jupyter 中一个 cell 不能多行输出的解决方案（当然用 print 也可以）：

```
In[24]:   #jupyter 中一个 cell 不能多行输出的解决方案
          from IPython.core.interactiveshell import InteractiveShell
          InteractiveShell.ast_node_interactivity = 'all' #默认'last'
          a,b,c = 1,2,3
          a
          b
          c
Out[24]:  1
Out[24]:  2
Out[24]:  3
```

用 np. array 产生的一维数组通过 reshape 方法转换为多维数组：

```
In[25]:   np.array(range(10)).reshape(2,5)#用 reshape 转换一维数组为二维数组
Out[25]:  array([[0,1,2,3,4],
          [5,6,7,8,9]])
```

（2）多维数组的 np. ndarray 创建方法

np. ndarray 方法创建数组（不推荐）：

```
In[26]:   np.ndarray(shape = (2,2),dtype = float,order = "F")#随机产生 2 * 2 数组
Out[26]:  array([[2.12199579e-314,3.18299369e-313],
          [1.27319747e-313,5.94158822e-313]])
```

```
In[27]:   np.ndarray(shape = (2,3),
          buffer = np.array([[1,2,3],[1,2,3]]),dtype = int)
Out[27]:  array([[1,2,3],
          [1,2,3]])
```

10.3.3 特殊数组创建

numpy 库的方法提供了一些特殊方法来创建一些特殊的数组，比如：

- np. zeros(num) or np. zeros(num,)创建全是 0 的 1 维数组；

- np. zeros((row,col))创建全是 0 的 row 行 col 列的二维数组；
- np. ones((row,col))创建全是 1 的 row 行 col 列的二维数组；
- np. random. randn(dim,row,col)创建 n 维随机数组；
- np. eye(row,k = −1 or 0 or 1)创建对角矩阵（k =0 代表 1 落在对角线上，k =1 代表 1 落在对角线右上方，k = −1 代表 1 落在对角线左下方）。

例 10 −1：

```
In[28]:     np.zeros((3,2))
Out[28]:    array([[0. ,0. ],
            [0. ,0. ],
            [0. ,0. ]])
```

```
In[29]:     np.ones(4)
Out[29]:    array([1. ,1. ,1. ,1. ])
```

```
In[30]:     np.eye(3,k = -1)
Out[30]:    array([[0. ,0. ,0. ],
            [1. ,0. ,0. ],
            [0. ,1. ,0. ]])
```

注： 用函数 print 打印 numpy 数组就没有 array( )的字样了，只有其内容，而且元素之间的逗号也没有了。

10.4

数组存载

对于数组的保存和加载，可以存载 csv 文件、txt 文件和 npy 文件等。然而，在处理数据时，常用 pandas 方法存载数据。为了说明 numpy 数组存载功能，我们在此只做个简单介绍。

10.4.1 存载 csv 格式

用 np. savetxt 保存数组为 csv 格式，用 np. genfromtxt 加载 csv 格式：

In[31]:

```
x3 = np.array([[1,2],[3,4]])
np.savetxt('E:\\Myjupyter\\python 基础\\csvx3.csv',x3,delimiter=",")
```

In[32]:

```
np.genfromtxt("csvx3.csv",delimiter=",")
```

Out[32]:

```
array([[1.,2.],
[3.,4.]])
```

10.4.2 存载 text 格式

用 np.savetxt 保存数组为 txt 格式，用 np.loadtxt 加载 txt 格式：

In[33]:

```
x3 =np.array([[1,2],[3,4]])
np.savetxt("textx3",x3)
```

In[34]:

```
np.loadtxt("textx3")
```

Out[34]:

```
array([[1.,2.],
[3.,4.]])
```

10.4.3 存载 npy 格式

用 np.save 保存数组为 npy 格式，用 np.load 加载 npy 格式：

In[35]:

```
x3 =np.arange(20)
np.save("npyx3",x3)        #npyx3.npy 保存在当前工作目录下
```

In[36]:

```
np.load("npyx3.npy")   #加载
```

Out[36]:

```
array([0,  1,  2,  3,  4,  5,  6,  7,  8,  9,10,11,12,13,14,15,16,
17,18,19])
```

10.5

一维数组数据提取

本书将使用基于位置的索引和切片方法提取一维数组某个元素或某些元素，其中索引是获取数组 x 的某一个特定位置的元素，比如 np. x[index]，index 可以是自然数或负整数。切片是获取数组 x 的某一段特定位置的元素，比如 np. x[start:stop[:step]]。下面我们介绍一维数组数据的索引和切片方法提取某个点或某些点的方法。

10.5.1 一维数组数据索引提取

用中括号 [ ] 提取某点，中括号内为自然数时为正向取值，为 0 时表示第一个元素；为负值时是反向提取，为 -1 时表示最后一个元素：

```
In[37]:     import numpy as np
            x1 = np.arange(10)
            x1
Out[37]:    array([0,1,2,3,4,5,6,7,8,9])
```

```
In[38]:     x1[3]#第 4 个元素,也可以试试 x1[-7]
Out[38]:    3
```

10.5.2 一维数组数据切片提取

切片提取数据，注意切片时的左闭右开规则：

```
In[39]:     import numpy as np
            x1 = np.arange(10)
            print(x1)
            x1[2:6]#切片,左闭右开
Out[39]:    [0 1 2 3 4 5 6 7 8 9]
            array([2,3,4,5])
```

```
In[40]:    x1[-3]#从后面开始提取
Out[40]:   7
```

```
In[41]:    x1[-3:-1]
Out[41]:   array([7,8])
```

```
In[42]:    x1[:3]  #前3个元素
Out[42]:   array([0,1,2])
```

```
In[43]:    x1[3:]  #从第4个元素开始后面所有的元素集合
Out[43]:   array([3,4,5,6,7,8,9])
```

```
In[44]:    x1[1:9:2]#从第二个元素开始到第9个,步长是2
Out[44]:   array([1,3,5,7])
```

修改一维数组元素（注意：还有其他方法，读者可自行探索）：

```
In[45]:    #改变元素
           import numpy as np
           x1 = np.arange(10)
           print(x1)
           x1[3] = -20  #改变元素
           x1
Out[45]:   [0 1 2 3 4 5 6 7 8 9]
           array([  0,   1,   2, -20,   4,   5,   6,   7,   8,   9])
```

10.6

二维数组数据提取

在本节，我们介绍二维数组数据的索引和切片方法提取某元素、某行、某列、某些元素、多行、多列、某行多列、某列多行、多行多列。

10.6.1 二维数组数据索引提取

本小节使用索引方法对二维数组提取某元素或某行或某列数据。

（1）提取某个元素

```
In[46]:    import numpy as np
           x2 = np.array([[1,2,3,-1],[4,5,6,-2],[7,8,9,-3]])
           x2
Out[46]:   array([[1,  2,  3,-1],
           [4,  5,  6,-2],
           [7,  8,  9,-3]])
```

```
In[47]:    x2[0][2]        #第一行第三列的点,不建议使用此方法
Out[47]:   3
```

```
In48]:     x2[0,2]         #第一行第三列的点,建议使用此法
Out[48]:   3
```

（2）提取某行

```
In[49]:    x2[2]           #索引第三行 或 x2[2,],或 x2[2,:],或 x2[[2]]
Out[49]:   array([7,  8,  9,-3])
```

（3）提取某列

```
In[50]:    x2[:,2]         #索引第 3 列
Out[50]:   array([3,6,9])
```

10.6.2 二维数组数据切片提取

本小节使用切片方法对二维数组提取某些元素或某些行或某些列或多行多列的数据.

二维数组：

```
In[51]:    import numpy as np
           xn = np.arange(35).reshape(7,5)
           xn
Out[51]:   array([[0,  1,  2,  3,  4],
           [5,  6,  7,  8,  9],
           [10,11,12,13,14],
           [15,16,17,18,19],
           [20,21,22,23,24],
           [25,26,27,28,29],
           [30,31,32,33,34]])
```

（1）提取多行

```
In[52]:    xn[0]                    #或 xn[[0]],提取某行
Out[52]:   array([0,1,2,3,4])
```

```
In[53]:    xn[[1,3]]                #特定的多行
Out[53]:   array([[5,  6,  7,  8,  9],
           [15,16,17,18,19]])
```

```
In[54]:    xn[:2]                   #前两行 或 xn[0:2]   #有序多行
Out[54]:   array([[0,1,2,3,4],
           [5,6,7,8,9]])
```

（2）提取多列

```
In[55]:    xn[:,2]                  #某列
Out[55]:   array([2,7,12,17,22,27,32])
```

```
In[56]:    xn[:,[2]]                #某列
Out[56]:   array([[2],
           [7],
           [12],
           [17],
```

```
           [22],
           [27],
           [32]])
```

```
In[57]:    xn[:,[2,4]]             #特定的多列
Out[57]:   array([[2,  4],
           [7,  9],
           [12,14],
           [17,19],
           [22,24],
           [27,29],
           [32,34]])
```

```
In[58]:    xn[:,[0,2,4]]             #特定的多列
Out[58]:   array([[0,  2,  4],
           [5,  7,  9],
           [10,12,14],
           [15,17,19],
           [20,22,24],
           [25,27,29],
           [30,32,34]])
```

（3）提取某些元素

```
In[59]:    xn[[0,1,2],[1,2,4]]          #多个点[0,1],[1,2],[2,4]构成的数组
Out[59]:   array([1,7,14])
```

```
In[60]:    np.array([xn[0,1],xn[1,2],xn[2,4]])#逐点提取
Out[60]:   array([1,7,14])
```

（4）提取某行多列

```
In[61]:    xn[0,2:4]                    #第一行3,4列元素
Out[61]:   array([2,3])
```

```
In[62]:    xn[0,:3]                 #第一行前3个元素
Out[62]:   array([0,1,2])
```

（5）提取某列多行

```
In[63]:    xn[:4,3]                 #第4列前4个元素
Out[63]:   array([3,  8,13,18])
In[64]:    xn[2:4,3]                #第4列3,4行元素
Out[64]:   array([13,18])
```

（6）提取多列多行

```
In[65]:    xn[2:5,1:3]         #多行多列
Out[65]:   array([[11,12],
                  [16,17],
                  [21,22]])
```

```
In[66]:    xn[2:4,[2,3]]        #第3,4列的第3行到第4行
Out[66]:   array([[12,13],
                  [17,18]])
```

```
In[67]:    xn[[0,2,4],1:3]       #多列多行
Out[67]:   array([[1,  2],
                  [11,12],
                  [21,22]])
```

```
In[68]:    xn[:2,[1,2]]         #第2,3列前两个元素
Out[68]:   array([[1,2],
           [6,7]])
```

```
In[69]:    xn[:2,:]            #所有列前两个元素
Out[69]:   array([[0,1,2,3,4],
           [5,6,7,8,9]])
```

```
In[70]:    xn[::2,[2,3]]          #第3,4列,步长为2得第1,3,5,7行
Out[70]:   array([[2,  3],
           [12,13],
           [22,23],
           [32,33]])
```

```
In[71]:    #特定的多行多列:两步完成,先取行,再取列
           xn_1 = xn[[1,3,5],:]   #取特定行与所有的列
           xn_1[:,[0,2,3]]        #在取的 xn_1 中再取特定的列
```

```
Out[71]:   array([[5,  7,  8],
           [15,17,18],
           [25,27,28]])
```

10.7

数组的形状变换

数组形状变换的常用方法：高维和低维变换 reshape( )，ravel( )，flatten( )；增删数据 insert( )，delete( )；数据合并与拆分 concatenate( )，split( )；数组重复复制 repeat( )，tile( )等。

10.7.1 高维与低维数组转换

numpy 中用其对象的 reshape( )方法是从低维到高维进行变换，用其对象的 ravel( )和 flatten( )是从高维到低维进行变换。

(1) 低维变高维的 reshape( )方法

```
In[72]:    import numpy as np
           x = np.arange(24)
           x
Out[72]:   array([0,  1,  2,  3,  4,  5,  6,  7,  8,  9,10,11,12,13,14,15,16,
           17,18,19,20,21,22,23])
```

```
In[73]:     x.reshape((6,4))
Out[73]:    array([[0,  1,  2,  3],
            [4,  5,  6,  7],
            [8,  9,10,11],
            [12,13,14,15],
            [16,17,18,19],
            [20,21,22,23]])
```

(2) 高维变低维的 ravel( )和 flatten( )方法

```
In[74]:     #高维数组变成一维数组
            x.reshape((6,4)).ravel( )
Out[74]:    array([0,  1,  2,  3,  4,  5,  6,  7,  8,  9,10,11,12,13,14,15,16,
            17,18,19,20,21,22,23])
```

```
In[75]:     #高维数组变成一维数组,注意区别 ravel 和 flatten
            x.reshape((6,4)).flatten( )
            # ravel 按行主序打平时没有复制原数组,
            #ravel 按列主序在打平时复制了原数组
            # flatten 在打平时复制了原数组
Out[75]:    array([0,  1,  2,  3,  4,  5,  6,  7,  8,  9,10,11,12,13,14,15,16,
            17,18,19,20,21,22,23])
```

10.7.2 插入和删除

用 insert( )函数在某个特定位置之前插入元素，delete( )函数删除某些特定元素：

```
In[76]:     import numpy as np
            x = np.arange(6)
            print(x)
            print(np.insert(x,1,100))#100 插入第 2 个位置
            print(np.delete(x,[1,3]))#删除第 2,4 位置的值
Out[76]:    [0 1 2 3 4 5]
```

```
[0 100   1   2   3   4   5]
[0 2 4 5]
```

10.7.3 数组合并

对多个数组进行合并，根据轴的方向常用 np.concatenate( )方法，当然也可以使用 numpy 中的 stack( )，vstack( )，hstack( )，dstack( )等方法实现：

```
In[77]:    import numpy as np
           x1 = np.array([[1,2,3],[4,5,6]])
           x2 = np.array([[7,8,9],[10,11,12]])
           print(x1)
           print(x2)
Out[77]:   [[1 2 3]
           [4 5 6]]
           [[7  8  9]
           [10 11 12]]
```

```
In[78]:    np.concatenate([x1,x2],axis=0)#垂直合并
Out[78]:   array([[1,  2,  3],
           [4,  5,  6],
           [7,  8,  9],
           [10,11,12]])
```

```
In[79]:    np.concatenate([x1,x2],axis=1)#水平合并
Out[79]:   array([[1,  2,  3,  7,  8,  9],
           [4,  5,  6,  10,  11,  12]])
```

```
In[80]:    np.stack(x1,axis=1).shape   #x1 对应轴向数据
Out[80]:   (3,2)
```

```
In[81]:    np.stack((x1,x2),axis=0)#合并
Out[82]:   array([[[1,  2,  3],
           [4,  5,  6]],
```

```
              [[7,  8,  9],
              [10,11,12]]])
```

```
In[83]:       np. vstack((x1,x2))   # np. vstack( )垂直合并
Out[83]:      array([[1,  2,  3],
              [4,  5,  6],
              [7,  8,  9],
              [10,11,12]])
```

```
In[84]:       np. hstack((x1,x2))   # np. hstack( )水平合并
Out[84]:      array([[1,  2,  3,  7,  8,  9],
              [4,  5,  6,  10,  11,  12]])
```

```
In[85]:       #与 vstack,hstack 不同,dstack 将原数组的维度增加了一维
              np. dstack((x1,x2))           # npvstack( )深度合并
Out[85]:      array([[[1,  7],
              [2,  8],
              [3,  9]],
              [[4,10],
              [5,11],
              [6,12]]])
```

10.7.4 数组拆分

对数组进行拆分，常用 np. split( )方法实现，也可以使用 numpy 中的 hsplit( )，vsplit( )，dsplit( )等方法实现：

```
In[86]:       import numpy as np
              x = np. arange(36). reshape((6,6))
              x
Out[86]:      array([[0,  1,  2,  3,  4,  5],
              [6,  7,  8,  9,  10,  11],
              [12,  13,  14,  15,  16,  17],
              [18,  19,  20,  21,  22,  23],
```

```
       [24,25,26,27,28,29],
       [30,31,32,33,34,35]])
```

```
In[87]:   #split 方法中:
          #第二个参数[1,3]相当于是个切片操作，将数组分成三部分:
          #第一个是:1(即第 1 行)
          #第二个是 1:3(即第 2 到 3 行)
          #第三个是 3: (即第 4 到 6 行)
          x1,x2,x3 = np.split(x,[1,3])
          print("x1:",x1)
          print("x2:",x2)
          print("x3:",x3)
Out[87]:  x1:[[0 1 2 3 4 5]]
          x2:[[6  7  8  9 10 11]
          [12 13 14 15 16 17]]
          x3:[[18 19 20 21 22 23]
          [24 25 26 27 28 29]
          [30 31 32 33 34 35]]
```

```
In[88]:   np.vsplit(x,[2])      # vsplit( )和 split(axis=0)等价
Out[88]:  [array([[0,  1,  2,  3,  4,  5],
          [6,  7,  8,  9,  10,  11]]),array([[12,13,14,15,16,17],
          [18,19,20,21,22,23],
          [24,25,26,27,28,29],
          [30,31,32,33,34,35]])]
```

```
In[89]:   np.hsplit(x,[1,3])      # hsplit( )和 split(axis=1)等价
Out[89]:  [array([[0],
          [6],
          [12],
          [18],
          [24],
          [30]]),array([[1,  2],
          [7,  8],
          [13,14],
```

```
[19,20],
[25,26],
[31,32]]),array([[3,  4,  5],
[9,10,11],
[15,16,17],
[21,22,23],
[27,28,29],
[33,34,35]])]
```

10.7.5 数组重复复制

要对数组进行重复复制，可以使用 numpy 中的 repeat( )和 tile( )方法：

```
In[90]:    #重复
           import numpy as np
           x1 = np.arange(5)
           print(x1)
           print(x1.repeat(5))
Out[90]:   [0 1 2 3 4]
           [0 0 0 0 0 1 1 1 1 1 2 2 2 2 2 3 3 3 3 3 4 4 4 4 4]
```

```
In[91]:    x2 = np.arange(6).reshape((2,3))
           print(x2)
           print(x2.repeat(2,axis =0))    #重复
Out[91]:   [[0 1 2]
           [3 4 5]]
           [[0 1 2]
           [0 1 2]
           [3 4 5]
           [3 4 5]]
```

```
In[92]:    #拼接
           x2 = np.arange(6).reshape((2,3))
           print(x2)
```

```
          print(np.tile(x2,2))          #重复
Out[92]:  [[0 1 2]
          [3 4 5]]
          [[0 1 2 0 1 2]
          [3 4 5 3 4 5]]
```

10.8

数组的运算

数组可以进行基本的四则运算、比较运算、布尔运算、基本函数计算、线性代数计算、随机数生成、基本统计量的运算及广播运算。

10.8.1 四则运算

```
In[93]:   print(2 ** 3)#指数
          print(5%3)#余数
          print(5/3)#除法
          print(7//3)#整除
          print(7 * 3)#乘法
          print(pow(3,3))#指数
Out[93]:  8
          2
          1.6666666666666667
          2
          21
          27
```

10.8.2 比较与布尔运算

```
In[94]:   #比较运算:   ==,!=,>=,等等
```

```
          #布尔运算:and,or,not,或 &, ~ ,\,^
          print(2 >3)
          print((2 >3)or(2 >1))
          print((2 >3)|(2 >1))
Out[94]:  False
          True
          True
```

10.8.3 函数计算

numpy 的方法中包含一些常见函数：三角函数 sin、反三角函数 arccos、指数函数 exp、对数函数 log、排序 sort、最值函数 min 和 max、绝对值函数 abs、均方根函数 sqrt、矩阵乘法 dot、迹 trace、转置 transpose 等运算：

```
In[95]:   print(dir(np))  #看 numpy 的属性有哪些,其中就有常见的数学函数
Out[95]:  [……,'abs','cos','arcsin','exp','max','floor','power','sin','sort','sqrt','tan',
          'tanh','log','dot','trace',……]  #部分输出
```

```
In[96]:   np.sin(range(5))
Out[96]:  array([0.        ,0.84147098,0.90929743,0.14112001,-0.7568025])
In[97]:   np.e,np.pi    #两个特殊值
Out[97]:  (2.718281828459045,3.141592653589793)
```

10.8.4 线性代数

numpy 提供了 linalg 包可以进行矩阵的相关计算，比如矩阵的逆 inv、行列式 det、特征值和特征向量 eig、矩阵分解 cholesky、qr、svd、范数 norm 等，详情可以访问：

https://numpy.org/doc/stable/reference/routines.linalg.html

numpy.linalg 的矩阵计算举例：

```
In[98]:   print(dir(np.linalg))#查询方法
Out[98]:  ['LinAlgError','__builtins__','__cached__','__doc__','__file__','__loader__',
```

'__name__','__package__','__path__','__spec__','_umath_linalg','absolute_import', 'cholesky','cond','det','division','eig','eigh','eigvals','eigvalsh','inv','lapack_lite', 'linalg','lstsq','matrix_power','matrix_rank','multi_dot','norm','pinv', 'print_function','qr','slogdet','solve','svd','tensorinv','tensorsolve','test']

In[99]:
```
#数组变为矩阵
import numpy as np
x = np.array([[1,2],[3,1]])
print(x)
print(type(x))
x_matrix = np.asmatrix(x)  #变为矩阵
print(type(x_matrix))
print(np.matrix(x))  #变为矩阵但是不推荐使用
```
Out[99]:
```
[[1 2]
[3 1]]
<class 'numpy.ndarray'>
<class 'numpy.matrix'>
[[1 2]
[3 1]]
```

In[101]:
```
#数组的转置可用 x.T( )或 x.tranpose( ),但 x.T 不能用于高维数组
x.transpose( )
```
Out[101]:
```
array([[1,3],
[2,1]])
```

In[102]:
```
xx = np.array([[2,3],[2,1]])
xx
```
Out[102]:
```
array([[2,3],
[2,1]])
```
In[103]:
```
np.sum(xx,axis =0)
```
Out[103]:
```
array([4,4])
```

In[104]:
```
np.sum(xx,axis =1)
```
Out[104]:
```
array([5,3])
```

In[105]: np.sum(xx)

Out[105]: 8

In[106]: np.cumsum(xx,axis=0)#累积求和

Out[106]: array([[2,3],
[4,4]],dtype=int32)

In[107]: np.linalg.eig(xx)

Out[107]: (array([4. , -1.]),array([[0.83205029, -0.70710678],
[0.5547002, 0.70710678]]))

In[108]: np.asmatrix(xx)

Out[108]: matrix([[2,3],
[2,1]])

In[109]:

```
arr = np.arange(12).reshape((4,3))
print("arr 为\n",arr)
print("arr 垂直求和\n",arr.sum(axis=0))
print("arr 水平求和\n",arr.sum(axis=1))
```

Out[109]:

```
arr 为
[[0  1  2]
[3  4  5]
[6  7  8]
[9 10 11]]
arr 垂直求和
[18 22 26]
arr 水平求和
[3 12 21 30]
```

In[110]:

```
import numpy
dir(numpy.linalg)    #np 中的 linalg 线性代数计算
```

Out[110]: [……,'cholesky','cond','det','eig','eigh','eigvals','eigvalsh','inv','svd',……]
#部分输出

10.8.5 随机数与统计量

numpy 中的 random 包可以生成常见的一些随机数，同时 numpy 也提供了一些常见的计算统计量的函数方法，详细可以访问网站：

https://numpy.org/doc/stable/reference/routines.statistics.html

我们建议多使用 dir 或 help 进行快速查询，这是学好 python 的技巧。

（1）随机数生成

np.random 方法生成常见随机数：

```
In[111]:    dir(np.random)
Out[111]:   [……,'beta','binomial','chisquare','exponential','f','gamma','geometric','laplace','
            lognormal','multinomial','normal','poisson','seed','set_state','shuffle','standard_t','
            uniform',……]  #部分输出
```

```
In[112]:    np.random.seed(1)                #设置随机种子
            np.random.randn(1)
Out[112]:   array([1.62434536])
```

（2）统计量

numpy 提供了一些常见的计算统计量的函数，比如分位数 quantile，加权平均 average，均值 mean，方差 var，标准差 std，协方差 cov，相关系数 corrcoef，极差 ptp 等：

```
In [113]:   np.random.seed (1)
            x = np.random.randn (3)
            x
Out [113]:  array ([1.62434536, -0.61175641, -0.52817175])
```

```
In [114]:   np.median (x)
Out [114]:  -0.5281717522634557
```

10.9

广　　播

当对形状不同的数组按元素操作时，常会触发广播（broadcast）机制，一般首先是根据数组维度，将形状小的数组的维度（轴）补齐，然后顺着补齐的轴，将形状小的数组里的元素进行复制，使最终形状和其他数组一致，最后再进行计算。

例 10 －2：

```
In[115]:    import numpy as np
            #二维广播
            x = np.arange(4)
            print("x 为",arr)
            print("x * 2 为",x * 2)
Out[115]:   x 为[[0  1  2]
            [3  4  5]
            [6  7  8]
            [9 10 11]]
            x * 2 为[0 2 4 6]
```

```
            #广播规则
            #0        0    2  0
            #1   *2 =1  *  2 =2
            #2        2    2  4
            #3        3    2  6
```

```
In[116]:    #二维广播
            x1 = np.array(range(6)).reshape(3,2)
            x2 = np.array([[1,2]])
            x1 + x2
Out[116]:   array([[1,3],
            [3,5],
            [5,7]])
```

```
#广播规则
#  0 1          0 1   1 2   1 3
#  2 3 + 1 2 =  2 3 + 1 2 = 3 5
#  4 5          4 5   1 2   5 7
```

例 10 -3:

```
In[117]:    x = np.arange(4)
            xx = x.reshape(4,1)
            y = np.ones(5)
            z = np.ones((3,4))
```

```
In[118]:    x
Out[118]:   array([0,1,2,3])
```

```
In[119]:    xx
Out[119]:   array([[0],
            [1],
            [2],
            [3]])
```

```
In[120]:    y
Out[120]:   array([1. ,1. ,1. ,1. ,1. ])
```

```
In[121]:    z
Out[121]:   array([[1. ,1. ,1. ,1. ],
            [1. ,1. ,1. ,1. ],
            [1. ,1. ,1. ,1. ]])
```

```
In[123]:    x + y
Out[123]:   ValueError                Traceback(most recent call last)
            <ipython-input-121-259706549f3d> in <module>()
            ----> 1 x + y
            ValueError:operands could not be broadcast together with shapes(4,)(5,)
```

```
In[124]:    x + xx
Out[124]:   array([[0,1,2,3],
            [1,2,3,4],
            [2,3,4,5],
            [3,4,5,6]])
```

```
In[125]:    xx + y
Out[125]:   array([[1. ,1. ,1. ,1. ,1. ],
            [2. ,2. ,2. ,2. ,2. ],
            [3. ,3. ,3. ,3. ,3. ],
            [4. ,4. ,4. ,4. ,4. ]])
```

```
In[126]:    x + z
Out[126]:   array([[1. ,2. ,3. ,4. ],
            [1. ,2. ,3. ,4. ],
            [1. ,2. ,3. ,4. ]])
```

---

11 Pandas 简介

本章思维导图

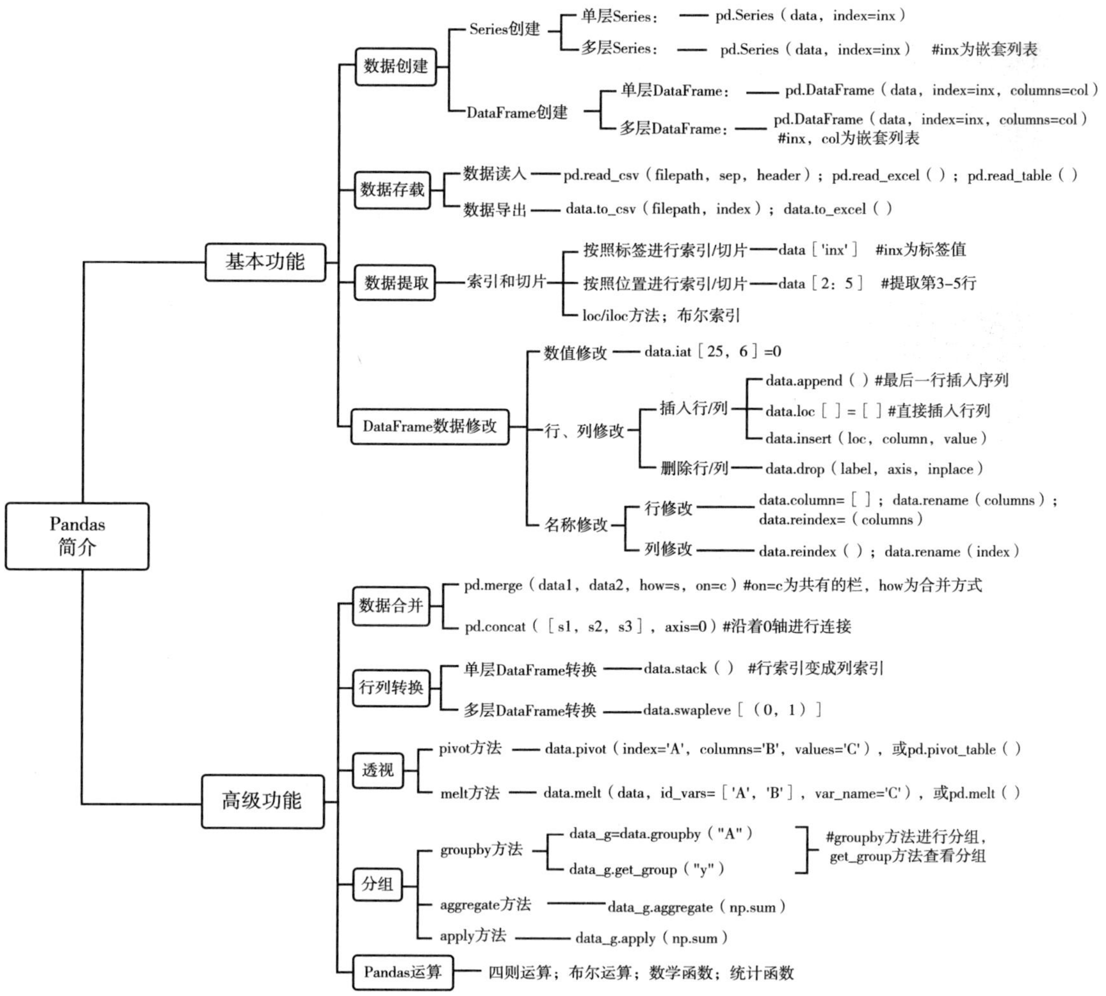

Pandas 是 Python 为解决数据分析而创建的，是基于 numpy 开发，提供了众多高级的数据分析功能，详情可以访问 Pandas 官网：https：//pandas. pydata. org/，以及参考文献[①]。本章我们主要介绍序列（Series）和数据框（DataFrame）的创建、存载、数据提取、形状变换、计算，其中 Series 是数据框的一维情形，一般数据框是指二维及以上。

在本书中导入 pandas 后始终简记为 pd，即：

```
In[1]:    import numpy as np
          import pandas as pd
          pd.__version__          #注意左右两边都是两个下划线且无空格
Out[1]:   '1.0.5'
```

11.1

pandas 方法

pandas 的属性方法：

```
In[2]:    dir(pd)
Out[2]:   ['BooleanDtype','Categorical','CategoricalDtype','CategoricalIndex','DataFrame',
          'DateOffset','DatetimeIndex','DatetimeTZDtype','ExcelFile','ExcelWriter',
          'Float64Index','Grouper','HDFStore','Index','IndexSlice','Int16Dtype','Int32Dtype',
          'Int64Dtype','Int64Index','Int8Dtype','Interval','IntervalDtype','IntervalIndex','Multi-
          Index','NA','NaT','NamedAgg','Period','PeriodDtype','PeriodIndex','RangeIndex',
          'Series','SparseDtype','StringDtype','Timedelta','TimedeltaIndex','Timestamp',
          'UInt16Dtype','UInt32Dtype','UInt64Dtype','UInt64Index','UInt8Dtype','__builtins__',
          '__cached__','__doc__','__docformat__','__file__','__getattr__','__git_version__',
          '__loader__','__name__','__package__','__path__','__spec__','__version__',
          '_config','_hashtable','_lib','_libs','_np_version_under1p14','_np_version_un-
          der1p15','_np_version_under1p16','_np_version_under1p17','_np_version_un-
          der1p18','_testing','_tslib','_typing','_version','api','array','arrays','bdate_range',
```

① 参见：McKinney W. Python for Data Analysis：Data Wrangling with Pandas，NumPy，and IPython（2ed）. O'REILLY Media，Inc，2017.

'compat','concat','core','crosstab','cut','date_range','describe_option','errors','eval','factorize','get_dummies','get_option','infer_freq','interval_range','io','isna','isnull','json_normalize','lreshape','melt','merge','merge_asof','merge_ordered','notna','notnull','offsets','option_context','options','pandas','period_range','pivot','pivot_table','plotting','qcut','read_clipboard','read_csv','read_excel','read_feather','read_fwf','read_gbq','read_hdf','read_html','read_json','read_orc','read_parquet','read_pickle','read_sas','read_spss','read_sql','read_sql_query','read_sql_table','read_stata','read_table','reset_option','set_eng_float_format','set_option','show_versions','test','testing','timedelta_range','to_datetime','to_numeric','to_pickle','to_timedelta','tseries','unique','util','value_counts','wide_to_long']

例 11 - 1：Series 对象的方法

In[3]:

```
#Series 数据
data_s = pd.Series([27.2,27.65,27.70,28],index = ["x1","x2","x3","x4"],
name = "J")
print(data_s)
print(data_s.index)                          #查看序列标签
print(data_s.values)                         #查看序列值
print(dir(data_s))
```

Out[3]:

```
x1    27.20                                  #data_s
x2    27.65
x3    27.70
x4    28.00
Name:J,dtype:float64
Index(['x1','x2','x3','x4'],dtype='object')  # data_s.index
[27.2  27.65 27.7  28. ]                     # data_s.values
```

['T',…,'abs','add','agg','aggregate','align','all','any','append','apply','argmax','argmin','argsort','array','asfreq','asof','astype','at','at_time','attrs','autocorr','axes','between','between_time','bfill','bool','clip','combine','combine_first','convert_dtypes','copy','corr','count','cov','cummax','cummin','cumprod','cumsum','describe','diff','div','divide','divmod','dot','drop','drop_duplicates','droplevel','dropna','dtype','dtypes','duplicated','empty','eq','equals','ewm','expanding','explode','factorize','ffill','fillna','filter','first','first_valid_index','floordiv','ge','get','groupby','gt','hasnans','head','hist','iat','idxmax','idxmin','iloc','index','infer_objects','interpolate','is_unique', 'isin','isna','isnull','item','items','iteritems','keys','kurt','kurtosis','last','last_valid_index','le','loc','lt','mad','map','mask','max','mean','median','memory_usage','min','mod','mode','mul','multiply','name','nbytes','ndim','ne','nlargest','notna','notnull','nsmallest','nunique','pct_change','pipe','plot','pop','pow','prod','product','quantile','radd','rank','ravel','rdiv','rdivmod','reindex','reindex_like','rename','rename_axis','reorder_levels','repeat','replace','resample','reset_index','rfloordiv','rmod','rmul','rolling','round','rpow','rsub','rtruediv','sample','searchsorted','sem','set_axis','shape','shift','size','skew','slice_shift','sort_index','sort_values','squeeze','std','sub','subtract','sum','swapaxes','swaplevel','tail','take','to_clipboard','to_csv','to_dict','to_excel','to_frame','to_hdf','to_json','to_latex','to_list','to_markdown','to_numpy','to_period','to_pickle','to_sql','to_string','to_timestamp','to_xarray','transform','transpose','truediv','truncate','tshift','tz_convert','unique','unstack','update','value_counts','values','var','view','where','x1','x2','x3','x4','xs']　#部分输出

例 11－2：DataFrame 对象的方法

In[4]:

```
#数据框对象属性方法
data_df = pd.DataFrame([[1, 2, 3,4,5],[6,7,8,9,10],[11,12,13,14,15]],
                index = ["x1","x2","x3"],columns = ["J","I","A","N","G"])
print(dir(data_df))
```

Out[4]

['abs','add','add_prefix','add_suffix','agg','aggregate','align','all','any','append','apply','applymap','asfreq','asof','assign','astype','at','at_time','attrs','axes','between_time','bfill','bool','boxplot','clip','columns','combine','combine_first','convert_dtypes','copy','corr','corrwith','count','cov','cummax','cummin','cumprod','cumsum','describe','diff','div','divide','dot','drop','drop_duplicates','droplevel','dropna','dtypes','duplicated','empty','eq','equals','eval','ewm','expanding','explode','ffill','fillna','filter','first','first_valid_index','floordiv','from_dict','from_records','ge','get','groupby','gt','head','hist','iat','idxmax','idxmin','iloc','index','infer_objects','info','insert','interpolate','isin','isna','isnull','items','iteritems','iterrows','itertuples','join','keys','kurt','kurtosis','last','last_valid_index','le','loc','lookup','lt','mad','mask','max','mean','median','melt','memory_usage','merge','min','mod','mode','mul','multiply','ndim','ne','nlargest','notna','notnull','nsmallest','nunique','pct_change','pipe','pivot','pivot_table','plot','pop','pow','prod','product','quantile','query','radd','rank','rdiv','reindex','reindex_like','rename','rename_axis','reorder_levels','replace','resample','reset_index','rfloordiv','rmod','rmul','rolling','round','rpow','rsub','rtruediv','sample','select_dtypes','sem','set_axis','set_

```
index','shape','shift','size','skew','slice_shift','sort_index','sort_values','squeeze',
'stack','std','style','sub','subtract','sum','swapaxes','swaplevel','tail','take','to_clip-
board','to_csv','to_dict','to_excel','to_feather','to_gbq','to_hdf','to_html','to_json',
'to_latex','to_markdown','to_numpy','to_parquet','to_period','to_pickle','to_records',
'to_sql','to_stata','to_string','to_timestamp','to_xarray','transform','transpose','truediv',
'truncate','tshift','tz_convert','tz_localize','unstack','update','values','var','where',
'xs']        #部分输出
```

11.2

Series 与 DataFrame 结构图

Series 和 DataFrame 数据结构图（见图 11－1 和图 11－2）与 numpy 数组结构图基本一样，Series 可以看作是 DataFrame 的一维情形。

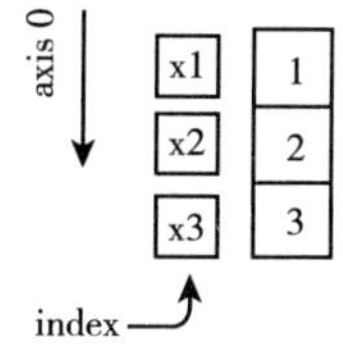

图 11－1　Series 结构图

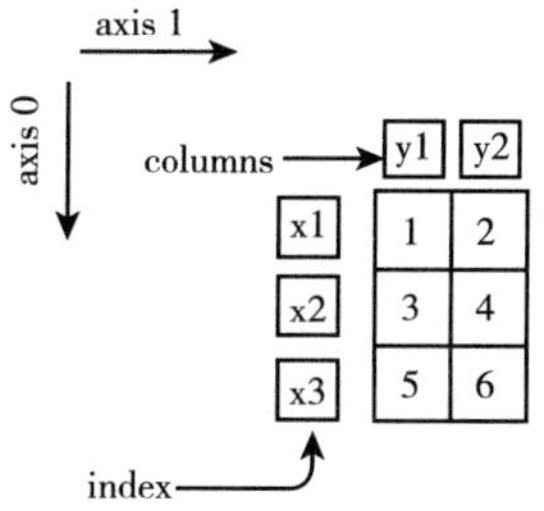

图 11－2　二维 DataFrame 结构图

11.3

Series 和 DataFrame 创建

序列 Series 常用 pd.Series( ) 创建，而 DataFrame 常用 pd.DataFrame( ) 创建。DataFrame 一般是二维数据框，其中行表示样例，列表示属性或特征或变量；Series 是 DataFrame 中的列，是 DataFrame 的特殊情况。同时，根据按照某个轴上拥有的索引层级数目，可以分为单层和多层级数据对象。

11.3.1 单层 Series 创建

Series 是一维数据序列，用 pd.Series（data，index = inx）创建，其中 data 可以是 list、numpy 数组、字典，index 是索引标签，如果不指定索引标签则自动创建一个表示位置索引的自然数。

例 11－3：用列表为数据创建 Series

```
In[5]:   import numpy as np
         import pandas as pd
```

```
In[6]:   data_s = pd.Series([27.2,27.65,27.70,28],index = ["x1","x2","x3","x4"],
         name = "J")
         print(data_s)
         print(data_s.values)#打印元素
         print(data_s.index)  #打印元素对应的索引
         print(type(data_s))  #查看数据对象类型
         print(data_s.dtype)  #查看数据类型
         #用 dir(data_s),或 help(pd.Series)查看属性方法
Out[6]:  x1      27.20
         x2      27.65
         x3      27.70
         x4      28.00
         Name:J,dtype:float64
         [27.2   27.65 27.7   28.   ]
         Index(['x1','x2','x3','x4'],dtype = 'object')
         <class 'pandas.core.series.Series'>
         float64
```

例 11－4：用数组为数据创建 Series

```
In[7]:   data_s = pd.Series(np.array([1,2,3,4,5,6,np.nan,np.nan,np.nan]))
         print(data_s)
         print('The length is',len(data_s))
```

```
        print('The shape is',data_s.shape)
        print('The dim is',data_s.ndim)
        print('The count is',data_s.count())
Out[7]: 0    1.0
        1    2.0
        2    3.0
        3    4.0
        4    5.0
        5    6.0
        6    NaN
        7    NaN
        8    NaN
        dtype:float64
        The length is 9
        The shape is(9,)
        The dim is 1
        The count is 6
```

例 11-5：用字典为数据创建 Series

```
In[8]:  import numpy as np
        import pandas as pd

        data = {'字典1':0.5,'字典2':-9,'字典3':5,'字典4':11}
        data_s = pd.Series(data,name = 'exam')
        data_s.index.name = 'codes'
        data_s
Out[8]: codes
        字典1    0.5
        字典2    -9.0
        字典3    5.0
        字典4    11.0
        Name:exam,dtype:float64
```

用运算符 + 可以连接多个 Series，但是要注意与合并的区别：

In[9]:
```
#当两个 Series 相加,Python 会自动对齐不同 Series 的 index
#data 为字典形式
data_s1 = pd.Series(np.array([1,2,3,4,np.nan,np.nan]),
                    index = ["A","B","C","D","E","F"])
print("data_s1 值:\n",data_s1)              #第一个序列
data_s2 = pd.Series(np.array([41,42,43,np.nan]),
                    index = ["A","b","C","B"])
print("data_s2 值:\n",data_s2)              #第二个序列
print("data_1 + data_s2 的值:\n",data_s1 + data_s2)
```

Out[9]:
```
data_s1 值:
A    1.0
B    2.0
C    3.0
D    4.0
E    NaN
F    NaN
dtype:float64
data_s2 值:
A    41.0
b    42.0
C    43.0
B    NaN
dtype:float64
data_1 + data_s2 的值:
A    42.0
B    NaN
C    46.0
D    NaN
E    NaN
F    NaN
b    NaN
dtype:float64
```

查看 Series 对象方法：

```
In[10]:  data_s = pd.Series(np.array([1,2,3,4,5,6,np.nan,np.nan,np.nan]))
         print(data_s)
         #data_s. +TAB 查看 Series 产生的 data_s 的属性方法
         #dir(data_s)
         #data_s?
         #data_s??
         #help(data_s)
         data_s.describe()#Series 描述统计
         #查看 series 用法等
         #help(pd.Series)
         #pd.Series?
         ##pd.Series??
         #dir(pd.Series)
         data_s.dtype
Out[10]: 0    1.0
         1    2.0
         2    3.0
         3    4.0
         4    5.0
         5    6.0
         6    NaN
         7    NaN
         8    NaN
         dtype:float64
         dtype('float64')
```

11.3.2 多层 Series 创建

多层 Series 可以看作有一级和二级指标的序列，此时标签就是一组数，而不是一个数。

例 11 -6:

```
In[11]:  import numpy as np
         import pandas as pd
         data_ss = pd.Series(np.array([1,2,3,np.nan,3,np.nan]),index = [["x1",
             "x1","x2","x2","x2","x3"],[1,3,1,2,3,2]])
         print(data_ss)
         print(data_ss.index)
         print(data_ss.values)
Out[11]: x1  1    1.0
             3    2.0
         x2  1    3.0
             2    NaN
             3    3.0
         x3  2    NaN
         dtype:float64
         MultiIndex([('x1',1),
                     ('x1',3),
                     ('x2',1),
                     ('x2',2),
                     ('x2',3),
                     ('x3',2)],)
         [1.  2.  3. nan  3. nan]
```

11.3.3 单层 DataFrame 创建

创建 DataFrame 数据的方法为:

pd.DataFrame(data,index = inx,columns = col)

其中 data 可以是二维列表、二维 numpy 数组、字典，其值是一维列表、numpy 数组或 Series；index 是数据框的行标签，columns 是数据框的列标签。

一般地，单层 DataFrame 的基本构成包括列标签的名称、列标签名、行标签的名称、行标签名、数据框的名称、数据框的值。

用列表或 numpy 数组创建数据框，创建时可以设定 index 和 columns，如果不设定那么 Python 会给出它们的默认值。

例 11-7：

In[12]:
```
import numpy as np
import pandas as pd
#df1 = pd.DataFrame([[1,2,3],[4,5,6]],
#                   index = ["x1","x2"],columns = ["A","B","C"])
df1_data = pd.DataFrame(np.array([[1,2,3],[4,5,6]]),
                   index = ["x1","x2"],columns = ["A","B","C"])
df1_data
```

Out[12]:

	A	B	C
x1	1	2	3
x2	4	5	6

例 11-8：用字典方式创建数据框：

In[13]:
```
import numpy as np
import pandas as pd
symbol = ['x1','x2','x3','x4','x5']
data = {'产业':['产业1','产业2','产业3','产业4','产业5'],
        'A':[1.1,1.2,1.3,1.4,1.5],
        'B':[100,101,102,103,np.nan],
        'C':[30,31,32,33,34]}
df2_data = pd.DataFrame(data,index = symbol)
df2_data.name = '表'
df2_data.columns.name = "类"
df2_data.index.name = '编码'
df2_data
```

Out[13]:

类 编码	产业	A	B	C
x1	产业 1	1.1	100.0	30
x2	产业 2	1.2	101.0	31
x3	产业 3	1.3	102.0	32
x4	产业 4	1.4	103.0	33
x5	产业 5	1.5	NaN	34

数据框中有三个重要的量：index、conlumns、values

```
In[14]:    print("数据值:\n",df2_data.values)
           print("\n")
           print("列变量:\n",df2_data.columns)
           print("\n")
           print("行变量:\n",df2_data.index)
Out[14]:   数据值:
           [['产业 1' 1.1 100.0 30]
           ['产业 2' 1.2 101.0 31]
           ['产业 3' 1.3 102.0 32]
           ['产业 4' 1.4 103.0 33]
           ['产业 5' 1.5 nan 34]]

           列变量:
           Index(['产业','A','B','C'],dtype = 'object',name = '类')

           行变量:
           Index(['x1','x2','x3','x4','x5'],dtype = 'object',name = '编码')
```

查看数据框对象的前后部分数据:

```
In[15]:    df2_data.head(1).append(df2_data.tail(1))
Out[15]:
```

类 编码	产业	A	B	C
x1	产业 1	1.1	100.0	30
x5	产业 5	1.5	NaN	34

"对象.describe( )"查看 DataFrame 常见统计量,并只对数值型变量做统计,对分类变量不起作用,同时注意与"对象.describe"没有小括号时的区别:

```
In[16]:    df2_data.describe #没有用 df.describe( )结果
Out[16]:   <bound method NDFrame.describe of
           类    产业     A     B     C
           编码
           x1   产业 1   1.1   100.0   30
```

```
x2    产业 2   1.2   101.0   31
x3    产业 3   1.3   102.0   32
x4    产业 4   1.4   103.0   33
x5    产业 5   1.5   NaN     34 >
```

In[17]: `df2_data.describe( )#注意区别 df.describe`

Out[17]:

类	A	B	C
count	5.000000	4.000000	5.000000
mean	1.300000	101.500000	32.000000
std	0.158114	1.290994	1.581139
min	1.100000	100.000000	30.000000
25%	1.200000	100.750000	31.000000
50%	1.300000	101.500000	32.000000
75%	1.400000	102.250000	33.000000
max	1.500000	103.000000	34.000000

用“对象 . info( )”查看数据框基本信息:

In[18]: `df2_data.info( )`

Out[18]:

```
<class 'pandas.core.frame.DataFrame'>
Index:5 entries,x1 to x5
Data columns(total 4 columns):
 #    Column    Non-Null Count    Dtype
---   ------    --------------    -----
 0    产业       5 non-null       object
 1    A          5 non-null       float64
 2    B          4 non-null       float64
 3    C          5 non-null       int64
dtypes:float64(2),int64(1),object(1)
memory usage:200.0 + bytes
```

11.3.4 多层级 DataFrame 创建

多层级 DataFrame（多层级是指某个轴上有多个索引层级）的创建与单层 DataFrame

基本类似，只是标签不再是一个数，而是一组数，这里我们只介绍两层数据框的创建。在 Pandas 中可以用 MultiIndex. from_tuples( )赋予 DataFrame 多层索引，这实际上是将两层索引的 DataFrame 变成了三维数据框。多层 DataFrame 在方差分析中是常见的类型。

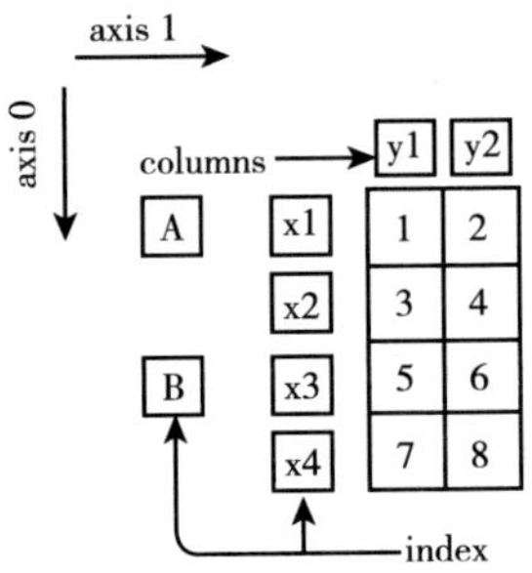

图 11 -3　两个层级的 DataFrame 结构图

图 11 -3 是行有两个层级的数据框结构图，与列有两个层级的数据框结构图是类似的。

例 11 -9：两层数据框创建

```
In[19]:  import numpy as np
         import pandas as pd
         symbol = ['x1','x2','x3','x4','x5']
         data = {'产业':['产业 1','产业 2','产业 3','产业 4','产业 5'],
                 'A':[1.1,1.2,1.3,1.4,1.5],
                 'B':[100,101,102,103,np.nan],
                 'C':[30,31,32,33,34]}
         data_dfdf = pd.DataFrame(data,index = symbol)
         data_dfdf.name ='表'
         data_dfdf.columns.name = "类"
         data_dfdf.index.name ='编码'
         print(data_dfdf)                #单层数据框
         #用 MultiIndex.from_tuples( )赋予 DataFrame 多层索引
         data_dfdf.index = pd.MultiIndex.from_tuples(
                     [('区域 1','x1'),('区域 1','x2'),
                     ('区域 2','x3'),('区域 2','x4'),
                     ('区域 3','x5')])
         data_dfdf                       #多层数据框
```

```
Out[19]:    类     产业    A     B      C
           编码
            x1    产业1   1.1   100.0   30
            x2    产业2   1.2   101.0   31
            x3    产业3   1.3   102.0   32
            x4    产业4   1.4   103.0   33
            x5    产业5   1.5   NaN     34
```

	类	产业	A	B	C
区域1	x1	产业1	1.1	100.0	30
	x2	产业2	1.2	101.0	31
区域2	x3	产业3	1.3	102.0	32
	x4	产业4	1.4	103.0	33
区域3	x5	产业5	1.5	NaN	34

```
In[20]:     data_dfdf.index                #查看多层数据框的行索引
Out[20]:    MultiIndex([('区域1','x1'),
                        ('区域1','x2'),
                        ('区域2','x3'),
                        ('区域2','x4'),
                        ('区域3','x5')],
                       )
```

```
In[21]:     data_dfdf.values               #查看多层数据框的值
Out[21]:    array([['产业1',1.1,100.0,30],
                   ['产业2',1.2,101.0,31],
                   ['产业3',1.3,102.0,32],
                   ['产业4',1.4,103.0,33],
                   ['产业5',1.5,nan,34]],dtype = object)
```

```
In[22]:     data_dfdf.columns              #查看多层数据框的列
Out[22]:    Index(['产业','A','B','C'],dtype = 'object',name = '类')
```

例 11-10：多层 DataFrame 数据框创建

```
In[23]:     import numpy as np
```

```
import pandas as pd
data2 = [['产业 1',1.1,100,30],['产业 2',1.2,101,31],['产业 3',1.3,102,
        32],['产业 4',1.4,103,33],['产业 5',1.5,np.nan,34]]
ind = [['区域 1','区域 1','区域 2','区域 2','区域 3'],['x1','x2','x3','x4','x5']]
col = [["指标 1","指标 2","指标 2","指标 2"],["产业","A","B","C"]]
data_dfdf_2 = pd.DataFrame(np.array(data2),index = ind,columns = col)
data_dfdf_2.name = '表'
data_dfdf_2.columns.names = (["一类","二类"])
data_dfdf_2.index.names = (["区域","编码"])

data_dfdf_2
```

Out[23]:

	一类	指标 1	指标 2		
	二类	产业	A	B	C
区域	编码				
区域 1	x1	产业 1	1.1	100	30
	x2	产业 2	1.2	101	31
区域 2	x3	产业 3	1.3	102	32
	x4	产业 4	1.4	103	33
区域 3	x5	产业 5	1.5	NaN	34

11.4

存载数据对象

在 numpy 中我们可以存载数组，在 pandas 中我们同样可以存载序列和数据框。DataFrame 可以被保存为 excel，csv，sql，html，clipboard，sas 和 stata 等格式，常用“to_数据格式”来读入数据，比如：

- 对象.to_excel( )
- 对象.to_csv( )

如果要加载某种格式的 DataFrame 数据，用“read_数据格式”，比如：

- pd.read_excel( )
- pd.read_csv( )
- pd.read_table( )

这里，我们主要介绍 excel，csv，txt 格式的存载方法。

11.4.1 存载为 excel 格式

保存和读取 excel 格式数据时，后缀可以是 .xlsx 或 xls：

In[24]:
```
import numpy as np
import pandas as pd

#df1 = pd.DataFrame([[1,2,3],[4,5,6]],index = ["x1","x2"],columns = ["A","B","C"])
df = pd.DataFrame(np.array([[1,2,3],[4,5,6]]),
                    index = ["x1","x2"],columns = ["A","B","C"])
df
```
Out[24]:

	A	B	C
x1	1	2	3
x2	4	5	6

In[25]:
```
#将数据 df1 保存为 pd_excel.xlsx
df.to_excel('pd_excel.xlsx',sheet_name = 'Sheet1')
```

In[26]:
```
#将数据 pd_excel.xlsx 加载
df1 = pd.read_excel('pd_excel.xlsx',sheet_name = 'Sheet1')
df1
```
Out[26]:

	Unnamed:0	A	B	C
0	x1	1	2	3
1	x2	4	5	6

注：结果多了一列，怎么办？这就是数据的提取和变形，当然，也可以在读取数据时设置不同的参数实现。

pandas 存载 xlsx 数据的参数 sheet_name 设置（存载 excel 中哪个工作表）：

In[27]:
```
#将数据 df1 保存为 pd_excel.xlsx
df.to_excel('pd_excel.xlsx',sheet_name = 'Sheet2',index = False)
#将数据 pd_excel.xlsx 加载
df2 = pd.read_excel('pd_excel.xlsx',sheet_name = 'Sheet2')
```

```
          df2
Out[27]:      A   B   C
          x1  1   2   3
          x2  4   5   6
```

11.4.2 存载为 csv 格式

```
In[28]:   #将数据 df1 保存为 pd_csv. csv
          df. to_csv('pd_csv. csv',index = False)
          #将数据 pd_excel. xlsx 加载
          df3 = pd.read_csv('pd_csv. csv')
          df3
Out[28]:      A   B   C
          0   1   2   3
          1   4   5   6
```

11.4.3 存载为 txt 格式

保存为 txt 格式，还是用 csv 的保存方式，只是保存的后缀名是 . txt，读取可以用 read_csv( )，也可以用 read_table( )实现。

```
In[29]:   #将数据 df1 保存为 pd_excel. csv
          df. to_csv('pd_text. txt',index = False)
          df4 = pd.read_csv('pd_text. txt')    #读取方法
          df4
Out[29]:      A   B   C
          0   1   2   3
          1   4   5   6
```

```
In[30]:   df5 = pd.read_table('pd_text. txt')   #读取方法
          df5
Out[30]:      A,B,C
```

```
0    1,2,3
1    4,5,6
```

11.5

Series 的数据提取

提取 Series 数据的方法与提取 DataFrame 数据的方法基本类似，在这我们简要介绍如何提取 Series 数据，下节重点介绍 DataFrame 数据的提取方法。

11.5.1 索引和切片

提取 Series 数据的方法主要有索引和切片方法。常用的方法是用 loc 索引或切片标签提取，用 iloc 索引或切片位置值提取。当然也可以用“对象.标签”或“对象［“标签”］”或“对象［位置值］”提取。索引和切片 Series 跟 numpy 数组很类似，但是也有区别，numpy 是基于位置提取元素，而 Series 和 DataFrame 既可以基于位置又可以基于标签提取。

例 11 -11：Series 基于标签和位置的索引与切片：

```
In[31]:   import numpy as np
          import pandas as pd
          data = {'字典 1':0.5,'字典 2':-9,'字典 3':5,'字典 4':11}
          s = pd.Series(data,name = 'exam')
          s.index.name = 'codes'
          s                    #数据
Out[31]:  codes
          字典 1      0.5
          字典 2     -9.0
          字典 3      5.0
          字典 4     11.0
          Name:exam,dtype:float64
```

```
In[32]:   s.字典 1      #提取某个值
Out[32]:  0.5
```

```
In[33]:    s["字典2"]  #提取某个值
Out[33]:   -9.0
```

```
In[34]:    s[["字典2"]]
Out[34]:   codes
           字典2    -9.0
           Name:exam,dtype:float64
```

```
In[35]:    s[["字典2","字典4"]]  #提取多个值
Out[35]:   codes
           字典2     -9.0
           字典4     11.0
           Name:exam,dtype:float64
```

```
In[36]:    s.loc["字典2"]  #提取某个值
Out[36]:   -9.0
```

```
In[37]:    s.loc[["字典2","字典4"]]  #提取多个值
Out[37]:   codes
           字典2     -9.0
           字典4     11.0
           Name:exam,dtype:float64
```

```
In[38]:    s[1]  #提取某个值
Out[38]:   -9.0
```

```
In[39]:    s[[1]]  #提取某个值
Out[39]:   codes
           字典2    -9.0
           Name:exam,dtype:float64
```

```
In[40]:    s.iloc[0]  #提取某个值
Out[40]:   0.5
```

```
In[41]:    s.iloc[[1,3]]  #提取某个值
Out[41]:   codes
           字典2      -9.0
           字典4      11.0
           Name:exam,dtype:float64
```

```
In[42]:    s["字典2":"字典4"]  # 提取某些值
Out[42]:   codes
           字典2      -9.0
           字典3       5.0
           字典4      11.0
           Name:exam,dtype:float64
```

11.5.2 修改 Series 行标签

如果要修改 series 的行标签或列名，可以将 series 转换为 DataFrame 后再修改，详细请查阅 11.8，这里我们举一个简单的例子。

例 11-12:

```
In[43]:    import numpy as np
           import pandas as pd
           data = {'字典1':0.5,'字典2':-9,'字典3':5,'字典4':11}
           s = pd.Series(data,name = 'exam')
           s.index.name = 'codes'
           print(s)
           print(type(s))
           print(s.index)
           print(s.values)
           print(s.name)
           print(s.shape)
           print(s.dtype)
Out[43]:   codes
           字典1       0.5
           字典2      -9.0
           字典3       5.0
```

```
字典 4       11.0
Name:exam,dtype:float64
<class 'pandas.core.series.Series'>
Index(['字典 1','字典 2','字典 3','字典 4'],dtype='object',name='codes')
[0.5  -9.   5.   11.]
exam
(4,)
float64
```

In[44]:

```
#转换为 DataFrame
s_df = pd.DataFrame({'字典':s.index,'值':s.values})
s_df
```

Out[44]:

	字典	值
0	字典 1	0.5
1	字典 2	-9.0
2	字典 3	5.0
3	字典 4	11.0

In[45]:

```
#修改列名,reset_index 也是变成了数据框了
df = s.reset_index(name = '值')
print(df)
print(df.index)
```

Out[45]:

```
     codes      值
0  字典 1     0.5
1  字典 2    -9.0
2  字典 3     5.0
3  字典 4    11.0
RangeIndex(start = 0,stop = 4,step = 1)
```

In[46]:

```
#继续修改列名
df.rename(columns = {'codes':'字典'},inplace = True)
df
```

Out[46]:

	字典	值
0	字典 1	0.5
1	字典 2	-9.0

```
2      字典 3    5.0
3      字典 4   11.0
```

In[47]:

```
#修改 index
df.reset_index( )
```

Out[47]:

	index	字典	值
0	0	字典 1	0.5
1	1	字典 2	-9.0
2	2	字典 3	5.0
3	3	字典 4	11.0

In[48]:

```
#通过 set_index( )方法设置其他列为行的索引
df.set_index("字典")
```

Out[48]:

字典	值
字典 1	0.5
字典 2	-9.0
字典 3	5.0
字典 4	11.0

In[49]:

```
#修改序列的名称
s.name = "my_exam"
s
```

Out[49]:

```
codes
字典 1      0.5
字典 2     -9.0
字典 3      5.0
字典 4     11.0
Name:my_exam,dtype:float64
```

11.5.3 Series 数据的增加和删除

如果要增加和删除 Series 中的数据，可以赋值增加，也可以用 .append( )增加数据，用 .drop( )删除数据。

例 11－13：

```
In[50]:   import numpy as np
          import pandas as pd
          data = {'字典 1':0.5,'字典 2':-9,'字典 3':5,'字典 4':11}
          s = pd.Series(data,name = 'exam')
          s.index.name = 'codes'
```

```
In[51]:   s
Out[51]:  codes
          字典 1      0.5
          字典 2     -9.0
          字典 3      5.0
          字典 4     11.0
          Name:exam,dtype:float64
```

赋值方法增加 Series 数据：

```
In[52]:   #增加元素
          s["增加 1"],s["增加 2"] = [100,200]
```

```
In[53]:   s
Out[53]:  codes
          字典 1      0.5
          字典 2     -9.0
          字典 3      5.0
          字典 4     11.0
          增加 1    100.0
          增加 2    200.0
          Name:exam,dtype:float64
```

用 .append( )方法增加数据：

```
In[54]:   #增加元素
          new = pd.Series({"1990 年":1,"1995 年":1,"2000 年":1,"2005 年":1,"2018
              年":1,"2019 年":1})
```

```
        ss = s.append(new,ignore_index = False)
        ss
Out[54]:  字典 1       0.5
          字典 2      -9.0
          字典 3       5.0
          字典 4      11.0
          增加 1     100.0
          增加 2     200.0
          1990 年      1.0
          1995 年      1.0
          2000 年      1.0
          2005 年      1.0
          2018 年      1.0
          2019 年      1.0
          dtype:float64
```

```
In[55]:   ss
Out[55]:  字典 1       0.5
          字典 2      -9.0
          字典 3       5.0
          字典 4      11.0
          增加 1     100.0
          增加 2     200.0
          1990 年      1.0
          1995 年      1.0
          2000 年      1.0
          2005 年      1.0
          2018 年      1.0
          2019 年      1.0
          dtype:float64
```

用 .drop 删除 Series 中的数据

```
In[56]:   #删除
          ss.drop(["增加 1","增加 2"])
```

```
Out[56]:  字典1      0.5
          字典2     -9.0
          字典3      5.0
          字典4     11.0
          1990年     1.0
          1995年     1.0
          2000年     1.0
          2005年     1.0
          2018年     1.0
          2019年     1.0
          dtype:float64
```

```
In[57]:   ss
Out[57]:  字典1      0.5
          字典2     -9.0
          字典3      5.0
          字典4     11.0
          增加1    100.0
          增加2    200.0
          1990年     1.0
          1995年     1.0
          2000年     1.0
          2005年     1.0
          2018年     1.0
          2019年     1.0
          dtype:float64
```

注：还可以将 Series 变成 DataFrame 后再处理，此时将有更多的处理手段。

11.5.4 多层级 Series 索引

多层 series 数据提取时，注意索引标签的用法，与单层 Series 数据提取是有区别的。提取时可以采用多标签方法提取，也可以先按照行提取再按照列提取：

例 11－14：

```
In[58]:   import numpy as np
```

```
import pandas as pd
np. random. seed(123)
data = np. random. randn(5)
ind = [['区域 1','区域 1','区域 2','区域 2','区域 3'],['x1','x2','x3','x4','x5']]
data_ss_2 = pd.Series(data,index = ind)
data_ss_2. index. names = (["区域","编码"])
print(data_ss_2)
print(data_ss_2. index)  #看行标签
#采用多标签方法提取,重点是查到多标签值
print(data_ss_2["区域 2":"区域 3"])  #一级标签按顺序提取
print(data_ss_2[["区域 1","区域 3"]])#一级标签指定提取
print(data_ss_2[[('区域 1','x1'),('区域 2','x4')]])#提取二级标签数据
```

Out[58]:

```
区域    编码
区域 1  x1   -1. 085631
        x2    0. 997345
区域 2  x3    0. 282978
        x4   -1. 506295
区域 3  x5   -0. 578600
dtype:float64
MultiIndex([('区域 1','x1'),
            ('区域 1','x2'),
            ('区域 2','x3'),
            ('区域 2','x4'),
            ('区域 3','x5')],
           names = ['区域','编码'])
区域    编码
区域 2  x3    0. 282978
        x4   -1. 506295
区域 3  x5   -0. 578600
dtype:float64
区域    编码
区域 1  x1   -1. 085631
        x2    0. 997345
区域 3  x5   -0. 578600
dtype:float64
```

```
区域    编码
区域 1  x1    -1.085631
区域 2  x4    -1.506295
dtype:float64
```

```
In[59]:   #先按照行提取再按照列提取
          data_ss_2.loc['区域 1'].loc["x2"]#另一种提取二级标签数据
Out[59]:  0.9973454465835858
```

修改行标签名：

```
In[60]:   data_ss_2.index.names = ["一层","二层"]
          data_ss_2
Out[60]:  一层    二层
          区域 1  x1    -1.085631
                  x2     0.997345
          区域 2  x3     0.282978
                  x4    -1.506295
          区域 3  x5    -0.578600
          dtype:float64
```

交换层级结构顺序：

```
In[61]:   #变换层级顺序,swaplevel 可以接受两个层级名称或序号
          data_ss_2.swaplevel("一层","二层")
Out[61]:  二层  一层
          x1  区域 1  -1.085631
          x2  区域 1   0.997345
          x3  区域 2   0.282978
          x4  区域 2  -1.506295
          x5  区域 3  -0.578600
          dtype:float64
```

注：Series 更高级的方法可以类似 DataFrame 情况进行实现，比如合并、连接、删除、添加等操作。

11.6

DataFrame 之数据提取

DataFrame 数据提取主要是基于标签，或者基于位置的索引或切片方法，而 numpy 数组的索引或切片只基于位置。对 DataFrame，基于标签提取数据就用 at 和 loc，基于位置提取数据就用 iat 和 iloc。本节我们介绍如何提取某个点，某些点，某行，某列，多行多列的数据，我们大致可以分成四类：

①提取单个元素：

- 基于标签的 at
- 基于位置的 iat

②提取列：

- 基于标签的 loc
- 基于位置的 iloc
- 用 . 来切片单列
- 用 [ ] 来切片单列或多列

③提取行：

- 基于标签的 loc
- 基于位置的 iloc
- 用 [ ] 来切片单行或多行

④提取行与列：

- 基于标签的 loc
- 基于位置的 iloc

注：在索引和切片提取中，我们建议常用 loc 和 iloc 方法。

11.6.1 单个元素

提取 DataFrame 某个元素常用下面两种方法：

（1）索引标签法提取：data.at['行名','列名']

（2）索引位置法提取：data.iat[i,j]

其中 data 表示由 DataFrame 生成数据对象的名称，简单说就是数据框对象。

例 11－15：

```
In[1]:    #创建一个数据表或读取数据表
```

```
import numpy as np
import pandas as pd
symbol = ['x1','x2','x3','x4','x5']
data = {'产业':['产业1','产业2','产业3','产业4','产业5'],
        'A':[1.1,1.2,1.3,1.4,1.5],
        'B':[100,101,102,103,np.nan],
        'C':[30,31,32,33,34]}
df2_data = pd.DataFrame(data,index = symbol)
df2_data.name ='表'
df2_data.columns.name = "类"
df2_data.index.name ='编码'
df2_data
```

Out[1]:

类 编码	产业	A	B	C
x1	产业1	1.1	100.0	30
x2	产业2	1.2	101.0	31
x3	产业3	1.3	102.0	32
x4	产业4	1.4	103.0	33
x5	产业5	1.5	NaN	34

In[2]: `df2_data.at["x3","B"]   #索引标签法取某元素,推荐使用`

Out[2]: 102.0

In[3]: `df2_data.iat[1,0]   #索引位置法取某元素`

Out[3]: '产业2'

11.6.2 单列

提取 DataFrame 的某列数据，常用下面四种方法：

(1) data.列名

(2) data["列名"]，或 data[["列名"]]，注意区别

(3) data.loc[:,'列名']，或 data.loc[:,['列名']]

(4) data.iloc[:,i]，或 data.iloc[:,[i]]

```
In[4]:    df2_data. 产业 # 基于标签
Out[4]:   编码
          x1      产业 1
          x2      产业 2
          x3      产业 3
          x4      产业 4
          x5      产业 5
          Name:产业,dtype:object
```

```
In[5]:    df2_data["产业"]# 基于标签
Out[5]:   编码
          x1      产业 1
          x2      产业 2
          x3      产业 3
          x4      产业 4
          x5      产业 5
          Name:产业,dtype:object
```

```
In[6]:    df2_data[["产业"]]# 基于标签
Out[6]:   类      产业
          编码
          x1      产业 1
          x2      产业 2
          x3      产业 3
          x4      产业 4
          x5      产业 5
```

```
In[7]:    df2_data. loc[:,"产业"]# 基于标签
Out[7]:   编码
          x1      产业 1
          x2      产业 2
          x3      产业 3
          x4      产业 4
          x5      产业 5
```

```
Name:产业,dtype:object
```

```
In[8]:   df2_data.loc[:,["产业"]]# 基于标签
Out[8]:  类      产业
         编码
         x1     产业 1
         x2     产业 2
         x3     产业 3
         x4     产业 4
         x5     产业 5
```

```
In[9]:   df2_data.iloc[:,2]#基于位置
Out[9]:  编码
         x1     100.0
         x2     101.0
         x3     102.0
         x4     103.0
         x5     NaN
         Name:B,dtype:float64
```

11.6.3 多列：有序列，特定列

提取 DataFrame 的多列数据，常用下面三种方法：

（1） data[['列名 1','列名 2']]基于标签提取特定的多列

（2） data.loc[:,'列名 1':'列名 2']基于标签提取有序的某些列

（3） data.iloc[:,i:j]基于位置提取有序的某些列

```
In[10]:   df2_data[["A","C"]]   #取特定多列
Out[10]:   类     A     C
           编码
          ------------------
           x1    1.1   30
           x2    1.2   31
           x3    1.3   32
```

x4	1.4	33
x5	1.5	34

In[11]: df2_data.loc[:,"产业":"B"] #取有序的多列

Out[11]:

类 编码	产业	A	B
x1	产业 1	1.1	100.0
x2	产业 2	1.2	101.0
x3	产业 3	1.3	102.0
x4	产业 4	1.4	103.0
x5	产业 5	1.5	NaN

In[12]: df2_data.loc[:,["产业","B"]] #取特定的列

Out[12]:

类 编码	产业	B
x1	产业 1	100.0
x2	产业 2	101.0
x3	产业 3	102.0
x4	产业 4	103.0
x5	产业 5	NaN

In[13]: df2_data.iloc[:,0:3]

Out[13]:

类 编码	产业	A	B
x1	产业 1	1.1	100.0
x2	产业 2	1.2	101.0
x3	产业 3	1.3	102.0
x4	产业 4	1.4	103.0
x5	产业 5	1.5	NaN

11.6.4 单行

提取 DataFrame 的某行数据，常用下面四种方法：

(1) data.loc['行名',:]，或 data.loc[["行名"],:]，注意区别

(2) data.iloc[i,:]

（3） data[i:i+1]

（4） data['行名':'行名']

In[14]: df2_data.loc["x2",:]# df2_data.loc["x2"],df2_data.loc["x2",]

Out[14]:
```
类
产业    产业2
 A       1.2
 B     101
 C      31
Name:x2,dtype:object
```

In[15]: df2_data.loc[["x2"],:]#注意和 df2_data.loc["x2",:]的区别

Out[15]:

类 编码	产业	A	B	C
x2	产业2	1.2	101.0	31

In[16]: df2_data.iloc[1,:]

Out[16]:
```
类
产业    产业2
 A       1.2
 B     101
 C      31
Name:x2,dtype:object
```

In[17]: df2_data.iloc[[1],:]

Out[17]:

类 编码	产业	A	B	C
x2	产业2	1.2	101.0	31

In[18]: df2_data[1:2]

Out[18]:

类 编码	产业	A	B	C
x2	产业2	1.2	101.0	31

In[19]: df2_data["x2":"x2"]

Out[19]:

类 编码	产业	A	B	C
x2	产业2	1.2	101.0	31

11.6.5 多行：有序行，特定行

提取 DataFrame 的多行数据，常用下面三种方法：

（1）data.loc['行名':'行名2',:]，data.loc[['行名','行名2'],:]

（2）data.iloc[i:j,:]

（3）data['行名':'行名2']

In[20]: df2_data.loc[["x2","x4"],:]#基于标签的特定行

#df2_data.loc[["x2"]],df2_data.loc[["x2"],]

Out[20]:

类 编码	产业	A	B	C
x2	产业2	1.2	101.0	31
x4	产业4	1.4	103.0	33

In[21]: df2_data.loc["x2":"x4",:] #基于标签有序多行

Out[21]:

类 编码	产业	A	B	C
x2	产业2	1.2	101.0	31
x3	产业3	1.3	102.0	32
x4	产业4	1.4	103.0	33

In[22]: df2_data.iloc[1:3,:]#基于位置有序多行

Out[22]:

类 编码	产业	A	B	C
x2	产业2	1.2	101.0	31
x3	产业3	1.3	102.0	32

In[23]: df2_data.loc[["x2","x4"]]

Out[23]:

类 编码	产业	A	B	C
x2	产业 2	1.2	101.0	31
x4	产业 4	1.4	103.0	33

In[24]: df2_data["x2":"x3"]

Out[24]:

类 编码	产业	A	B	C
x2	产业 2	1.2	101.0	31
x3	产业 3	1.3	102.0	32

11.6.6 多列多行

提取 DataFrame 的多行多列数据，常用下面两种方法：

（1） data.loc['行名 i':'行名 j','列名 k':'列名 l']

（2） data.iloc[i:j,k:l]

In[25]: df2_data.loc["x1":"x3", "产业":"B",] #有序的多行多列

Out[25]:

类 编码	产业	A	B
x1	产业 1	1.1	100.0
x2	产业 2	1.2	101.0
x3	产业 3	1.3	102.0

In[26]: df2_data.loc[["x1","x3"], ["产业","B"]] #特定的多行多列

Out[26]:

类 编码	产业	B
x1	产业 1	100.0
x3	产业 3	102.0

11.6.7 布尔索引

提取 DataFrame 的数据，也可以有条件地提取，即布尔索引，常用下面的四种方法：

（1） data. loc[布尔索引,:]

（2） data. iloc[布尔索引,:]

（3） data[布尔索引]

（4） data. query（“布尔索引”）

In[27]: print(df2_data. B > =101)

Out[27]:
```
编码
x1    False
x2     True
x3     True
x4     True
x5    False
Name:B,dtype:bool
```

In[28]: df2_data. loc[df2_data. B > =101,:]#提取满足一定条件的数据

Out[28]:

类 编码	产业	A	B	C
x2	产业 2	1. 2	101. 0	31
x3	产业 3	1. 3	102. 0	32
x4	产业 4	1. 4	103. 0	33

In[29]: df2_data. loc[(df2_data. B > =101)&(df2_data. B < =103),:]

Out[29]:

类 编码	产业	A	B	C
x2	产业 2	1. 2	101. 0	31
x3	产业 3	1. 3	102. 0	32
x4	产业 4	1. 4	103. 0	33

In[30]: df2_data[(df2_data. B > =101)&(df2_data. B < =103)]
#条件提取,按照列方式

Out[30]:

类 编码	产业	A	B	C
x2	产业 2	1. 2	101. 0	31
x3	产业 3	1. 3	102. 0	32
x4	产业 4	1. 4	103. 0	33

In[31]: df2_data.query("(B>=101)&(B<=103)")#用 query 更便捷

Out[31]:

类 编码	产业	A	B	C
x2	产业 2	1.2	101.0	31
x3	产业 3	1.3	102.0	32
x4	产业 4	1.4	103.0	33

特别地，在布尔索引方法中也可以用调用函数的方式进行，即：

(1) data.loc[调用函数,:]

(2) data.iloc[调用函数,:]

(3) data[调用函数]

使用时，调用函数只能有一个参数，并返回一组索引的函数：

In[32]: df2_data.loc[lambda x:(x.A > x.A.mean())&(x.B>x.B.mean()),:]

Out[32]:

类 编码	产业	A	B	C
x4	产业 4	1.4	103.0	33

11.6.8 多层级 DataFrame 索引

多层索引 dataFrame 方法在方差分析中是常用的，使用时要注意与单层 DataFrame 的区别，注意多层 DataFrame 的标签是多个值构成的数组，而不是一个值。实际操作中，多查看 DataFrame 的 index 是什么。

例 11-16：

In[33]:

```
import numpy as np
import pandas as pd
data2 = [['产业 1',1.1,100,30],['产业 2',1.2,101,31],['产业 3',1.3,102,
        32],['产业 4',1.4,103,33],['产业 5',1.5,np.nan,34]]
#两层行标签
ind = [['区域 1','区域 1','区域 2','区域 2','区域 3'],['x1','x2','x3','x4','x5']]
#两层列标签
col = [["指标 1","指标 2","指标 2","指标 2"],["产业","A","B","C"]]
```

```
df = pd.DataFrame(np.array(data2),index = ind,columns = col)
df.name ='表'
df.index.names = (["区域","编码"])
df
```

Out[33]:

	指标1	指标2		
	产业	A	B	C
区域 编码				
区域1 x1	产业1	1.1	100	30
x2	产业2	1.2	101	31
区域2 x3	产业3	1.3	102	32
x4	产业4	1.4	103	33
区域3 x5	产业5	1.5	nan	34

多层索引方法：

In[34]:
```
df.loc["区域1"].loc["x1":"x2"]#逐层索引和切片,按照行索引
```
Out[34]:

	指标1	指标2		
	产业	A	B	C
编码				
x1	产业1	1.1	100	30
x2	产业2	1.2	101	31

In[35]:
```
#另一种索引方法
df.index
```
Out[35]:
```
MultiIndex([('区域1','x1'),
            ('区域1','x2'),
            ('区域2','x3'),
            ('区域2','x4'),
            ('区域3','x5')],
           names = ['区域','编码'])
```

In[36]:
```
df.loc[('区域1',"x1"):('区域2','x3')]#学会有创造性的提取行
```

Out[36]:

区域	编码	指标1 产业	指标2 A	B	C
区域1	x1	产业1	1.1	100	30
	x2	产业2	1.2	101	31
区域2	x3	产业3	1.3	102	32

In[37]:
```
df.loc[:,"指标2"].loc[:,"B"]   #按照列提取
```
Out[37]:
```
区域    编码
区域1   x1     100
        x2     101
区域2   x3     102
        x4     103
区域3   x5     nan
Name:B,dtype:object
```

多层标签交换顺序:

In[38]:
```
#调换两个行标签的顺序
df.swaplevel("区域","编码")
```
Out[38]:

编码	区域	指标1 产业	指标2 A	B	C
x1	区域1	产业1	1.1	100	30
x2	区域1	产业2	1.2	101	31
x3	区域2	产业3	1.3	102	32
x4	区域2	产业4	1.4	103	33
x5	区域3	产业5	1.5	nan	34

In[39]:
```
#调换列标签 columns level 的顺序,如果有多层标题的话
#比如 df.colunms = df.columns.swaplevel(0,1)
#df
```

In[40]:
```
#看下原始的数据表
df
```

Out[40]:

		指标1	指标2	
		产业	A	B	C
区域	编码				
区域1	x1	产业1	1.1	100	30
	x2	产业2	1.2	101	31
区域2	x3	产业3	1.3	102	32
	x4	产业4	1.4	103	33
区域3	x5	产业5	1.5	nan	34

11.7 DataFrame 数据修改

11.7.1 DataFrame 之值的修改

DataFrame 数据的形状可以进行各种修改变换，比如数据的修改、增删、合并、连接、透视、分组等。接下来几节将依次进行简要介绍。首先我们介绍 DataFrame 数据值的修改方法。

例 11-17：用 loc，iloc，at，iat 方法修改数据值：

In[41]:

```
import numpy as np
import pandas as pd
#可以设置读取参数,让数据更好看
data_tr = pd.read_excel ('E:\\Myjupyter\\python 基础
                    \\transport. xls',skiprow = 1,skip_footer = 6,nrows = 36)
data_tr. head(5). append( data_tr. tail(6) )
```

Out[41]: #部分输出

	地区:全国	Unnamed:1	Unnamed:2	Unnamed:3	Unnamed:4	Unnamed:5	Unnamed:6
0	交通运输业基本情况	NaN	NaN	NaN	NaN	NaN	NaN
1	指标	1990年	1995年	2000年	2005年	2018年	2019年
2	运输线路长度	NaN	NaN	NaN	NaN	NaN	NaN
3	铁路营业里程(万公里)	5.8	6.2	6.9	7.5	13.2	14.0
4	公路里程(万公里)	102.8	115.7	168.0	334.5	484.7	501.2

30	#私人汽车(万辆)	82	250	625	1848	20575	22513
31	民用运输船舶拥有量(艘)	425934	364968	229676	207294	136975	131555
32	#机动船(艘)	325888	299717	185018	165900	125754	121440
33	驳船(艘)	82482	57998	44658	41394	11221	10115
34	#私人运输船舶(艘)	231168	196736	142117	95838	20612	18208
35	沿海规模以上港口货物吞吐量(万吨)	48321	80166	125603	292777	922392	

In[42]:　data_tr.iat[35,6]　#第 36 行第 7 列数据为空值

Out[42]:　''

In[43]:　data_tr.iat[35,6]=0　#将表中最后一个数据 922392 改为 0

In[44]:　data_tr.tail(3)

Out[44]:　#部分输出

	地区:全国	Unnamed:1	Unnamed:2	Unnamed:3	Unnamed:4	Unnamed:5	Unnamed:6
33	驳船(艘)	82482	57998	44658	41394	11221	10115
34	#私人运输船舶(艘)	231168	196736	142117	95838	20612	18208
35	沿海规模以上港口货物吞吐量(万吨)	48321	80166	125603	292777	922392	0

11.7.2 DataFrame 之插入行或列

在 DataFrame 中插入行或列的方法有：

(1) 使用连接方法 concat

(2) 用 data.loc["行"]=[ ]，data.loc[:,"列"]=[ ]直接插入行或列

(3) 用 data.append( )在最后插入一行序列

(4) 用 data.insert(loc,column,value,allow_duplicates=False)在数据框的指定列中插入数据，其中 loc 是 int 型，表示第几列，若在第一列插入数据，则 loc=0；column 是给插入的列取的名，如 column='新的一列'；value 是数值、数组、序列等都可；allow_duplicates 表示是否允许列名重复，选择 Ture 表示允许新的列名与已存在的列名重复。

插入列：

In[45]:
```
import numpy as np
import pandas as pd
```

```
#可以设置读取参数,让数据更好看
data_tra = pd.read_excel('E:\\Myjupyter\\python 基础
            \\transport_revised. xls',skiprow = 1,skip_footer = 6,nrows = 34)
#插入一列数据
data_tra. insert(loc = 0,column = '加列',value = 5,allow_duplicates = False)
data_tra. head( )
```

Out[45]: #部分输出

	加列	指标	1990 年	1995 年	2000 年	2005 年	2018 年	2019 年
0	5	运输线路长度	NaN	NaN	NaN	NaN	NaN	NaN
1	5	铁路营业里程(万公里)	5.8	6.2	6.9	7.5	13.2	14.0
2	5	公路里程(万公里)	102.8	115.7	168.0	334.5	484.7	501.2
3	5	内河航道里程(万公里)	10.9	11.1	11.9	12.3	12.7	12.7
4	5	民航航线里程(万公里)	50.7	112.9	150.3	199.9	838.0	948.2

In[46]:

```
data_tr. loc[ :,"new 列"] =0 #直接在最后面加一行
data_tr. head( )
```

Out[46]:

	地区:全国	Unnamed:1	Unnamed:2	Unnamed:3	Unnamed:4	Unnamed:5	Unnamed:6	new 列
0	交通运输业基本情况	NaN	NaN	NaN	NaN	NaN	NaN	0
1	指标	1990 年	1995 年	2000 年	2005 年	2018 年	2019 年	0
2	运输线路长度	NaN	NaN	NaN	NaN	NaN	NaN	0
3	铁路营业里程(万公里)	5.8	6.2	6.9	7.5	13.2	14.0	0
4	公路里程(万公里)	102.8	115.7	168.0	334.5	484.7	501.2	0

插入行:

In[47]:

```
#插入一行 series 可以使用 append( ),也可以使用其他的方法
import numpy as np
import pandas as pd
#可以设置读取参数,让数据更好看
data_tra = pd.read_excel('E:\\Myjupyter\\python 基础
            \\transport_revised. xls',skiprow = 1,skip_footer = 6,nrows = 34)
data_tra. tail( )
```

Out[47]:

	指标	1990 年	1995 年	2000 年	2005 年	2018 年	2019 年
29	民用运输船舶拥有量(艘)	425934	364968	229676.0	207294.0	136975	131555
30	#机动船(艘)	325888	299717	185018.0	165900.0	125754	121440

31	驳船(艘)	82482	57998	44658.0	41394.0	11221	10115
32	#私人运输船舶(艘)	231168	196736	142117.0	95838.0	20612	18208
33	沿海规模以上港口货物吞吐量(万吨)	48321	80166	125603.0	292777.0	922392	

In[48]:

```
data_tra.loc["new"] = [1,1,1,1,1,1,1]#直接在最后面加一行
data_tra.tail( )
```

Out[48]:

	指标	1990 年	1995 年	2000 年	2005 年	2018 年	2019 年
30	#机动船(艘)	325888	299717	185018.0	165900.0	125754	121440
31	驳船(艘)	82482	57998	44658.0	41394.0	11221	10115
32	#私人运输船舶(艘)	231168	196736	142117.0	95838.0	20612	18208
33	沿海规模以上港口货物吞吐量(万吨)	48321	80166	125603.0	292777.0	922392	
new	1	1	1	1.0	1.0	1	1

11.7.3 DataFrame 之删除行或列

本节介绍如何用 data.drop( )方法删除 DataFrame 数据中的行或列，为此我们还是以 transport.xls 数据为例。

例 11 - 18:

In[49]:

```
#下面我们用实际数据来介绍数据框的各种形状变换
import numpy as np
import pandas as pd
data_transport = pd.read_excel('E:\\Myjupyter\\python 基础\\transport.xls')
data_transport.head(4).append(data_transport.tail(5))
```

Out[49]: #部分输出

	地区:全国	Unnamed:1	Unnamed:2	Unnamed:3	Unnamed:4	Unnamed:5
0	交通运输业基本情况	NaN	NaN	NaN	NaN	NaN
1	指标	1990 年	1995 年	2000 年	2005 年	2018 年
2	运输线路长度	NaN	NaN	NaN	NaN	NaN
3	铁路营业里程(万公里)	5.8	6.2	6.9	7.5	13.2
35	沿海规模以上港口货物吞吐量(万吨)	48321	80166	125603	292777	922392

注: 上述数据读入后是很乱的，其实我们可以设置 pd.read_excel( )中的参数，让其读取更美观（附录 A），不设置参数的目的是方便介绍接下来的数据框形状变换方法。

(1) 删除行

基于标签或位置删除行：

①data. drop ([标签 1, 标签 2, 标签 3, …]) 方法，默认删除某些行，可以是基于标签也可以是基于位置操作；

②data. drop(label = [?,?,?],axis = 0,inplace = False)方法，其中 axis = 0 表示按照行进行，如果 axis = 1 就是按照列进行，drop 方法默认对原始数据不生效，如果要对原始数据生效，需要加或修改参数：inplace = True：

In[50]:
```
# data. drop( )删除制定个标签对应的行或列
#删除行的方法:data. drop([位置 1,位置 2,位置 3,...])
data_transport1 = data_transport. drop([0,1,2,36,37,38,39])
data_transport. drop ([0,1,2,36,37,38,39]). head ( ). append ( data_trans-
                    port. drop([0,36,37,38,39]). tail( ))
```
Out[50]: #部分输出

	地区:全国	Unnamed:1	Unnamed:2	Unnamed:3	Unnamed:4	Unnamed:5
3	铁路营业里程(万公里)	5. 8	6. 2	6. 9	7. 5	13. 2
4	公路里程(万公里)	102. 8	115. 7	168. 0	334. 5	484. 7
5	内河航道里程(万公里)	10. 9	11. 1	11. 9	12. 3	12. 7
6	民航航线里程(万公里)	50. 7	112. 9	150. 3	199. 9	838. 0

In[51]:
```
data_transport. drop(labels = [1],axis = 0)
```
Out[51]: #部分输出

	地区:全国	Unnamed:1	Unnamed:2	Unnamed:3	Unnamed:4	Unnamed:5
0	交通运输业基本情况	NaN	NaN	NaN	NaN	NaN
2	运输线路长度	NaN	NaN	NaN	NaN	NaN
3	铁路营业里程(万公里)	5. 8	6. 2	6. 9	7. 5	13. 2
4	公路里程(万公里)	102. 8	115. 7	168. 0	334. 5	484. 7
5	内河航道里程(万公里)	10. 9	11. 1	11. 9	12. 3	12. 7

(2) 删除列

根据列标签或位置删除列：

①data. drop(['列名 1',"列名 2",...],axis = 1)

②data. drop(label = ['列名 1',"列名 2",...],axis = 1)

In[52]:
```
data_transport2 = data_transport1. drop(labels = ['地区:全国'],axis = 1)
data_transport2
```
Out[52]: #部分输出

	Unnamed:1	Unnamed:2	Unnamed:3	Unnamed:4	Unnamed:5	Unnamed:6
3	5.8	6.2	6.9	7.5	13.2	14.0
4	102.8	115.7	168.0	334.5	484.7	501.2
5	10.9	11.1	11.9	12.3	12.7	12.7
6	50.7	112.9	150.3	199.9	838.0	948.2
7	772682	1172596	1478573	1847018	1793820	1760436
8	95712	102745	105073	115583	337495	366002
9	648085	1040810	1347392	1697381	1367170	1301173
10	5628	9002	12261	17467	34218	35349
11	2613	3546	4533	6062	14147	14707
12	2620	4603	6657	9292	9280	8857
13	970602	1234938	1358682	1862066	5152732	4706493

11.8

DataFrame 之行列标签及名称修改

修改行列标签及名称的方法汇总：

- data. rename(columns = 字典)：修改列名（列标签）
- data. columns = [ ]：修改列名（列标签）
- data. reindex(columns = 列表)：重索引（列标签）
- data. reindex(列表)：重索引（行 index）
- data. reset_index( )：将索引列变为数据列（行 index）
- data. set_index(列名)：将数据列变为索引列（行 index）
- data. rename(index = 字典)：修改行名（行 index）
- data. index. name = "名称"：行标签的名称
- data. columns. name = "名称"：列标签的名称

11.8.1 修改列标签

修改列标签可以用下面的方法：

(1) data. columns = [ ]　　修改列名（列标签）

(2) data. rename(columns = 字典格式)　　修改列名（列标签）

(3) data. reindex(columns = 列表格式)　　重索引（（列标签））

```
In[53]:    #通过 rename 方法
```

```
#注意参数 inplace = True 时，才能真正在原 DataFrame 上进行修改
data_transport3 = data_transport2. rename( columns = {'Unnamed:1':'1990 年
        ','Unnamed:2':'1995 年','Unnamed:3':'2000 年','Unnamed:4':'2005 年
        ','Unnamed:5':'2018 年','Unnamed:6':'2019 年' })
data_transport3
#可以暴力修改列标签名
# data_transport2. columns = [ "1990 年" ,"1995 年" ,"2000 年" ,"2005 年
#                          " ,"2018 年" ,"2019 年" ]
# data_transport2
```

Out[53]:

	1990 年	1995 年	2000 年	2005 年	2018 年	2019 年
3	5.8	6.2	6.9	7.5	13.2	14.0
4	102.8	115.7	168.0	334.5	484.7	501.2
5	10.9	11.1	11.9	12.3	12.7	12.7
6	50.7	112.9	150.3	199.9	838.0	948.2
7	772682	1172596	1478573	1847018	1793820	1760436
8	95712	102745	105073	115583	337495	366002
9	648085	1040810	1347392	1697381	1367170	1301173
10	5628	9002	12261	17467	34218	35349
11	2613	3546	4533	6062	14147	14707
12	2620	4603	6657	9292	9280	8857
13	970602	1234938	1358682	1862066	5152732	4706493
14	150681	165982	178581	269296	402631	431773
15	724040	940387	1038813	1341778	3956871	3435480

#部分输出

11.8.2 修改行标签

修改行标签可以用下面的方法：

(1) data. reindex(列表)　　重索引（行 index）

(2) data. reset_index( )　　将索引列变为数据列（行 index）

(3) data. set_index(列名)　　将数据列变为索引列（行 index）

(4) data. rename(index = 字典)　　修改行名（行 index）

rename 方法：

In[54]:
```
#设定某些行名称
data_transport3.rename(index = {0:"第一行",5:"第三行"},inplace = True)
data_transport3
```

Out[54]: #部分输出

	1990 年	1995 年	2000 年	2005 年	2018 年	2019 年
3	5.8	6.2	6.9	7.5	13.2	14.0
4	102.8	115.7	168.0	334.5	484.7	501.2
第三行	10.9	11.1	11.9	12.3	12.7	12.7
6	50.7	112.9	150.3	199.9	838.0	948.2
7	772682	1172596	1478573	1847018	1793820	1760436
8	95712	102745	105073	115583	337495	366002
9	648085	1040810	1347392	1697381	1367170	1301173
10	5628	9002	12261	17467	34218	35349
11	2613	3546	4533	6062	14147	14707
12	2620	4603	6657	9292	9280	8857

reindex 方法：

In[55]:
```
#.reindex()可以改行或列标签,但是是重置和补充,看下面的例子
data_transport3.iloc[0:3,:]
data_transport3.iloc[0:3,:].reindex(index = ["a","b","第三行"])
#pd.reindex 可以设置行和列标签
# data_transport3.iloc[0:3,:]
```

Out[55]:

	1990 年	1995 年	2000 年	2005 年	2018 年	2019 年
a	NaN	NaN	NaN	NaN	NaN	NaN
b	NaN	NaN	NaN	NaN	NaN	NaN
第三行	10.9	11.1	11.9	12.3	12.7	12.7

reset_index 方法：

In[56]:
```
#重置行索引
#通过 reset_index()方法我们可以重置索引,drop 参数为 True 时,直#接丢弃原来的索引,否则原来的索引新生成一列名为'index'的列
```

```
data_transport3. reset_index(inplace = True, drop = False)
data_transport3
```

Out[56]:

	index	1990 年	1995 年	2000 年	2005 年	2018 年	2019 年
0	3	5.8	6.2	6.9	7.5	13.2	14.0
1	4	102.8	115.7	168.0	334.5	484.7	501.2
2	第三行	10.9	11.1	11.9	12.3	12.7	12.7
3	6	50.7	112.9	150.3	199.9	838.0	948.2
4	7	772682	1172596	1478573	1847018	1793820	1760436
5	8	95712	102745	105073	115583	337495	366002
6	9	648085	1040810	1347392	1697381	1367170	1301173
7	10	5628	9002	12261	17467	34218	35349
8	11	2613	3546	4533	6062	14147	14707
9	12	2620	4603	6657	9292	9280	8857
10	13	970602	1234938	1358682	1862066	5152732	4706493

#部分输出

set_index 方法：

In[57]:

```
#通过 set_index( )方法设置其他列为行的索引
data_transport3. set_index("1990 年")
```

Out[57]:

1990 年	index	1995 年	2000 年	2005 年	2018 年	2019 年
5.8	3	6.2	6.9	7.5	13.2	14.0
102.8	4	115.7	168.0	334.5	484.7	501.2
10.9	第三行	11.1	11.9	12.3	12.7	12.7
50.7	6	112.9	150.3	199.9	838.0	948.2
772682	7	1172596	1478573	1847018	1793820	1760436
95712	8	102745	105073	115583	337495	366002
648085	9	1040810	1347392	1697381	1367170	1301173
5628	10	9002	12261	17467	34218	35349
2613	11	3546	4533	6062	14147	14707
2620	12	4603	6657	9292	9280	8857

#部分输出

11.8.3 修改行或列标签的名称

修改行或类标签的名称，可以用下面的方法：

（1） data. index. name = ”名称”

（2） data. columns. name = ”名称”

In[58]:

```
#添加行标签名或列标签名的方法
data_transport3.index.name = "index"
data_transport3.columns.name = "year"
new_trans = data_transport3
new_trans.head().append(new_trans.tail())
```

Out[58]:

year index	index	1990 年	1995 年	2000 年	2005 年	2018 年	2019 年
0	3	5.8	6.2	6.9	7.5	13.2	14.0
1	4	102.8	115.7	168.0	334.5	484.7	501.2
2	第三行	10.9	11.1	11.9	12.3	12.7	12.7
3	6	50.7	112.9	150.3	199.9	838.0	948.2
4	7	772682	1172596	1478573	1847018	1793820	1760436
28	31	425934	364968	229676	207294	136975	131555
29	32	325888	299717	185018	165900	125754	121440
30	33	82482	57998	44658	41394	11221	10115
31	34	231168	196736	142117	95838	20612	18208
32	35	48321	80166	125603	292777	922392	

11.9

数据合并

数据合并可以用 merge 函数进行单键合并和多键合并，本节我们将通过实例分别介绍它们。

11.9.1 单键合并

单键合并方法为：

pd.merge(data1,data2,how = s,on = c)

其中参数 on = c 是 data1 和 data2 共有的一栏；参数 how = s 是合并方式，共有四种：

（1）左连接（left join）：合并之后显示 data 1 的所有行

（2）右连接（right join）：合并之后显示 data 2 的所有行

（3）外连接（outer join）：合并 data 1 和 data 2 共有的所有行

（4）内连接（inner join）：合并所有行（默认情况）

例 11 -19：

In[59]:
```
#创建 first 数据表
df_price = pd.DataFrame({'Date':pd.date_range('2020-7-1',periods=6),
                         'price':[12.4,13.5,18.1,10.77,9.9,14.3]})
df_price
```

Out[59]:

	Date	price
0	2020-07-01	12.40
1	2020-07-02	13.50
2	2020-07-03	18.10
3	2020-07-04	10.77
4	2020-07-05	9.90
5	2020-07-06	14.30

In[60]:
```
# second 数据表
df_volume = pd.DataFrame(
    {'Date':pd.date_range('2020-7-2',periods=7),
    'Volume':[100,150,500,240,450,350,480],
    'Close':[1,2,3,4,5,6,7]}
     )
df_volume
```

Out[60]:

	Date	Volume	Close
0	2020-07-02	100	1
1	2020-07-03	150	2
2	2020-07-04	500	3
3	2020-07-05	240	4
4	2020-07-06	450	5
5	2020-07-07	350	6
6	2020-07-08	480	7

In[61]: #按照第一个 df_price 中 date 的值从左到右合并,注意 NaN 和丢弃的

```
pd.merge(df_price,df_volume,how = 'left')
```

Out[61]:

	Date	price	Volume	Close
0	2020-07-01	12.40	NaN	NaN
1	2020-07-02	13.50	100.0	1.0
2	2020-07-03	18.10	150.0	2.0
3	2020-07-04	10.77	500.0	3.0
4	2020-07-05	9.90	240.0	4.0
5	2020-07-06	14.30	450.0	5.0

In[62]: #按照第二个 df_volume 中 date 值从左到右合并,注意 NaN 和丢弃的

```
pd.merge(df_price,df_volume,how = 'right')
```

Out[62]:

	Date	price	Volume	Close
0	2020-07-02	13.50	100	1
1	2020-07-03	18.10	150	2
2	2020-07-04	10.77	500	3
3	2020-07-05	9.90	240	4
4	2020-07-06	14.30	450	5
5	2020-07-07	NaN	350	6
6	2020-07-08	NaN	480	7

In[63]: #按 df_price 和 df_volume 里 Date 栏里的所有值来合并数据

```
pd.merge(df_price,df_volume,how = 'outer')
```

Out[63]:

	Date	price	Volume	Close
0	2020-07-01	12.40	NaN	NaN
1	2020-07-02	13.50	100.0	1.0
2	2020-07-03	18.10	150.0	2.0
3	2020-07-04	10.77	500.0	3.0
4	2020-07-05	9.90	240.0	4.0
5	2020-07-06	14.30	450.0	5.0
6	2020-07-07	NaN	350.0	6.0
7	2020-07-08	NaN	480.0	7.0

In[64]: #按 df_price 和 df_volume 里 Date 栏里的共有值来合并数据

```
pd.merge(df_price,df_volume,how = 'inner')
```

Out[64]:

	Date	price	Volume	Close
0	2020-07-02	13.50	100	1
1	2020-07-03	18.10	150	2
2	2020-07-04	10.77	500	3
3	2020-07-05	9.90	240	4
4	2020-07-06	14.30	450	5

In[65]:

```
#pd.merge(Shift + TAB)查用法,注意不同参数的作用,默认是取交集
```

11.9.2 多键合并

多键合并的方法类似单键合并方法，只是 on = c 中的 c 是多栏：

In[66]:

```
data1 = pd.DataFrame({'A':['x1','x1','x2'],
                      'B':['y1','y2','y3'],
                      'Number':[1,2,3]})
data1 #第一个数据框
```

Out[67]:

	A	B	Number
0	x1	y1	1
1	x1	y2	2
2	x2	y3	3

In[68]:

```
data2 = pd.DataFrame({'A':['x1','x1','x1',"x2","x2"],
                      'B':['y1','y1','y2',"y3","y4"],
                      'Number':[4,5,6,7,8]})
data2  #第二个数据框
```

Out[68]:

	A	B	Number
0	x1	y1	4
1	x1	y1	5
2	x1	y2	6
3	x2	y3	7
4	x2	y4	8

In[69]:

```
#在 'A' 和 'B' 两个键上做外合并,参数有 how = outer,inner,left,right;
#on 表示要按那个列合并
pd.merge(data1,data2,
         on = ['A','B'],
         how = 'outer')    #outer 表示取并集
```

Out[69]:

	A	B	Number_x	Number_y
0	x1	y1	1.0	4
1	x1	y1	1.0	5
2	x1	y2	2.0	6
3	x2	y3	3.0	7
4	x2	y4	NaN	8

In[70]:

```
#当没设定 merge 函数里参数 how 时,默认为 inner(内合并),取交集
pd.merge(data1,data2,
         on = 'A')
```

Out[70]:

	A	B_x	Number_x	B_y	Number_y
0	x1	y1	1	y1	4
1	x1	y1	1	y1	5
2	x1	y1	1	y2	6
3	x1	y2	2	y1	4
4	x1	y2	2	y1	5
5	x1	y2	2	y2	6
6	x2	y3	3	y3	7
7	x2	y3	3	y4	8

In[71]:

```
#如果觉得后缀 _x,_y 没有什么具体含义时,可以设定 suffixes 来改
pd.merge(data1,data2,
         on = 'A',
         suffixes = ('1','2'))
```

Out[71]:

	A	B1	Number1	B2	Number2
0	x1	y1	1	y1	4
1	x1	y1	1	y1	5
2	x1	y1	1	y2	6

3	x1	y2	2	y1	4
4	x1	y2	2	y1	5
5	x1	y2	2	y2	6
6	x2	y3	3	y3	7
7	x2	y3	3	y4	8

注：merge 可以按照行或列进行合并，也可以对多层数据框进行合并，详细见官网。

11.10

数据的连接

用 np. concat 可以对 Numpy 数组进行连接，同理，Series 也可相互连接，DataFrame 也可相互连接，其函数是 pd.concat( )。

11.10.1 连接 Series

对 Series 可以用 pd.concat( )函数进行连接，其中参数 axis = 0（默认）表示沿着行连接，得到一个更长的 Series；axis = 1 表示沿着列连接，得到一个数据框。被连接的 Series 的标签可以重复，也可以不同。

例 11 – 20：重复标签连接：

```
In[72]:    #重复标签
           #产生三个序列
In[73]:    s1 = pd.Series([0,1,2],index = ['x1','x2','x3'])
           s2 = pd.Series([3,4],index = ['x4','x5'])
           s3 = pd.Series([5,6],index = ['x6','x7'])
```

```
In[74]:    #连接,沿着「轴 0」连接得到一个更长的 Series
           s4 = pd.concat([s1,s2,s3])
           s4
Out[74]:   x1    0
           x2    1
           x3    2
```

```
x4    3
x5    4
x6    5
x7    6
dtype:int64
```

In[75]:

```
#连接,沿着「轴 1」连接得到一个更长的 Series
pd.concat([s1,s2,s3],axis = 1)
```

Out[75]:

	0	1	2
x1	0.0	NaN	NaN
x2	1.0	NaN	NaN
x3	2.0	NaN	NaN
x4	NaN	3.0	NaN
x5	NaN	4.0	NaN
x6	NaN	NaN	5.0
x7	NaN	NaN	6.0

例 11 -21:不重复标签连接:

In[76]:

```
#将 s1 和 s3 沿行连接来创建 s4
#这样 s4 和 s1 的 index 是有重复的
s5 = pd.concat([s1,s3])
s5
```

Out[76]:

```
x1    0
x2    1
x3    2
x6    5
x7    6
dtype:int64
```

In[77]:

```
#将 s1 和 s4 沿列内连接(即只连接它们共有 index 对应的值)
pd.concat([s1,s4],axis = 1,join = 'inner')
```

Out[77]:

	0	1
x1	0	0

```
x2   1   1
x3   2   2
```

例 11－22：多层连接：

```
In[78]:    # hierarchical index
           #将 n 个 Series 沿行连接起来,再赋予 3 个 keys 创建多层 Series
           pd.concat([s1,s1,s3],keys=['a','b','c'])
Out[78]:   a   x1    0
               x2    1
               x3    2
           b   x1    0
               x2    1
               x3    2
           c   x6    5
               x7    6
           dtype:int64
```

11.10.2 连接 DataFrame

连接 DataFrame 的逻辑和连接 Series 的一模一样。

例 11－23：

```
In[79]:    #按照行(axis=0)连接
           df1 = pd.DataFrame(np.arange(15).reshape(3,5),
                                        columns=['j','i','a','n','g'],
                                     index=["x1","x2","x3"])
           print(df1)
           df2 = pd.DataFrame(np.arange(6).reshape(2,3),
                                        columns=['a','g','j'],index=["x1","x2"])
           df2
Out[79]:         j    i    a    n    g
           x1    0    1    2    3    4
           x2    5    6    7    8    9
           x3   10   11   12   13   14
```

	a	g	j
x1	0	1	2
x2	3	4	5

In[80]:

```
#先把 df1 和 df2 列标签补齐;再把 df1 和 df2 纵向连起来
pd.concat([df1,df2],axis=0)
```

Out[80]:

	j	i	a	n	g
x1	0	1.0	2	3.0	4
x2	5	6.0	7	8.0	9
x3	10	11.0	12	13.0	14
x1	2	NaN	0	NaN	1
x2	5	NaN	3	NaN	4

In[81]:

```
#将 ignore_index 设置为 True,这样就得到默认的 index 值,不会重复 index
pd.concat([df1,df2],ignore_index=True)
```

Out[81]:

	j	i	a	n	g
0	0	1.0	2	3.0	4
1	5	6.0	7	8.0	9
2	10	11.0	12	13.0	14
3	2	NaN	0	NaN	1
4	5	NaN	3	NaN	4

In[82]:

```
#按照列(axis=1)连接
df1 = pd.DataFrame(np.arange(6).reshape(3,2),
                   index=['x1','x2','x3'],
                   columns=['A','B'])
print(df1)

df2 = pd.DataFrame(5 + np.arange(4).reshape(2,2),
                   index=['x1','x3'],
                   columns=['C','D'])
df2
```

Out[82]:

	A	B
x1	0	1
x2	2	3
x3	4	5

	C	D
x1	5	6
x3	7	8

In[83]:

```
#沿列连接分两步:先把 df1 和 df2 行标签补齐;再把 df1 和 df2 横向连起来
pd.concat([df1,df2],axis=1)
```

Out[83]:

	A	B	C	D
x1	0	1	5.0	6.0
x2	2	3	NaN	NaN
x3	4	5	7.0	8.0

11.11 行列转换

对 Series 和 DataFrame 的多层索引或行与列标签，我们可以使用 data. stack( )，data. unstack( )，data. swaplevel( )等进行转换，进而改变数据形状。

11.11.1 单层 DataFrame

例 11－24:

In[84]:

```
#创建 DataFrame df(1 层行索引,1 层列索引)
import numpy as np
import pandas as pd
data2 = [['产业 1',1.1,100,30],['产业 2',1.2,101,31],['产业 3',1.3,102,
        32],['产业 4',1.4,103,33],['产业 5',1.5,np.nan,34]]
        ind = ['x1','x2','x3','x4','x5']#行标签
col = ["产业","A","B","C"]  #列标签
dff = pd.DataFrame(np.array(data2),index = ind,columns = col)
```

```
dff.index.name = "编码"
dff.columns.name = "指标"
dff
```

Out[84]:

指标 编码	产业	A	B	C
x1	产业 1	1.1	100	30
x2	产业 2	1.2	101	31
x3	产业 3	1.3	102	32
x4	产业 4	1.4	103	33
x5	产业 5	1.5	nan	34

用 stack 从列到行进行变换:

In[85]:

```
#列索引变成了行索引,第一层索引是编码,第二层索引是索引特征
# stack:列索引 → 行索引
dff1 = dff.stack( )#列索引变成行索引,等价于 dff1 = dff.stack("指标")
dff1
```

Out[85]:

```
编码  指标
x1    产业    产业 1
      A       1.1
      B       100
      C        30
x2    产业    产业 2
      A       1.2
      B       101
      C        31
x3    产业    产业 3
      A       1.3
      B       102
      C        32
x4    产业    产业 4
      A       1.4
      B       103
      C        33
x5    产业    产业 5
```

```
A        1.5
B        nan
C        34
dtype: object
```

用 unstack 从行到列进行转换：

In[86]:
```
#unstack:行索引 → 列索引
#行索引(编码)变成了列索引,第一层索引是特征,第二层是编码
#使用 unstack( )时,没有填层数,默认为最后一层进行转换
#行索引变成列索引,等价于 dff2 = dff.unstack("编码")
dff2 = dff.unstack( )
dff2
```

Out[86]:
```
        指标    编码
产业     x1     产业 1
         x2     产业 2
         x3     产业 3
         x4     产业 4
         x5     产业 5
A        x1     1.1
         x2     1.2
         x3     1.3
         x4     1.4
         x5     1.5
B        x1     100
         x2     101
         x3     102
         x4     103
         x5     nan
C        x1     30
         x2     31
         x3     32
         x4     33
         x5     34
dtype:object
```

In[87]:
```
#基于层来 unstack( ),默认为 1
dff2.unstack( )
```

Out[87]:

编码 指标	x1	x2	x3	x4	x5
产业	产业 1	产业 2	产业 3	产业 4	产业 5
A	1.1	1.2	1.3	1.4	1.5
B	100	101	102	103	nan
C	30	31	32	33	34

In[88]:
```
#基于层来 unstack( )时,选择第一层(参数为 1)
dff2.unstack(1)
```

Out[88]:

编码 指标	x1	x2	x3	x4	x5
产业	产业 1	产业 2	产业 3	产业 4	产业 5
A	1.1	1.2	1.3	1.4	1.5
B	100	101	102	103	nan
C	30	31	32	33	34

In[89]:
```
#基于名称来 unstack
dff2.unstack('编码')
```

Out[89]:

编码 指标	x1	x2	x3	x4	x5
产业	产业 1	产业 2	产业 3	产业 4	产业 5
A	1.1	1.2	1.3	1.4	1.5
B	100	101	102	103	nan
C	30	31	32	33	34

11.11.2 多层级 DataFrame

例 11-25:

In[90]:
```
#创建 DataFrame df(1 层行索引,2 层列索引)
import numpy as np
import pandas as pd
data2 = [['产业 1',1.1,100,30],['产业 2',1.2,101,31],['产业 3',1.3,102,
```

```
32],['产业 4',1.4,103,33],['产业 5',1.5,np.nan,34]]
ind = ['x1','x2','x3','x4','x5']   #1 层行标签
col = [["指标 1","指标 1","指标 2","指标 2"],["A","B","C","D"]]
df12 = pd.DataFrame(np.array(data2),index = ind,columns = col)
df12.columns.names = (["一级","二级"])
df12.index.name = "编码"
df12
```

Out[90]:

一级	指标 1		指标 2	
二级	A	B	C	D
编码				
x1	产业 1	1.1	100	30
x2	产业 2	1.2	101	31
x3	产业 3	1.3	102	32
x4	产业 4	1.4	103	33
x5	产业 5	1.5	nan	34

查看标签：

In[91]:
```
df12.index,df12.columns
```

Out[91]:
```
(Index(['x1','x2','x3','x4','x5'],dtype = 'object',name = '编码'),
MultiIndex([('指标 1','A'),
            ('指标 1','B'),
            ('指标 2','C'),
            ('指标 2','D')],
            names = ['一级','二级']))
```

交换行列层级：

In[92]:
```
#交换层级排序:pandas 对象.swaplevel( )方法
#pandas 对象.colunms.swaplevel( )交换列层级,没有 columns 就是交换行层级
df12_swaplevel = df12.columns.swaplevel(0,1)
df12_swaplevel
```

Out[92]:
```
MultiIndex([('A','指标 1'),
            ('B','指标 1'),
            ('C','指标 2'),
```

```
                  ('D','指标 2')],
                  names=['二级','一级'])
```

交换行列坐标轴：

In[93]:
```
#交换行和列坐标轴
df12.swapaxes(0,1)
```

Out[93]:

一级	编码 二级	x1	x2	x3	x4	x5
指标 1	A	产业 1	产业 2	产业 3	产业 4	产业 5
	B	1.1	1.2	1.3	1.4	1.5
指标 2	C	100	101	102	103	nan
	D	30	31	32	33	34

用 stack 从列到行变换：

In[94]:
```
df12.stack( )#列变行,对最后一层列变动
```

Out[94]:

编码	一级 二级	指标 1	指标 2
x1	A	产业 1	NaN
	B	1.1	NaN
	C	NaN	100
	D	NaN	30
x2	A	产业 2	NaN
	B	1.2	NaN
	C	NaN	101
	D	NaN	31
x3	A	产业 3	NaN
	B	1.3	NaN
	C	NaN	102
	D	NaN	32
x4	A	产业 4	NaN
	B	1.4	NaN
	C	NaN	103
	D	NaN	33

#部分输出

In[95]: df12. stack(1)#列变行,对第一层列变动

Out[95]:

编码	一级 / 二级	指标 1	指标 2
x1	A	产业 1	NaN
	B	1.1	NaN
	C	NaN	100
	D	NaN	30
x2	A	产业 2	NaN
	B	1.2	NaN
	C	NaN	101
	D	NaN	31
x3	A	产业 3	NaN
	B	1.3	NaN
	C	NaN	102
	D	NaN	32
x4	A	产业 4	NaN
	B	1.4	NaN
	C	NaN	103
	D	NaN	33

#部分输出

In[96]: df12. stack(0)#列变行,对第一层列变动

Out[96]:

编码	二级 / 一级	A	B	C	D
x1	指标 1	产业 1	1.1	NaN	NaN
	指标 2	NaN	NaN	100	30
x2	指标 1	产业 2	1.2	NaN	NaN
	指标 2	NaN	NaN	101	31
x3	指标 1	产业 3	1.3	NaN	NaN
	指标 2	NaN	NaN	102	32
x4	指标 1	产业 4	1.4	NaN	NaN
	指标 2	NaN	NaN	103	33
x5	指标 1	产业 5	1.5	NaN	NaN
	指标 2	NaN	NaN	nan	34

In[97]: df12.stack("二级")#对指定标签变动

Out[97]:

编码	二级	指标 1	指标 2
x1	A	产业 1	NaN
	B	1.1	NaN
	C	NaN	100
	D	NaN	30
x2	A	产业 2	NaN
	B	1.2	NaN
	C	NaN	101
	D	NaN	31
x3	A	产业 3	NaN
	B	1.3	NaN
	C	NaN	102
	D	NaN	32
x4	A	产业 4	NaN
	B	1.4	NaN
	C	NaN	103
	D	NaN	33
x5	A	产业 5	NaN
	B	1.5	NaN
	C	NaN	nan
	D	NaN	34

用 unstack 从行到列变换：

In[98]: df12.unstack( )#行变列

Out[98]:

一级	二级	编码	
指标 1	A	x1	产业 1
		x2	产业 2
		x3	产业 3
		x4	产业 4
		x5	产业 5
	B	x1	1.1
		x2	1.2

```
          x3    1.3
          x4    1.4
          x5    1.5
指标2  C  x1    100
          x2    101
          x3    102
          x4    103
          x5    nan
       D  x1    30
          x2    31
          x3    32
          x4    33
          x5    34
dtype:object
```

In[99]: df12.unstack(0)#行变列

Out[99]:

```
一级   二级  编码
指标1  A  x1    产业1
          x2    产业2
          x3    产业3
          x4    产业4
          x5    产业5
       B  x1    1.1
          x2    1.2
          x3    1.3
          x4    1.4
          x5    1.5
指标2  C  x1    100
          x2    101
          x3    102
          x4    103
          x5    nan
       D  x1    30
          x2    31
          x3    32
```

```
        x4      33
        x5      34
dtype:object
```

例 11 -26:

```
In[100]:   #创建 DataFrame df(2 层行索引,2 层列索引)
           import numpy as np
           import pandas as pd
In[101]:   data2 = [['产业 1',1.1,100,30],['产业 2',1.2,101,31],['产业 3',1.3,102,
                 32],['产业 4',1.4,103,33],['产业 5',1.5,np.nan,34]]
           #两层行标签
           ind = [['区域 1','区域 1','区域 2','区域 2','区域 3'],['x1','x2','x3','x4','x5']]
           #两层列标签
           col = [["指标 1","指标 1","指标 2","指标 2"],["A","B","C","D"]]
           df22 = pd.DataFrame(np.array(data2),index = ind,columns = col)
           df22.columns.names = (["指标 1","指标 2"])
           df22.index.names = (["区域","编码"])
           df22
Out[101]:
                  指标 1   指标 1      指标 2
                  指标 2   A       B    C     D
           区域    编码
           区域 1   x1     产业 1   1.1  100   30
                   x2     产业 2   1.2  101   31
           区域 2   x3     产业 3   1.3  102   32
                   x4     产业 4   1.4  103   33
           区域 3   x5     产业 5   1.5  nan   34
```

查看标签:

```
In[102]:   df22.index,df22.columns
Out[102]:  (MultiIndex([('区域 1','x1'),
                        ('区域 1','x2'),
                        ('区域 2','x3'),
```

```
('区域 2','x4'),
('区域 3','x5')],
names = ['区域','编码']),MultiIndex([('指标 1','A'),
('指标 1','B'),
('指标 2','C'),
('指标 2','D')],
 names = ['指标 1','指标 2']))
```

swaplevel 方法交换层级：

In[103]：

```
df22_swaplevel = df22.swaplevel(0,1)#交换行层级,或 . index. swaplevel
df22_swaplevel
```

Out[103]：

指标 1		指标 1		指标 2	
指标 2		A	B	C	D
编码	区域				
x1	区域 1	产业 1	1. 1	100	30
x2	区域 1	产业 2	1. 2	101	31
x3	区域 2	产业 3	1. 3	102	32
x4	区域 2	产业 4	1. 4	103	33
x5	区域 3	产业 5	1. 5	nan	34

行到列变换：

In[104]：

```
#基于层来 unstack( )时,选择第一层(参数放 0)
df22.unstack(0)  #第一层
```

Out[104]：

指标 1	指标 1									指标 2		
指标 2	A			B			C			D		
区域	区域 1	区域 2	区域 3	区域 1	区域 2	区域 3	区域 1	区域 2	区域 3	区域 1	区域 2	区域 3
编码												
x1	产业 1	NaN	NaN	1. 1	NaN	NaN	100	NaN	NaN	30	NaN	NaN
x2	产业 2	NaN	NaN	1. 2	NaN	NaN	101	NaN	NaN	31	NaN	NaN
x3	NaN	产业 3	NaN	NaN	1. 3	NaN	NaN	102	NaN	NaN	32	NaN
x4	NaN	产业 4	NaN	NaN	1. 4	NaN	NaN	103	NaN	NaN	33	NaN
x5	NaN	NaN	产业 5	NaN	NaN	1. 5	NaN	NaN	nan	NaN	NaN	34

In[105]：

```
#基于层来 unstack( )时,选择第二层(参数放 1)
df22.unstack(1)#第二层
```

Out[105]:

指标 1	指标 1										指标 2				
指标 2	A					B					C				
编码	x1	x2	x3	x4	x5	x1	x2	x3	x4	x5	x1	x2	x3	x4	x5
区域															
区域 1	产业 1	产业 2	NaN	NaN	NaN	1.1	1.2	NaN	NaN	NaN	100	101	NaN	NaN	NaN
区域 2	NaN	NaN	产业 3	产业 4	NaN	NaN	NaN	1.3	1.4	NaN	NaN	NaN	102	103	NaN
区域 3	NaN	NaN	NaN	NaN	产业 5	NaN	NaN	NaN	NaN	1.5	NaN	NaN	NaN	NaN	nan

#部分输出

In[106]:

```
#基于层先 unstack(0)再 stack(0)
df22.unstack(0).stack(0)
```

Out[106]:

	指标 2	A			B			C			D		
	区域	区域 1	区域 2	区域 3	区域 1	区域 2	区域 3	区域 1	区域 2	区域 3	区域 1	区域 2	区域 3
编码	指标 1												
x1	指标 1	产业 1	NaN	NaN	1.1	NaN	NaN	NaN	NaN	NaN	NaN	NaN	NaN
	指标 2	NaN	NaN	NaN	NaN	NaN	NaN	100	NaN	NaN	30	NaN	NaN
x2	指标 1	产业 2	NaN	NaN	1.2	NaN	NaN	NaN	NaN	NaN	NaN	NaN	NaN
	指标 2	NaN	NaN	NaN	NaN	NaN	NaN	101	NaN	NaN	31	NaN	NaN
x3	指标 1	NaN	产业 3	NaN	NaN	1.3	NaN	NaN	NaN	NaN	NaN	NaN	NaN
	指标 2	NaN	NN	NaN	NaN	NaN	NaN	NaN	102	NaN	NaN	32	NaN
x4	指标 1	NaN	产业 4	NaN	NaN	1.4	NaN	NaN	NaN	NaN	NaN	NaN	NaN

#部分输出

In[107]:

```
#基于层先 unstack(0)再 stack(1)
df22.unstack(0).stack(1)
```

Out[107]:

	指标 1	指标 1			指标 2		
	区域	区域 1	区域 2	区域 3	区域 1	区域 2	区域 3
编码	指标 2						
x1	A	产业 1	NaN	NaN	NaN	NaN	NaN
	B	1.1	NaN	NaN	NaN	NaN	NaN
	C	NaN	NaN	NaN	100	NaN	NaN
	D	NaN	NaN	NaN	30	NaN	NaN
x2	A	产业 2	NaN	NaN	NaN	NaN	NaN
	B	1.2	NaN	NaN	NaN	NaN	NaN
	C	NaN	NaN	NaN	101	NaN	NaN
	D	NaN	NaN	NaN	31	NaN	NaN
x3	A	NaN	产业 3	NaN	NaN	NaN	NaN

B	NaN	1.3	NaN	NaN	NaN	NaN
C	NaN	NaN	NaN	NaN	102	NaN
D	NaN	NaN	NaN	NaN	32	NaN

#部分输出

In[108]:

```
#基于层先 unstack(1)再 stack(0)
df22.unstack(1).stack(0)
```

Out[108]:

	指标 2	A					B					C			
	编码	x1	x2	x3	x4	x5	x1	x2	x3	x4	x5	x1	x2	x3	x4
区域	指标 1														
区域 1	指标 1	产业 1	产业 2	NaN	NaN	NaN	1.1	1.2	NaN	NaN	NaN	NaN	NaN	NaN	NaN
	指标 2	NaN	NaN	NaN	NaN	NaN	NaN	NaN	NaN	NaN	NaN	100	101	NaN	NaN
区域 2	指标 1	NaN	NaN	产业 3	产业 4	NaN	NaN	NaN	1.3	1.4	NaN	NaN	NaN	NaN	NaN
	指标 2	NaN	NaN	NaN	NaN	NaN	NaN	NaN	NaN	NaN	NaN	NaN	NaN	102	103

#部分输出

In[109]:

```
#基于层先 unstack(1)再 stack(1)
df22.unstack(1).stack(1)
```

Out[109]:

	指标 1	指标 1					指标 2				
	编码	x1	x2	x3	x4	x5	x1	x2	x3	x4	x5
区域	指标 2										
区域 1	A	产业 1	产业 2	NaN	NaN	NaN	NaN	NaN	NaN	NaN	NaN
	B	1.1	1.2	NaN	NaN	NaN	NaN	NaN	NaN	NaN	NaN
	C	NaN	NaN	NaN	NaN	NaN	100	101	NaN	NaN	NaN
	D	NaN	NaN	NaN	NaN	NaN	30	31	NaN	NaN	NaN
区域 2	A	NaN	NaN	产业 3	产业 4	NaN	NaN	NaN	NaN	NaN	NaN
	B	NaN	NaN	1.3	1.4	NaN	NaN	NaN	NaN	NaN	NaN
	C	NaN	NaN	NaN	NaN	NaN	NaN	NaN	102	103	NaN
	D	NaN	NaN	NaN	NaN	NaN	NaN	NaN	32	33	NaN
区域 3	A	NaN	NaN	NaN	NaN	产业 5	NaN	NaN	NaN	NaN	NaN
	B	NaN	NaN	NaN	NaN	1.5	NaN	NaN	NaN	NaN	NaN
	C	NaN	NaN	NaN	NaN	NaN	NaN	NaN	NaN	NaN	NaN
	D	NaN	NaN	NaN	NaN	NaN	NaN	NaN	NaN	NaN	34

列到行变换：

```
In[110]:    #基于层被 stack( ),没有填层数,默认为最后一层。
            df22.stack( )
Out[110]:
                          指标 1   指标 1   指标 2
            区域   编码   指标 2
            区域 1  x1     A      产业 1    NaN
                           B      1.1      NaN
                           C      NaN      100
                           D      NaN      30
                    x2     A      产业 2    NaN
                           B      1.2      NaN
                           C      NaN      101
                           D      NaN      31
            区域 2  x3     A      产业 3    NaN
                           B      1.3      NaN
                           C      NaN      102
                           D      NaN      32
                    x4     A      产业 4    NaN
                           B      1.4      NaN
                           C      NaN      103
                           D      NaN      33
            区域 3  x5     A      产业 5    NaN
                           B      1.5      NaN
                           C      NaN      nan
                           D      NaN      34
```

```
In[111]:    #基于层被 unstack( )两次,没有填层数,默认为最后一层。
            df22.unstack( ).unstack( )
Out[111]:   指标 1   指标 2   编码   区域
            指标 1   A        x1     区域 1     产业 1
```

```
                区域 2    NaN
                区域 3    NaN
          x2    区域 1    产业 2
                区域 2    NaN
                区域 3    NaN
          x3    区域 1    NaN
                区域 2    产业 3
                区域 3    NaN
          x4    区域 1    NaN
                区域 2    产业 4
                区域 3    NaN
          x5    区域 1    NaN
                区域 2    NaN
                区域 3    产业 5
     B    x1    区域 1    1.1
                区域 2    NaN
                区域 3    NaN
          x2    区域 1    1.2
                区域 2    NaN
                区域 3    NaN
          x3    区域 1    NaN
                区域 2    1.3
                区域 3    NaN
          x4    区域 1    NaN
                区域 2    1.4
                区域 3    NaN
          x5    区域 1    NaN
                区域 2    NaN
                区域 3    1.5
指标 2 C   x1    区域 1    100
                区域 2    NaN
                区域 3    NaN
          x2    区域 1    101
                区域 2    NaN
                区域 3    NaN
```

```
            x3   区域 1    NaN
                 区域 2    102
                 区域 3    NaN
            x4   区域 1    NaN
                 区域 2    103
                 区域 3    NaN
            x5   区域 1    NaN
                 区域 2    NaN
                 区域 3    nan
D           x1   区域 1    30
                 区域 2    NaN
                 区域 3    NaN
            x2   区域 1    31
                 区域 2    NaN
                 区域 3    NaN
            x3   区域 1    NaN
                 区域 2    32
                 区域 3    NaN
            x4   区域 1    NaN
                 区域 2    33
                 区域 3    NaN
            x5   区域 1    NaN
                 区域 2    NaN
                 区域 3    34
dtype:object
```

11.12

透　　视

本节透视（pivot）方法提供了与 Excel 中透视表（pivot table）一样的功能，主要是调整数据框布局，分组并对组内数据进行汇总处理。特别是对时间序列数据。

在 Pandas 里透视的方法有两种：

（1）pivot 函数将“长”透视为“宽”，其方法为：

data. pivot(index = 'A', columns = 'B', values = 'C')，或 pd.pivot_table( )

（2）melt 函数将“宽”透视为“长”，其方法为：

data. melt(data, id_vars = ['A', 'B'], var_name = 'C')，或 pd.melt( )

其中 melt 是 pivot 的逆操作，并且 pivot 与 pivot_table 也是有区别的，比如，如果有重复值就建议用 pivot_table 函数，具体可以参考网站：

https：//nikgrozev. com/2015/07/01/reshaping-in-pandas-pivot-pivot-table-stack-and-unstack-explained-with-pictures/。

11.12.1 pivot 透视

透视方法语法主要有两种：data. pivot( )和 pd.pivot_table( )，主要是“长”变“宽”。

例 11 – 27：

In[112]：

```
df = pd.DataFrame( {'指标 1':['first','first','second','third'] * 3,
                    '指标 2':['A','B','C'] * 4,
                    '指标 3':['x','x','x','y','y','y'] * 2,
                    '指标 4':np. random. randn(12),
                    '指标 5':np. random. randn(12)})
df
```

Out[112]：

	指标 1	指标 2	指标 3	指标 4	指标 5
0	first	A	x	-0.753584	1.378981
1	first	B	x	1.420875	-1.536727
2	second	C	x	-0.497959	0.596451
3	third	A	y	-0.786347	-0.913471
4	first	B	y	0.406385	-0.690186
5	first	C	y	-0.985827	-0.234233
6	second	A	x	0.780912	1.117243
7	third	B	x	-0.136379	-0.794987
8	first	C	x	2.406924	-0.259617
9	first	A	y	-1.220029	0.859461
10	second	B	y	0.709892	0.078604
11	third	C	y	0.104212	0.251808

In[113]：

```
#透视
df_1 = pd.pivot_table(df, index = ['指标 1','指标 2'], columns = ['指标 3'], values
```

```
='指标 4')
df_1
```

Out[113]:

指标 3		x	y
指标 1	指标 2		
first	A	1.651437	-0.443982
	B	-2.426679	-0.866740
	C	-0.638902	-0.678886
second	A	-0.094709	NaN
	B	NaN	-0.434351
	C	-0.428913	NaN
third	A	NaN	1.265936
	B	1.491390	NaN
	C	NaN	2.205930

In[114]:

```
#透视,注意 data.pivot 与 pd.pivot_table 的区别,一般建议用后者
# df.pivot(index='指标 1',columns='指标 2',values="指标 4")
#上命令会提示错误:
#ValueError:Index contains duplicate entries,cannot reshape
#原因是 index 和 columns 中含有重复值,不能变形.
#如果没有重复值,那么也可以使用 df.pivot()
```

pivot 方法等价于使用 set_index( )创建分层索引,然后调用 unstack:

In[115]:

```
#pivot 方法等价于下面的先对行标签重新索引,再进行 unstack 的方法
print(df)
df.set_index(["指标 1","指标 2","指标 3"]).unstack("指标 3")
```

Out[115]:

	指标 1	指标 2	指标 3	指标 4	指标 5
0	first	A	x	1.651437	2.186786
1	first	B	x	-2.426679	1.004054
2	second	C	x	-0.428913	0.386186
3	third	A	y	1.265936	0.737369
4	first	B	y	-0.866740	1.490732
5	first	C	y	-0.678886	-0.935834
6	second	A	x	-0.094709	1.175829
7	third	B	x	1.491390	-1.253881

```
8    first    C    x   -0.638902   -0.637752
9    first    A    y   -0.443982    0.907105
10   second   B    y   -0.434351   -1.428681
11   third    C    y    2.205930   -0.140069
```

指标1	指标2	指标4 x	指标4 y	指标5 x	指标5 y
first	A	1.651437	-0.443982	2.186786	0.907105
	B	-2.426679	-0.866740	1.004054	1.490732
	C	-0.638902	-0.678886	-0.637752	-0.935834
second	A	-0.094709	NaN	1.175829	NaN
	B	NaN	-0.434351	NaN	-1.428681
	C	-0.428913	NaN	0.386186	NaN
third	A	NaN	1.265936	NaN	0.737369
	B	1.491390	NaN	-1.253881	NaN
	C	NaN	2.205930	NaN	-0.140069

11.12.2 melt 透视

melt 方法语法主要有两种：data.melt( )和 pd.melt( )，主要是“宽”变“长”。

例 11-28：

```
In[116]:    m = pd.DataFrame({'A':['Jiang','Feng'],
                              'B':['x1','x2'],
                              'C':[10,15],
                              'D':[20,25]})
```

```
In[117]:    m
Out[117]:      A      B    C    D
            0  Jiang  x1   10   20
            1  Feng   x2   15   25
```

data.melt 方法实现：

In[118]: m. melt(id_vars = ['A', 'B']) #data. melt 方法

Out[118]:

	A	B	variable	value
0	Jiang	x1	C	10
1	Feng	x2	C	15
2	Jiang	x1	D	20
3	Feng	x2	D	25

In[119]: m. melt(id_vars = ['A', 'B'] , var_name = 'class')

Out[119]:

	A	B	class	value
0	Jiang	x1	C	10
1	Feng	x2	C	15
2	Jiang	x1	D	20
3	Feng	x2	D	25

pd.melt 方法实现：

In[120]: #用 pd.melt 方法,与 data. melt 是等价的

pd.melt(m , id_vars = ['A', 'B'] , var_name = 'class')

Out[120]:

	A	B	class	value
0	Jiang	x1	C	10
1	Feng	x2	C	15
2	Jiang	x1	D	20
3	Feng	x2	D	25

11. 13
分　　组

11. 13. 1　groupby 分组

data. groupby(label) 方法能通过某一特定标签（label）将数据（data）进行分组，用 data. get_groups(label) 提取标签 label 对应的数据。

例 11 -29：

```
In[121]:   df0 = pd.DataFrame([('x','y1',100),
                               ('x','y2',50),
                               ('y','y3',60),
                               ('y','y4',np. nan),
                               ('y','y5',80)],
                               index = ['x1','x2','x3','x4','x5'],
                               columns = ('A','B','C')   )
           df0
Out[121]:      A   B     C
           x1  x   y1  100.0
           x2  x   y2   50.0
           x3  y   y3   60.0
           x4  y   y4   NaN
           x5  y   y5   80.0
```

分组和提取分组数据，要注意 groupby( )不能直接给出分组结构，还必须使用 get_group( )方法才可以提取分组数据。

例 11 -30：

```
In[122]:   # default is axis =0
           df0. groupby('A')
           # df0. groupby('B',axis = "C")
           # grouped3 = df0. groupby(['A','B'])
Out[122]:  <pandas. core. groupby. generic. DataFrameGroupBy object at
           0x0000023743755320>
```

```
In[123]:   df0_gA = df0. groupby("A")        #分组
           df0_gA. get_group("y")           #获取指定标签的分组数据
Out[123]:      A   B    C
           x3  y   y3  60.0
           x4  y   y4  NaN
           x5  y   y5  80.0
```

例 11-31：

In[124]:
```
#example 2
df = pd.DataFrame({'A':['x','y','x','y',
                        'x','y','x','x'],
                   'B':['x1','x1','x2','x3',
                        'x2','x2','x1','x3'],
                   'C':np.random.randint(1,6,8),
                   'D':np.random.randn(8)})
df
```

Out[124]:

	A	B	C	D
0	x	x1	2	-2.269196
1	y	x1	1	-1.811107
2	x	x2	3	1.264968
3	y	x3	2	0.181115
4	x	x2	4	-0.508289
5	y	x2	5	1.757271
6	x	x1	3	0.329117
7	x	x3	2	0.241052

In[125]:
```
df_A = df.groupby("A")
print(df_A)                    #分组但是不显示数据
print(df_A.get_group("x"))  #显示分组数据
df_A.get_group("y")
```

Out[125]: <pandas.core.groupby.generic.DataFrameGroupBy object at 0x00000237436CE438>

	A	B	C	D
0	x	x1	3	-0.861755
2	x	x2	3	0.688223
4	x	x2	5	0.283627
6	x	x1	4	-1.727669
7	x	x3	5	-0.390900

	A	B	C	D
1	y	x1	3	0.002846
3	y	x3	3	-0.879536
5	y	x2	4	-0.805367

```
In[126]:   df.groupby('A').sum()#按照 A 来分组
Out[126]:  A   C          D
           x   20   -2.008474
           y   10   -1.682057
```

```
           #df_A. +TAB        #看对象 df_A 的方法
```

```
In[127]:   df_B = df.groupby("B")
           print(df_B.get_group("x1"))   #打印分组数据
           df.groupby('B').sum()         #按照 A 分组求和
Out[127]:     A   B   C         D
           0  x   x1  3   -0.861755
           1  y   x1  3    0.002846
           6  x   x1  4   -1.727669

           B    C         D
           x1   10   -2.586578
           x2   12    0.166484
           x3    8   -1.270436
```

```
In[128]:   df_AB = df.groupby(['A','B'])
           print(df_AB.get_group(("x","x1")))   #主要多层标签提取数据方法
           df.groupby(['A','B']).sum()#按照 A 和 B 分组
Out[128]:     A   B   C         D
           0  x   x1  3   -0.861755
           6  x   x1  4   -1.727669
           A  B   C         D
           ----------------------
           x  x1  7   -2.589424
              x2  8    0.971850
              x3  5   -0.390900
           y  x1  3    0.002846
              x2  4   -0.805367
              x3  3   -0.879536
```

In[129]:

```
#先重置行标签,再改列名
df_AB.sum().reset_index().rename(columns = {"C":"C_sum","D":"D_sum"})
```

Out[129]:

	A	B	C_sum	D_sum
0	x	x1	7	-2.589424
1	x	x2	8	0.971850
2	x	x3	5	-0.390900
3	y	x1	3	0.002846
4	y	x2	4	-0.805367
5	y	x3	3	-0.879536

In[130]:

```
df_AB.sum().rename(columns = {"C":"C_sum","D":"D_sum"})
```

Out[130]:

A	B	C_sum	D_sum
x	x1	7	-2.589424
	x2	8	0.971850
	x3	5	-0.390900
y	x1	3	0.002846
	x2	4	-0.805367
	x3	3	-0.879536

In[131]:

```
df_A.size()#展示分的组数目
```

Out[131]:

```
A
x    5
y    3
dtype:int64
```

In[132]:

```
#get_group 展示分的组
df_A.get_group("x")#展示按照 A 所选择分的某组
```

Out[132]:

	A	B	C	D
0	x	x1	3	-0.861755
2	x	x2	3	0.688223

```
4   x   x2   5    0.283627
6   x   x1   4   -1.727669
7   x   x3   5   -0.390900
```

In[133]: df_B.get_group("x2")#展示按照 B 所选择分的某组

Out[133]:

	A	B	C	D
2	x	x2	3	0.688223
4	x	x2	5	0.283627
5	y	x2	4	-0.805367

In[134]: df_AB.get_group(("y","x2"))#展示所选择 A 和 B 分的某组

Out[134]:

	C	D
5	4	-0.805367

In[135]: df_AB.groups #看分组情况

Out[135]:

```
{('x','x1'):Int64Index([0,6],dtype='int64'),
 ('x','x2'):Int64Index([2,4],dtype='int64'),
 ('x','x3'):Int64Index([7],dtype='int64'),
 ('y','x1'):Int64Index([1],dtype='int64'),
 ('y','x2'):Int64Index([5],dtype='int64'),
 ('y','x3'):Int64Index([3],dtype='int64')}
```

In[136]: df_B.groups

Out[136]:

```
{'x1':Int64Index([0,1,6],dtype='int64'),
 'x2':Int64Index([2,4,5],dtype='int64'),
 'x3':Int64Index([3,7],dtype='int64')}
```

In[137]: df_A.groups

Out[137]:

```
{'x':Int64Index([0,2,4,6,7],dtype='int64'),
 'y':Int64Index([1,3,5],dtype='int64')}
```

In[138]:

```
#df_A. +TAB  #看 groupBy 的属性方法有多少
print(dir(df_A))
['agg','aggregate','all','any','apply','backfill','bfill','boxplot','corr','corrwith','count',
'cov','cumcount','cummax','cummin','cumprod','cumsum','describe','diff','dtypes',
```

'expanding', 'ffill', 'fillna', 'filter', 'first', 'get_group', 'groups', 'head', 'hist', 'idxmax', 'idxmin', 'indices', 'last', 'mad', 'max', 'mean', 'median', 'min', 'ndim', 'ngroup', 'ngroups', 'nth', 'nunique', 'ohlc', 'pad', 'pct_change', 'pipe', 'plot', 'prod', 'quantile', 'rank', 'resample', 'rolling', 'sem', 'shift', 'size', 'skew', 'std', 'sum', 'tail', 'take', 'transform', 'tshift', 'var']

11.13.2 分组计算

对分组后的数据可以使用 aggregate( )或 agg( )方法进行计算，按组进行汇总。

例 11 –32：

In[139]:

```
df_A[["C","D"]].agg(["sum","mean","median","std","min","max"]).reset_index()
```

Out[139]:

	A	C						D					
		sum	mean	median	stdv	min	max	sum	mean	median	std	min	max
0	x	20	4.000000	4	1.00000	3	5	-2.008474	-0.401695	-0.390900	0.952309	-1.727669	0.688223
1	y	10	3.333333	4	0.57735	3	4	-1.682057	-0.560686	-0.805367	0.489440	-0.879536	0.002846

In[140]:

```
df_A[["C"]].agg(["sum","mean","median","std","min","max"]).reset_index()
```

Out[140]:

	A	C					
		sum	mean	median	std	min	max
0	x	20	4.000000	4	1.00000	3	5
1	y	10	3.333333	3	0.57735	3	4

aggregate( )方法进行分组计算：

In[141]:

```
grouped = df.groupby('A')
grouped.aggregate(np.sum)
```

Out[141]:

	C	D
A		
x	20	-2.008474
y	10	-1.682057

In[142]:
```
grouped = df.groupby(['A',"B"],as_index = False)
grouped.aggregate(np.sum)
```
Out[142]:

	A	B	C	D
0	x	x1	7	-2.589424
1	x	x2	8	0.971850
2	x	x3	5	-0.390900
3	y	x1	3	0.002846
4	y	x2	4	-0.805367
5	y	x3	3	-0.879536

In[143]:
```
grouped.describe()
```
Out[143]:

	C								D	
	count	mean	std	min	25%	50%	75%	max	count	mean
0	2.0	3.5	0.707107	3.0	3.25	3.5	3.75	4.0	2.0	-1.294712
1	2.0	4.0	1.414214	3.0	3.50	4.0	4.50	5.0	2.0	0.485925
2	1.0	5.0	NaN	5.0	5.00	5.0	5.50	5.0	1.0	-0.390900
3	1.0	3.0	NaN	3.0	3.00	3.0	3.50	3.0	1.0	0.002846
4	1.0	4.0	NaN	4.0	4.00	4.0	4.50	4.0	1.0	-0.805367
5	1.0	3.0	NaN	3.0	3.00	3.0	3.50	3.0	1.0	-0.879536

#部分输出

例 11-33:

In[144]:
```
#汇总
grouped = df.groupby('A')
```

In[145]:
```
grouped['C'].agg([np.sum,np.mean,np.std])
```
Out[145]:

	sum	mean	std
A			
x	20	4.000000	1.00000
y	10	3.333333	0.57735

In[146]:
```
#汇总
grouped["C"].agg(["sum","mean","median","std","min","max"])
#可以用函数,比如 lambda 函数
#  .reset_index()重置行标签,.rename(columns = 字典)改列标签
```

Out[146]:

	sum	mean	median	std	min	max
A						
x	20	4.000000	4	1.00000	3	5
y	10	3.333333	3	0.57735	3	4

11.13.3 split-apply-combine

split-apply-combine 可以分三步：根据 key 分组、对每个组用 apply、合并各组结果，其中 apply 是关键，并且 apply( )中的参数可以是其他函数，如图 11-4 所示。

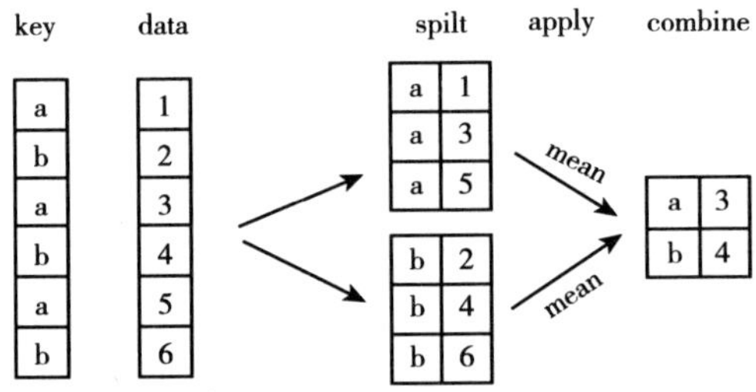

图 11-4 split-apply-combine 示意图

例 11-34:

In[147]:
```
np.random.seed(123)
data_spc = pd.DataFrame({'A':['x','y','x','y',
                              'x','y','x','x'],
                         'B':['x1','x1','x2','x3',
                              'x2','x2','x1','x3'],
                         'C':np.random.randint(0,8,8),
                         'D':np.random.randn(8)})
data_spc
```

Out[147]:

	A	B	C	D
0	x	x1	6	-0.578600
1	y	x1	5	1.651437
2	x	x2	6	-2.426679
3	y	x3	2	-0.428913
4	x	x2	4	1.265936

```
5    y    x2    2    -0.866740
6    x    x1    6    -0.678886
7    x    x3    1    -0.094709
```

在 split-apply-combine 过程中，apply 是核心。Python 本身有高阶函数 apply( )来实现它，既然是高阶函数，参数可以是另外的函数：

```
In[148]:    data_spc.groupby('A').sum()
Out[148]:
         C          D
   A
   x    23  -2.512938
   y     9   0.355784
```

```
In[149]:    data_spc.groupby('A').apply(np.sum)
Out[149]:
           A            B    C          D
   A
   x   xxxxx   x1x2x2x1x3   23  -2.512938
   y     yyy       x1x3x2    9   0.355784
```

```
In[150]:    data_spc.groupby('A').apply(lambda x:x.describe())
Out[150]:
                     C          D
   A
   x   count  5.000000   5.000000
       mean   4.600000  -0.502588
       std    2.190890   1.325993
       min    1.000000  -2.426679
       25%    4.000000  -0.678886
   y   count  3.000000   3.000000
       mean   3.000000   0.118595
       std    1.732051   1.345410
       min    2.000000  -0.866740
                                   #部分输出
```

例 11 -35:

```
In[151]:  data_spc.groupby('A')['C']
Out[151]: <pandas.core.groupby.generic.SeriesGroupBy object at 0x00000237436A8128>
```

```
In[152]:  data_spc
Out[152]:
```

	A	B	C	D
0	x	x1	6	-0.578600
1	y	x1	5	1.651437
2	x	x2	6	-2.426679
3	y	x3	2	-0.428913
4	x	x2	4	1.265936
5	y	x2	2	-0.866740
6	x	x1	6	-0.678886
7	x	x3	1	-0.094709

```
In[153]:  data_spc.groupby('A')['C'].head()
Out[153]: 0    6
          1    5
          2    6
          3    2
          4    4
          5    2
          6    6
          7    1
          Name:C,dtype:int32
```

```
In[154]:  def f(group):
              return pd.DataFrame({'original':group,
                                   'demeaned':group - group.mean()})
```

```
In[155]:  data_spc.groupby('A')['C'].apply(f)
```

Out[155]:

	original	demeaned
0	6	1.4
1	5	2.0
2	6	1.4
3	2	-1.0
4	4	-0.6
5	2	-1.0
6	6	1.4
7	1	-3.6

关于分组更详细的请参看 pandas 官网，在此就不在赘述。同时，关于 pandas 的内容很丰富，比如缺失值填补 fillna( )、rolling( )、expanding( )、resample( )、filter( )等，如果用到，可以利用好 pandas 官网或参考文献[①]找到解决方法。

11.14

pandas 的运算

Pandas 是基于 NumPy 的数据分析库，它也有很多的计算方法，在此我们只说明，不再一一举例。比如：

(1) 四则运算 + - * /；逻辑运算 < > =；布尔运算 | for or，& for and，~for not；

(2) 常见数学函数：pd.sin( )，abs，log10，arch，arcsin 等；

(3) 常见统计函数：pd.count，sum，mean，mad，median，min，max，mode，abs，prod，std，var，sem，skew，kurt，quantile，apply，cov，corr，sumsum，cumprod，cummax，cummin，describe 等。

最后，pandas 还可以进行一些数据清洗和变换的处理，比如重复值处理、缺失值处理、数据类型处理等，具体可以参考文献[②]和 Pandas 官网。

①② 参见：McKinney W. Python for Data Analysis: Data Wrangling with Pandas, NumPy, and IPython (2ed). O'REILLY Media, Inc, 2017.

12 SciPy 简介

本章思维导图

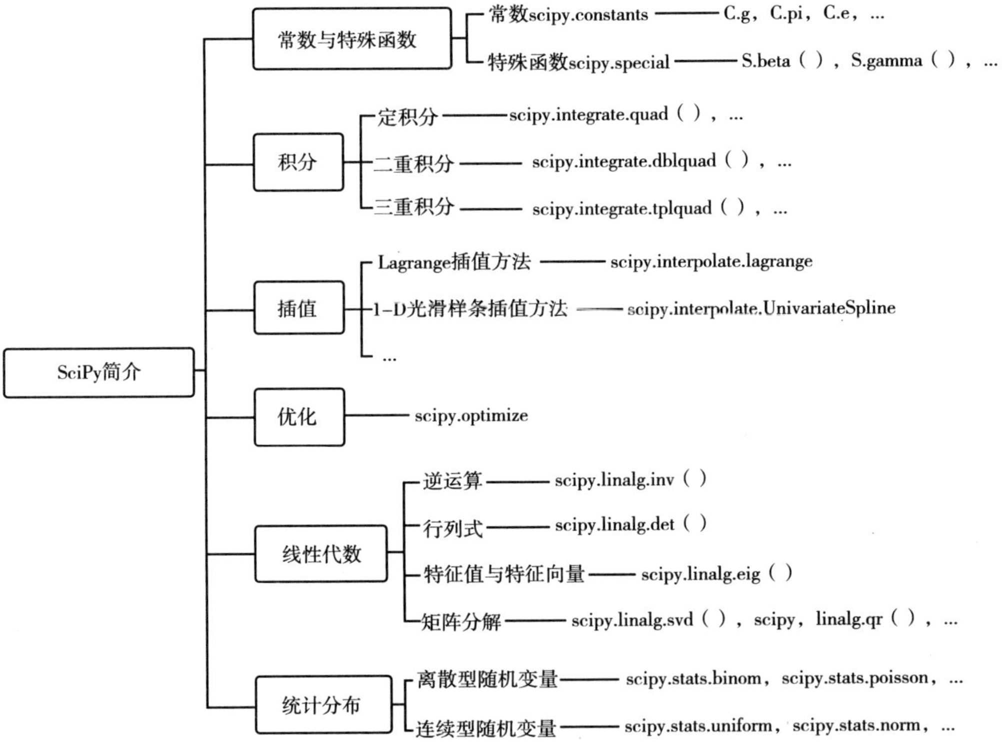

SciPy 是基于 NumPy 的科学计算库，包括积分、插值、线性代数、优化计算、统计分布和检验等，本章只简略介绍，详情可以访问 SciPy 官网：

https：//www. scipy. org/

查询 scipy 版本：

```
In[1]:    import scipy
          scipy.__version__
Out[1]:   '1.5.1'
```

导入必要的模块：

```
In[2]:    import numpy as np
          import pandas as pd
          import scipy              #不需要重复导入
```

12.1 常数与特殊函数

12.1.1 常数

scipy. constants 可用于产生常见的重要常数，比如重力加速度，π 等：

```
In[3]:    import scipy.constants as C
          print(C.g)   #重力加速度
          print(C.pi)#pi 的值
          print(np.pi)#pi 用 np.pi 也可以产生,常数 e 可以用 np.e 产生
Out[3]:   9.80665
          3.141592653589793
          3.141592653589793
```

12.1.2 特殊函数

scipy. special 可用于产生常见的一些重要函数，比如 Γ 函数，β 函数等：

```
In[4]:    from scipy import special as S
          S.gamma(1/2)   #gamma 函数,gamma(0.5) = sqrt(pi)
Out[4]:   1.7724538509055159
In[5]:    S.beta(1,2)#beta 函数,beta(a,b) = (gamma(a) * gamma(b))/gamma(a + b)
Out[5]:   0.5
```

12.2
积　　分

SciPy 库中的 integrate 包有很多方法可以用来计算定积分，多重积分和近似计算，详细的信息可以访问网站：

https://docs.scipy.org/doc/scipy/reference/integrate.html.

这里，我们只举几个简单的例子。

12.2.1 定积分

例 12－1：求积分 $\int_0^3 x^3 dx$

integrate. quad 求有限区间定积分：

```
In[6]:    from scipy import integrate
          x2 = lambda x:x ** 3
          integrate.quad(x2,0,3)   #定积分,结果是值和误差
Out[6]:   (20.249999999999996,2.2482016248659415e - 13)
```

例 12-2：求积分 $\int_0^{+\infty} e^{-x}dx$

integrate.quad 求无限区间定积分：

```
In[7]:    invexp = lambda x:np.exp(-x)
          integrate.quad(invexp,0,np.inf)
Out[7]:   (1.0000000000000002,5.842606703608969e-11)
```

例 12-3：用 Simpson 方法近似求积分 $\int_0^{5} e^{-x}dx$

用 integrate.simps 近似方法求积分：

```
In[8]:    x = np.arange(0,5)
          y = np.exp(-x)
          integrate.simps(y,x)  # Simpson 积分方法
Out[8]:   0.9865507478397283
```

12.2.2 二重积分

例 12-4：求积分 $\int_0^1\int_0^1 x^2 y^3 dxdy$

integrate.dblquad 求二重积分：

```
In[9]:    from scipy import integrate
          f = lambda y,x:x ** 2 * y ** 3
          integrate.dblquad(f,0,1,lambda x:0,lambda x:1)
Out[9]:   (0.08333333333333334,2.7635168544761054e-15)
```

12.2.3 三重积分

例 12-5：求积分 $\int_1^2\int_2^3\int_0^1 xyzdxdydz$

integrate.tpllquad 求三重积分：

```
In[10]:   from scipy import integrate
          f = lambda z,y,x:x * y * z
          integrate.tplquad(f,1,2,lambda x:2,lambda x:3,
                                      lambda x,y:0,lambda x,y:1)
Out[10]:  (1.8750000000000002,3.324644794257407e-14)
```

12.3
插　　值

在数值计算中有很多插值方法，比如单变量插值，多变量插值，多次（1-D，2-D，3-D）样条插值等，更详细内容可以访问网站：

https://docs.scipy.org/doc/scipy/reference/interpolate.html

例 12-6：Lagrange 插值方法

```
In[11]:   # lagrange 插值
          #对 y=x**3 进行插值
          from scipy.interpolate import lagrange
          from numpy.polynomial.polynomial import Polynomial
          x = np.array([0,1,2])
          y = x**3
          poly = lagrange(x,y)   #产生 Lagrange polynomial L(x) = x(-2+3x)
          Polynomial(poly).coef
Out[11]:  array([3. , -2. ,  0. ])
```

例 12-7：1-D 光滑样条插值方法

```
In[12]:   #1-D 光滑样条插值的例子:点集,插值,插值拟合因子设置
          import matplotlib.pyplot as plt
          from scipy.interpolate import UnivariateSpline
          x = np.linspace(-4,4,50)
```

```
        y = np.exp( - x ** 2) + 0.2 * np.random.randn(50)
        plt.plot(x,y,'ro',ms = 5)  #建立点集
Out[12]: [ <matplotlib.lines.Line2D at 0x16c4d1a48d0 > ]
```

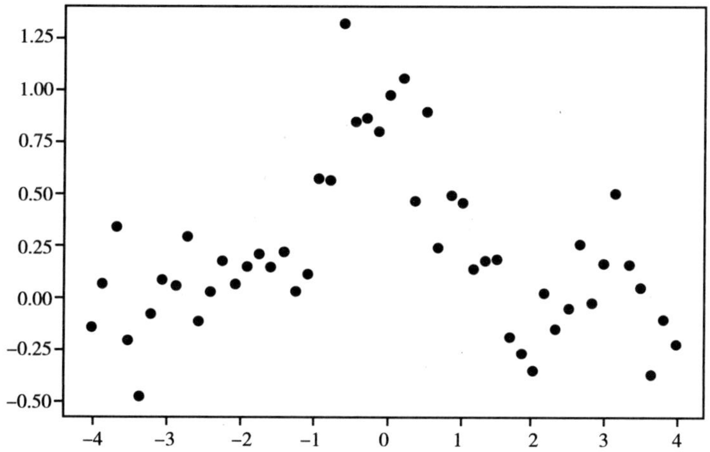

```
In[13]:  plt.plot(x,y,'ro',ms = 5)  #建立点集
         spl = UnivariateSpline(x,y)
         xs = np.linspace( -4,4,500)
         plt.plot(xs,spl(xs),'g',lw = 3)#样条插值拟合,用默认参数
Out[13]:
```

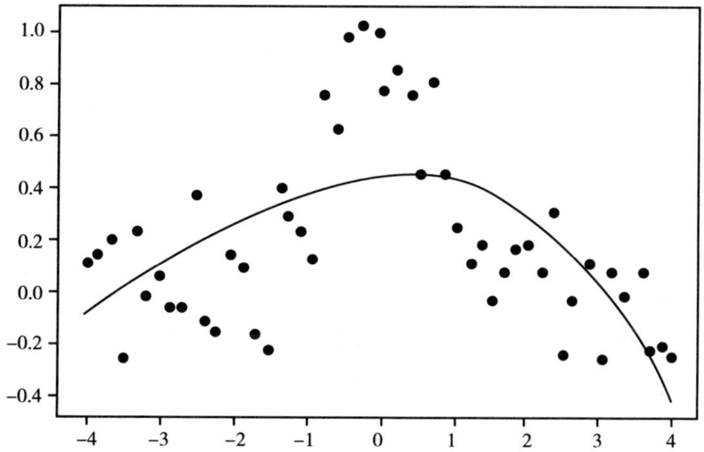

```
In[14]:  plt.plot(x,y,'ro',ms = 5)  #建立点集
         spl = UnivariateSpline(x,y)
         xs = np.linspace( -4,4,500)
         plt.plot(xs,spl(xs),'g',lw = 3)#样条插值拟合,用默认参数
         spl.set_smoothing_factor(0.9)     #设置样条插值光滑因子参数
         plt.plot(xs,spl(xs),'b',lw = 3)
         plt.show( )
```

Out[14]:

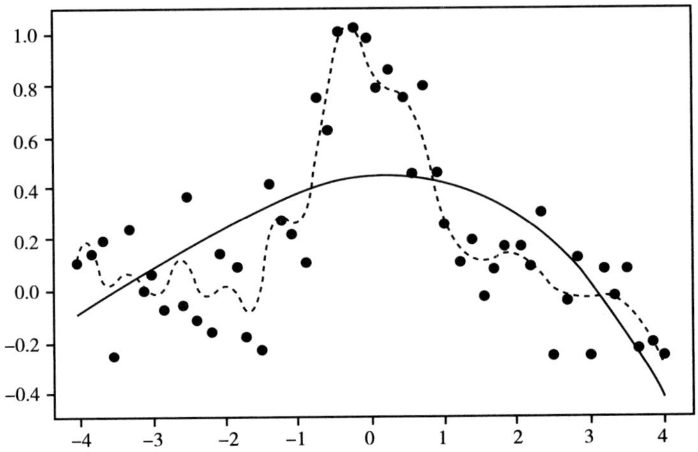

12.4

优　　化

Scipy 中的 optimize 可以用来求解各种优化问题，包含无条件约束问题，条件约束问题，非线性问题求解，线性规划，最小二乘，根的求解和曲线拟合等，其中进行优化的算法有很多，比如 Nelder-Mead algorithm，modified Powell algorithm，conjugate gradient algorithm（CG），BFGS algorithm，Newton-CG algorithm，truncated Newton（TNC）algorithm，等等，详细内容可以访问：https://docs.scipy.org/doc/scipy/reference/optimize.html.

例 12-8：scipy.optimize 处理局部优化问题

In[15]:
```
from scipy.optimize import minimize #minimize 是局部优化
func = lambda x:(x[0] - 1) ** 2 + (x[1] - 2.5) ** 2   #函数
#约束条件
cons = ({'type':'ineq','fun':lambda x:  x[0] -2 * x[1] +2},
        {'type':'ineq','fun':lambda x: - x[0] -2 * x[1] +6},
        {'type':'ineq','fun':lambda x: - x[0] +2 * x[1] +2})
bnds = ((0,None),(0,None))  #边界条件
mini = minimize(func,(2,0),method = 'CG',bounds = bnds,
                constraints = cons)              #优化方法
mini
```
Out[15]:
```
fun:4.9251258888196026e - 15
```

```
        jac:array([ -3.72266706e-08,   1.45220740e-07])
    message:'Optimization terminated successfully.'
       nfev:9
        nit:1
       njev:3
     status:0
    success:True
          x:array([0.99999997,2.50000007])
```

12.5

线性代数

Scipy 中进行线性代数运算的包 linalg，可以用来进行矩阵的相关运算，包含线性算子、矩阵算子、矩阵范数、求解线性问题、矩阵分解等，详细内容可以访问：

https：//docs. scipy. org/doc/scipy/reference/sparse. linalg. html.

12.5.1 逆运算

例 12-9：scipy. linalg. inv( )求矩阵逆：

```
In[16]:    from scipy import linalg
           x = np.array([[4,0],[0,2]])
           linalg.inv(x)   #求逆
Out[16]:   array([[0.25, -0.  ],
                  [0.  ,  0.5]])
```

12.5.2 行列式

例 12-10：scipy. linalg. det( )求行列式：

```
In[17]:    from scipy import linalg
           x = np.array([[4,0],[0,2]])
```

```
          linalg. det(x)   #求行列式
Out[17]:  8.0
```

12.5.3 特征值与特征向量

例 12-11： scipy. linalg. eig( )求特征值和特征向量：

```
In[18]:   from scipy import linalg
          x = np. array([[3, -1],[-1,3]])
          linalg. eig(x)   #特征值和特征向量(标准化后的)
Out[18]:  (array([4. +0. j,2. +0. j]),array([[0. 70710678,0. 70710678],[-0. 70710678,
          0. 70710678]]))
In[19]:   linalg. eigvals(x)#特征值
Out[19]:  array([4. +0. j,2. +0. j])
```

12.5.4 矩阵分解

矩阵分解包括奇异值分解 svd，cholesky 分解，qr 分解，schur 分解。

例 12-12： svd 分解

```
In[20]:   #奇异值分解
          from scipy import linalg
          x = np. array([[1,0, -1],[1,0, -1]])
          U,sigma,Vh = linalg. svd(x)
          U. shape,sigma. shape,Vh. shape
Out[20]:  ((2,2),(2,),(3,3))
In[21]:   U
Out[21]:  array([[ -0. 70710678, -0. 70710678],
                 [ -0. 70710678,0. 70710678]])
In[22]:   sigma
Out[22]:  array([2. ,0. ])
In[23]:   Vh
Out[23]:  array([[ -0. 70710678,   0.          ,   0. 70710678],
                 [0.            ,   1.          ,   0.          ],
```

[0. 70710678， 0.   ， 0. 70710678]])

注： 矩阵的乘法和迹分别用 numpy 方法实现，即 np. dot( )和 np. trace( )。

12.6

统计分布

Scipy 中的 stats 包可以用来产生随机数、随机变量分布、数字特征、参数估计、假设检验和单因素方差分析等，详细内容可以访问：

https：//docs. scipy. org/doc/scipy/reference/stats. html.

一般在盛骤等编著的《概率论与数理统计（第 4 版）》教材[①]中常见的随机变量有：binom，poisson，uniform，expon，norm，chi2，t，f，gamma，beta（scipy. stats 中对应分布的命令如表 12 - 1 所示）等。

表 12 - 1　　scipy. stats 常见函数命令

函数命令	说　明	举　例
分布 . rvs	产生随机数	scipy. stats. binom. rvs（ ）
分布 . pmf	分布律	scipy. stats. binom. pmf（ ）
分布 . cdf	累计分布函数	scipy. stats. binom. cdf（ ）
分布 . pdf	概率密度函数	scipy. stats. t. pdf（ ）
分布 . ppt	分位点	scipy. stats. t. ppt（ ）
分布 . stats	返回 1 - 4 阶矩的值	scipy. stats. t. stats（ ）
分布 . median	中位数	scipy. stats. t. median（ ）
分布 . mean	均值	scipy. stats. t. mean（ ）
分布 . var	方差	scipy. stats. t. var（ ）
分布 . std	标准差	scipy. stats. t. std（ ）
分布 . interval	置信区间	scipy. stats. t. interval（ ）
分布 . moment	原点矩	scipy. stats. t. moment（ ）
分布 . random_state	随机种子	scipy. stats. binom. rvs（ ）
分布 . fit	参数估计	scipy. stats. t. fit（ ）
f_oneway	单因素方差分析	scipy. stats. f_oneway（ ）
pearsonr	简单相关系数	scipy. stats. pearsonr（ ）
describe	返回部分描述统计量	scipy. stats. describe（ ）
gmean	几何平均数	scipy. stats. gmean（ ）
hmean	调和平均数	scipy. stats. hmean（ ）

① 参见盛骤，谢式千，潘承毅．概率论与数理统计（第 4 版）．北京：高等教育出版社，2015.

续表

函数命令	说 明	举 例
kurtosis	峰度	scipy. stats. kurtosis ( )
mode	众数	scipy. stats. mode ( )
moment	k 阶矩	scipy. stats. moment ( )
skew	偏度	scipy. stats. skew ( )

查询 scipy. stats 的属性方法：

```
In[24]:    import scipy. stats as stats
           print(dir(stats))
```

12.6.1 离散型随机变量

离散型随机变量 binom，poisson 对象的常用方法，可以使用 dir 查询，也可以用 help 查询使用方法：

```
In[25]:    import scipy. stats as stats
           dir(stats. poisson)
Out[25]:   [……,'cdf','interval','mean','median','moment','pmf','ppf','random_state','rvs','stats','
           std','var']
           #部分输出
```

离散型随机变量：

```
In[26]:    import numpy as np
           import scipy. stats as stats
           #给出所有的离散型随机变量
           print([k for k,v in stats. __dict__. items()
                 if isinstance(v,stats. rv_discrete)])
Out[26]:   ['binom','bernoulli','betabinom','nbinom','geom','hypergeom','logser','poisson',
           'planck','boltzmann','randint','zipf','dlaplace','skellam','yulesimon']
In[27]:    #二项分布与 poisson 分布
           import numpy as np
```

```
import scipy.stats as stats
lam = 10
x = np.arange(20)
n1,n2 = 100,1000
y1 = stats.binom.pmf(x,n1,lam/n1)
y = stats.poisson.pmf(x,lam)
print(np.max(np.abs(y1 - y)))
```

Out[27]: 0.00675531110335309

12.6.2 连续型随机变量

连续型随机变量 uniform，expon，norm，chi2，t，f，gamma，beta 对象的常用方法，可以使用 dir 查询，也可以用 help 查询使用方法：

In[28]:
```
import scipy.stats as stats
dir(stats.chi)
```

Out[28]: [……,'cdf','fit','interval','mean','median','moment','pdf','ppf','random_state','rvs','stats','std','var'] #部分输出

连续型随机变量：

In[29]:
```
#给出所有的连续随机变量
print([k for k,v in stats.__dict__.items()
        if isinstance(v,stats.rv_continuous)])
```

Out[29]: ['ksone','kstwo','kstwobign','norm','alpha','anglit','arcsine','beta','betaprime','bradford','burr','burr12','fisk','cauchy','chi','chi2','cosine','dgamma','dweibull','expon','exponnorm','exponweib','exponpow','fatiguelife','foldcauchy','f','foldnorm','weibull_min','weibull_max','frechet_r','frechet_l','genlogistic','genpareto','genexpon','genextreme','gamma','erlang','gengamma','genhalflogistic','gompertz','gumbel_r','gumbel_l','halfcauchy','halflogistic','halfnorm','hypsecant','gausshyper','invgamma','invgauss','geninvgauss','norminvgauss','invweibull','johnsonsb','johnsonsu','laplace','levy','levy_l','levy_stable','logistic','loggamma','loglaplace','lognorm','gilbrat','maxwell','mielke','kappa4','kappa3','moyal','nakagami','ncx2','ncf','t','nct','pareto','lomax','pearson3','powerlaw','powerlognorm','powernorm','rd-

```
ist', 'rayleigh', 'loguniform', 'reciprocal', 'rice', 'recipinvgauss', 'semicircular',
'skewnorm','trapz','triang','truncexpon','truncnorm','tukeylambda','uniform','vonmis-
es','vonmises_line','wald','wrapcauchy','gennorm','halfgennorm','crystalball',
'argus']
```

例 12-13：正态分布

```
In[30]:   stats.norm.stats()    #默认 norm 情况的取值
Out[30]:  (array(0.),array(1.))
In[31]:   X = stats.norm(loc = 1,scale = 2)
          X.stats()
          # dir(scipy.stats)    #看使用的方法
Out[31]:  (array(1.),array(4.))
In[32]:   #取值求期望方差,kstats 是 1--4 阶距
          x = X.rvs(size = 200000)
          np.mean(x),np.var(x),stats.kstat(x,2),stats.moment(x,2)
Out[32]:  array([1.53572432,-3.34218756,4.81660495,...,2.17650708,2.7129823,
          -0.83005891]),2)
In[33]:   stats.norm.pdf(x)    #求 pdf 值
Out[33]:  array([0.33629914,0.14250099,0.0006014,...,0.00367156,0.30345789,
          0.03920722])
In[34]:   stats.norm.cdf(x)
Out[34]:  array([0.27944453,0.92434208,0.99984381,...,0.99890102,0.77025727,
          0.98438169])
```

13 Matplotlib 简介

本章思维导图

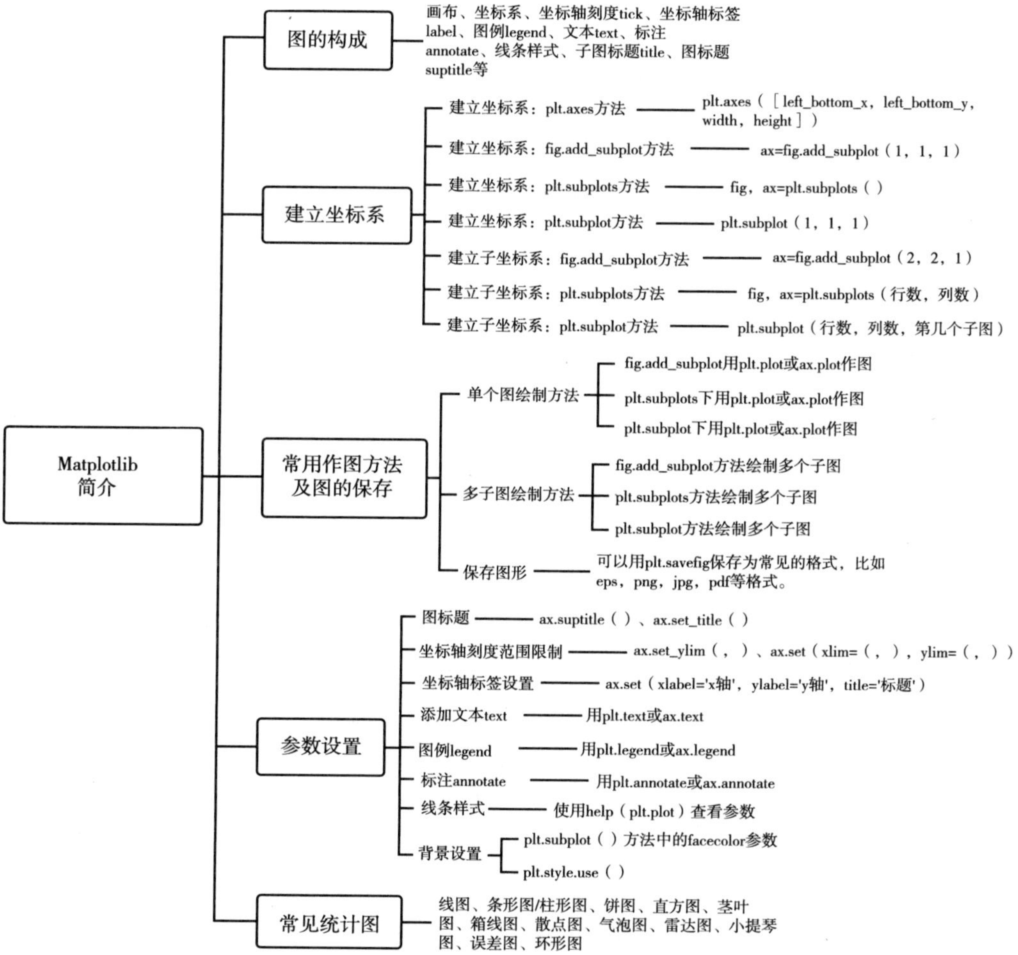

目前，常用的数据可视化软件有很多，比如 Excel，Power BI，Tableau，Origin，Sigmaplot，GraphPad，Echarts，Plotly，D3. js，Flourish；Matlab，R，Python 等，其中 Excel 有一个可视化的收费插件 Easyshu2. 0 可以进一步优化 Excel 作图。网站 www. data-to-viz. com 提供了常见图形的 R，Python，D3. js 和 Flourish 绘制方法及代码。本书主要介绍 Python 可视化工具库 matplotlib 和 seaborn，当然除了这两个库外 Python 还有很多可视化工具库，比如 pyecharts，bokeh，plotline，ggplot，plotly，Tableau，pygal，geoplotlib，mapbox 等。

Matplotlib 主要是一个 2D 可视化库，详情可以访问 matplotlib 网站 https：//matplotlib. org 和可视化网站 www. data-to-viz. com。在使用 Matplotlib 前，需要先导入库，为了方便，在导入 matplotlib. pyplot 后本书始终将 pyplot 简记为 plt（import matplotlib. pyplot as plt）。本章将按照建立坐标系方法、图的参数设置、常见图形绘制的顺序来介绍 matplotlib。

为了方便，我们首先导入本章常用的一些库：

```
In[1]:  import numpy as np
        import pandas as pd
        import matplotlib as mpl
        import matplotlib. pyplot as plt
        % matplotlib inline #显示图形,有它可以不需每次调用 plt. show( )
        #用来正常显示中文标签
        plt. rcParams['font. sans - serif'] = ['SimHei']
        #pyplot 使用 rc 配置文件来自定义图形的各种默认属性
        #用来正常显示负号
        plt. rcParams['axes. unicode_minus'] = False
        np. random. seed(123)  #随机数生成种子设置
```

13.1 图的构成

一般图的构成包含：画布、坐标系（原点、坐标轴 axis 或 axes、正方向、长度单位）、坐标轴刻度 tick、坐标轴标签 label、图例 legend、文本 text、标注 annotate、线条样式（color、marker、linewidth、linestyle、markersize、alpha 等）、子图标题 title、图标题 suptitle 等。如图 13 - 1 所示（来自 matplotlib 官网）。

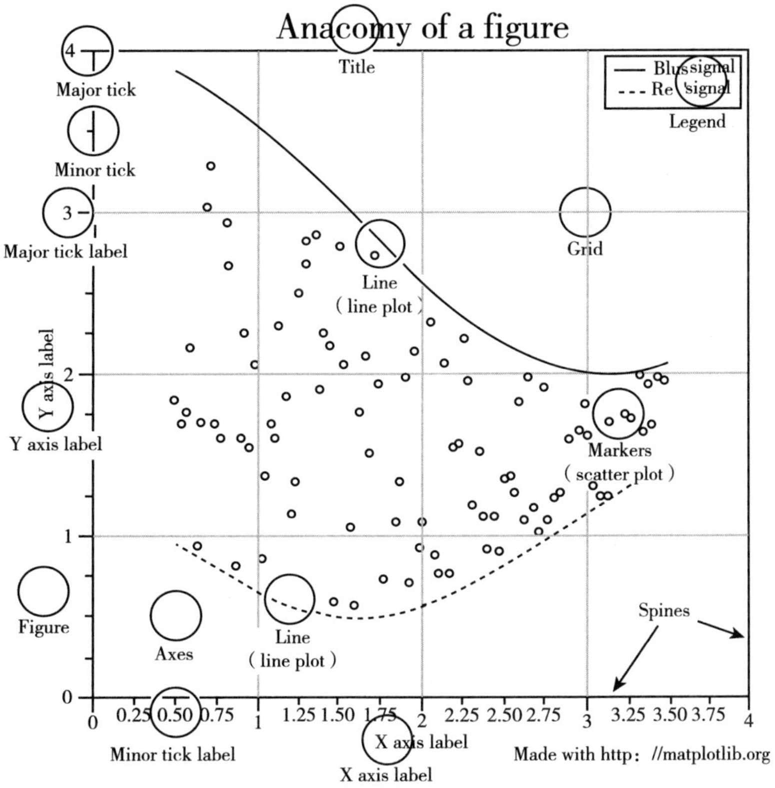

图 13－1　一般图的构成

13.2

建立坐标系

用 plt（matplotlib. pyplot）建立坐标系的方法有很多种，本节主要介绍 4 种方法：plt. axes 方法、fig. add_subplot 方法、plt. subplots 方法、plt. subplot 方法，其中后三种方法最常用，并且还可以用来建立多个子图的坐标系。

13. 2. 1　建立坐标系：plt. axes 方法

plt. axes( )方法是通过设置坐标位置作图，此方法无特殊情况不推荐使用：

```
In[2]:    #用 plt. axes([左下角 x,左下角 y,宽,高]):不推荐
          # plt. axes([left_bottom_x,left_bottom_y,width,height])
          # plt. axes 的参数设置图标的位置,给出左下角点坐标与宽高即可
```

```
# left_bottom_x:左下角点 x 坐标
# left_bottom_y:左下角点 y 坐标
# width:宽度
# height:高度
plt.axes([0.1,0.1,.5,.5])
# plt.xticks([]),plt.yticks([])  #是否需要坐标轴
```

Out[2]: <matplotlib.axes._axes.Axes at 0x189f05b8f98>

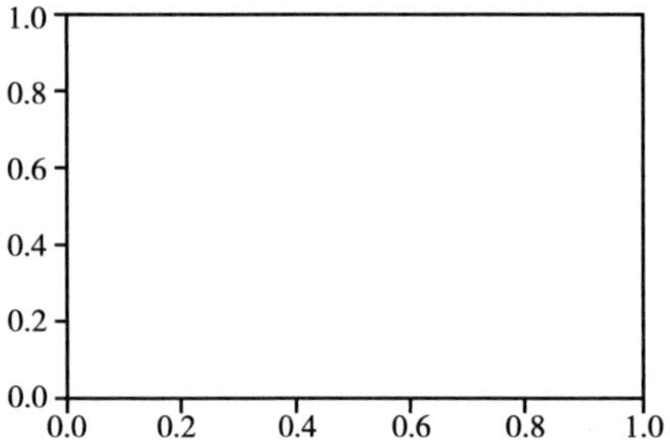

In[3]:
```
#改变坐标轴的刻度
plt.axes([0.1,0.1,0.5,0.5])
plt.xticks([0,0.2,0.4,0.6,0.8,1],["0","a","b","c","d","e"])
#改 x 轴的刻度
plt.yticks([])  # y 轴是否有刻度
plt.show
```

Out[3]: <function matplotlib.pyplot.show(* args, ** kw)>

13.2.2 建立坐标系：fig.add_subplot 方法

用 fig.add_subplot( )方法建立坐标系时，需要首先建立 fig = plt.figure( )产生画布，然后才可以使用：

In[4]:
```
#建立坐标系方法:先建立一个作图窗口(画布),后坐标系
fig = plt.figure( )  #建立作图窗口(画布),一个空窗口
ax = fig.add_subplot(1,1,1)  #建立坐标系
plt.show( )
```

Out[4]:

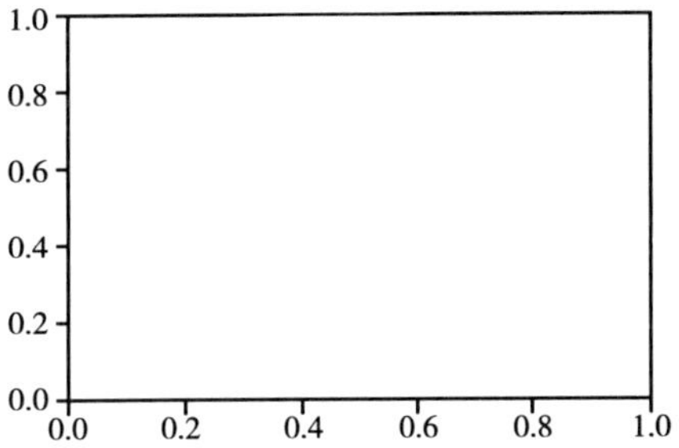

In[5]:
```
fig = plt.figure( )  #建立作图窗口(画布)大小范围
ax = fig.add_subplot(1,1,1)  #建立坐标系
# plt.xticks([ ]),plt.yticks([ ])  #是否需要坐标轴
ax.set(xticks = [ ],yticks = [ ])  #是否需要坐标轴
plt.show( )
```

Out[5]:

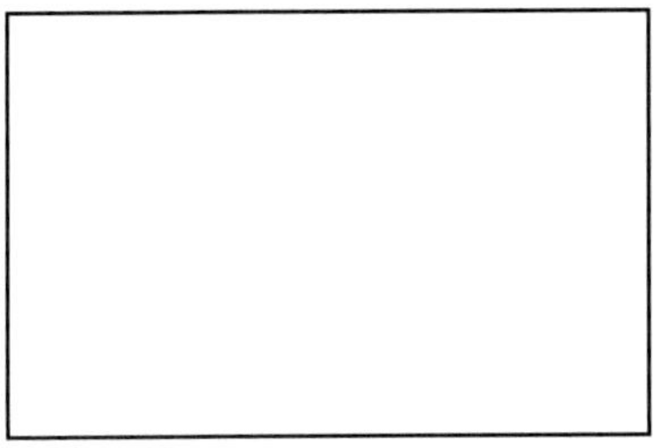

In[6]:
```
fig = plt.figure(figsize = (6,4),dpi = 100)  #设定画布大小和图的质量
ax = fig.add_subplot(1,1,1)  #建立坐标系
```

Out[6]:

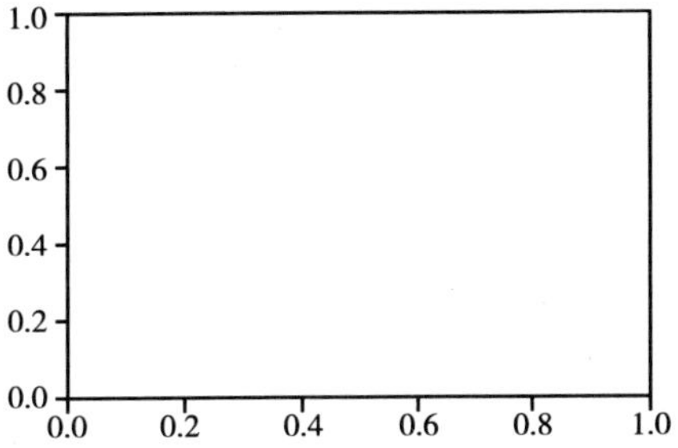

13.2.3 建立坐标系：plt.subplots 方法

plt.subplots( )方法同时赋予了两个属性：fig（画布）和 ax（坐标系，可以随便定名称）。

In[7]:
```
#建立坐标系方法
fig,ax = plt.subplots( )#同时给出画布和坐标系,赋予两个属性
#或者使用 plt.subplots(1,1)
# plt.show( )
```

Out[7]:

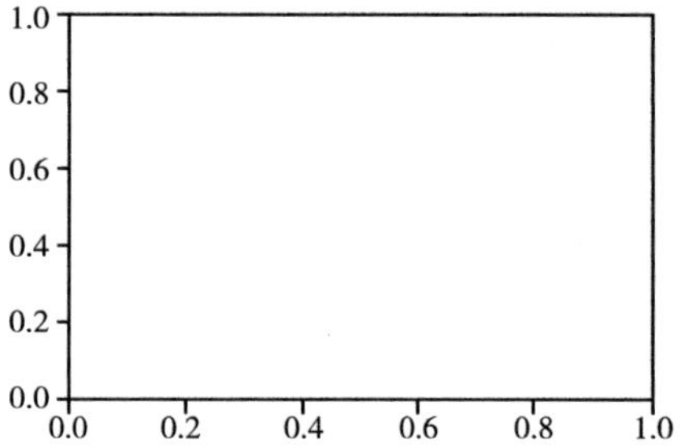

In[8]:
```
fig,ax = plt.subplots( )
plt.xticks([ ]),plt.yticks([ ])#控制坐标轴
# ax.set(xticks = [ ],yticks = [ ])  #是否需要坐标轴
# ax.set( )
```

Out[8]:
```
(([ ], <a list of 0 Text major ticklabel objects>),
([ ], <a list of 0 Text major ticklabel objects>))
```

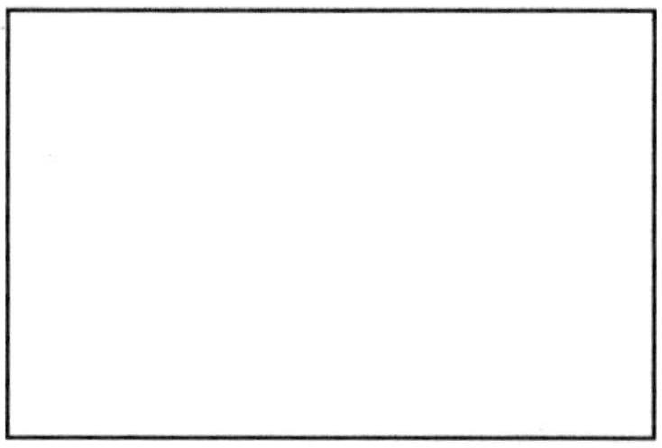

13.2.4 建立坐标系：plt.subplot 方法

用 plt.subplot( )方法建立坐标系时，可以先用 fig = plt.figure( )产生画布，然后才可以使用，也可以先不产生画布而直接使用。

In[9]:
```
# fig = plt. figure( )
plt. subplot(1,1,1)#建立一个坐标系
```
Out[9]: < matplotlib. axes. _subplots. AxesSubplot at 0x189f27dc208 >

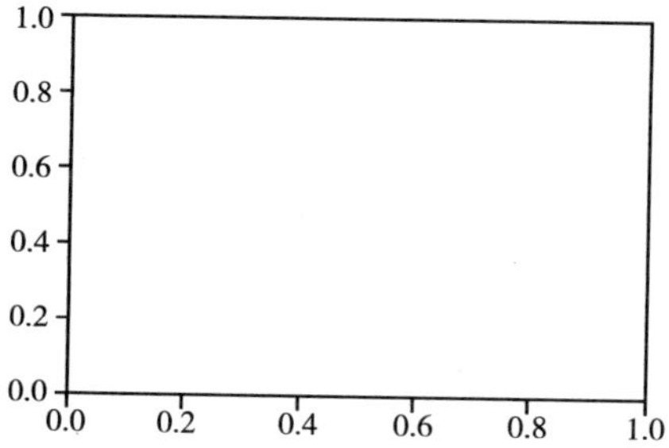

13. 2. 5 建立子坐标系：fig. add_subplot 方法

用 fig. add_subplot（行数，列数，第几个子图）可以产生多个子图坐标系，需要先用 fig = plt. figure( )生成画布。

In[10]:
```
#多个子图绘制方法
## fig. add_subplot 方法做了多个子图
# x = np. linspace(0,10,100)
fig = plt. figure( )  #建立作图窗口(画布),一个空窗口
#第一个图,如果全部是 1,就是建立一个坐标系
ax = fig. add_subplot(2,2,1)  #2 * 2 子图中的第一个图
ax = fig. add_subplot(2,2,2)  #第二个图
ax = fig. add_subplot(2,2,3)  #第三个图
ax = fig. add_subplot(2,2,4)  #第四个图
```
Out[10]:

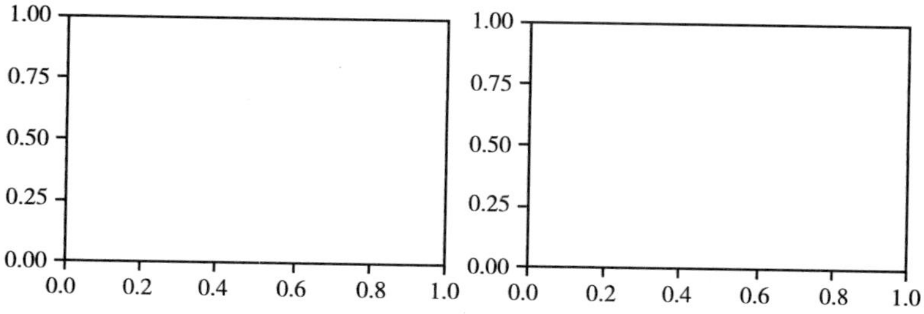

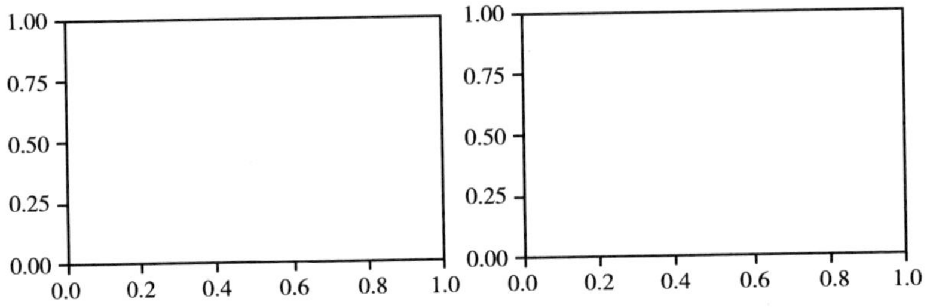

13.2.6 建立子坐标系：plt.subplots 方法

用 fig，ax = plt.subplots（行数，列数）产生“行数 * 列数”个子图，如果行数 = 列数 = 1 则是建立一个坐标系，如果建立多个子图，如何访问每个子图是关键。多个子图构成了数组，因此访问时就是用提取数组元素的方法进行，比如访问第 3 个图，就用访问第 2 行第 1 列的子图，用 ax［2，1］可以实现。

In[11]:

```
fig,ax = plt.subplots(2,2)   #2 * 2 的子图
fig
ax
```

Out[11]:

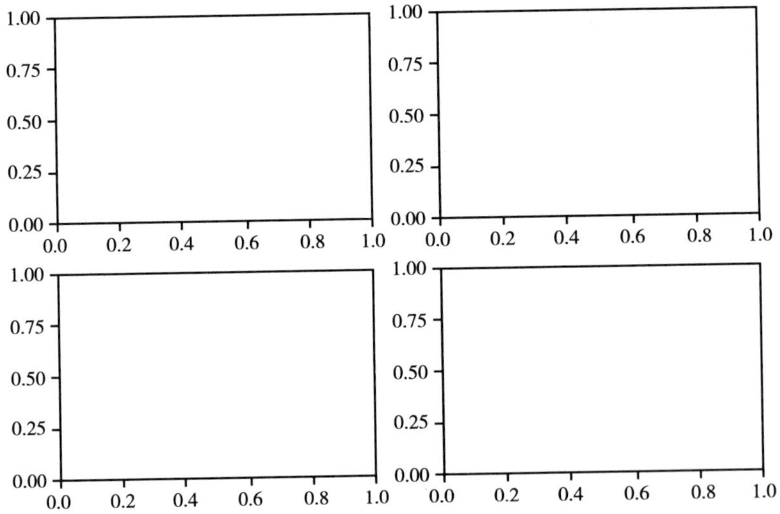

13.2.7 建立子坐标系：plt.subplot 方法

plt.subplot（行数，列数，第几个子图）：

In[12]:
```
##子图 plt.subplot(rows,columns,i - th plots)
# plt.figure
plt.subplot(2,2,1)#第 1 个图　如果全部是 1 就是建立一个坐标系
plt.subplot(2,2,2)#第 2 个图
plt.subplot(2,2,3)#第 3 个图
plt.subplot(2,2,4)#第 4 个图
```

Out[12]: <matplotlib.axes._subplots.AxesSubplot at 0x189f3ae4978>

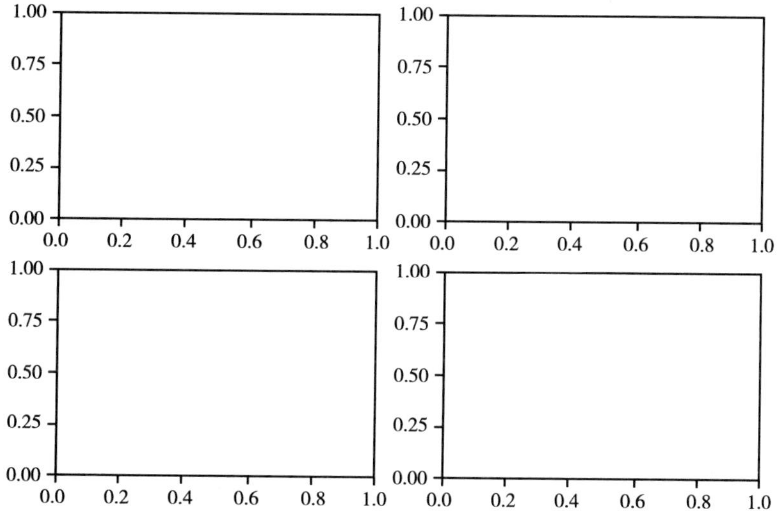

13.3

常用作图方法及图的保存

- 常用的作图方法有两个：plt.plot( )和 ax.plot( )
- 保存图的方法：plt.savefig( )可以保存 eps，png，jpg，pdf 等格式

13.3.1 单个图绘制方法

fig.add_subplot 建立的坐标系下作图：

In[13]:
```
## fig.add_subplot 用 plt.plot 或 ax.plot 作图
fig = plt.figure()   #建立作图窗口(画布),一个空窗口
ax = fig.add_subplot(1,1,1)   #建立坐标系,这里可以设置多个
x = np.linspace(0,10,100)
ax.plot(x,np.sin(x))# ax.plot 作图,也可以用 plt.plot
```
Out[13]: [<matplotlib.lines.Line2D at 0x189f3bb2198>]

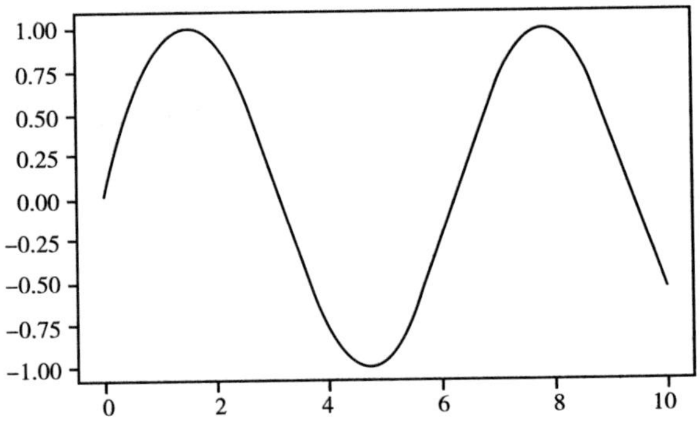

plt.subplots 建立的坐标系下作图:

In[14]:
```
# plt.subplots 下用 plt.plot 或 ax.plot
fig,ax = plt.subplots(1,1)
x = np.linspace(0,10,100)
ax.plot(x,np.sin(x))# ax.plot 作图
# plt.plot(x,np.sin(x))# plt.plot 作图,与 ax.plot 是等价的
ax.grid(True,linestyle ='-.')   #设置是否需要网格,或使用 plt.grid(True)
```
Out[14]:

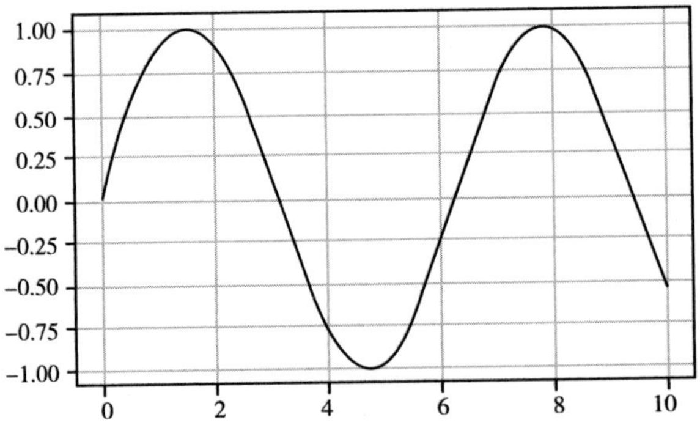

plt.subplot 建立的坐标系下作图:

```
In[15]:   # plt.subplot 下用 plt.plot 或 ax.plot 作图
          fig = plt.figure( )
          ax = plt.subplot(1,1,1)#建立一个坐标系
          x = np.linspace(0,10,100)
          plt.plot(x,np.sin(x))# ax.plot 作图
Out[15]:  [ <matplotlib.lines.Line2D at 0x189f282cac8 > ]
```

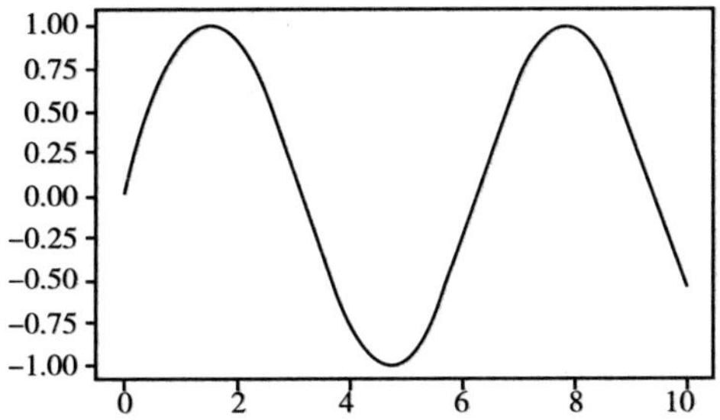

13.3.2 多子图绘制方法

fig.add_subplot 方法绘制多个子图:

```
In[16]:   #多个子图绘制方法
          x = np.linspace(0,10,100)
          fig = plt.figure( )   #建立作图窗口(画布),一个空窗口
          ax = fig.add_subplot(2,2,1)   #第一个图
          ax.plot(x,np.sin(x))
          ax = fig.add_subplot(2,2,2)   #第二个图
          ax.plot(x,np.cos(x))
          ax = fig.add_subplot(2,2,3)   #第三个图
          ax.plot(x,np.tan(x))
          ax = fig.add_subplot(2,2,4)   #第四个图
          ax.plot(x,np.exp(x))
Out[16]:  [ <matplotlib.lines.Line2D at 0x189f28417b8 > ]
```

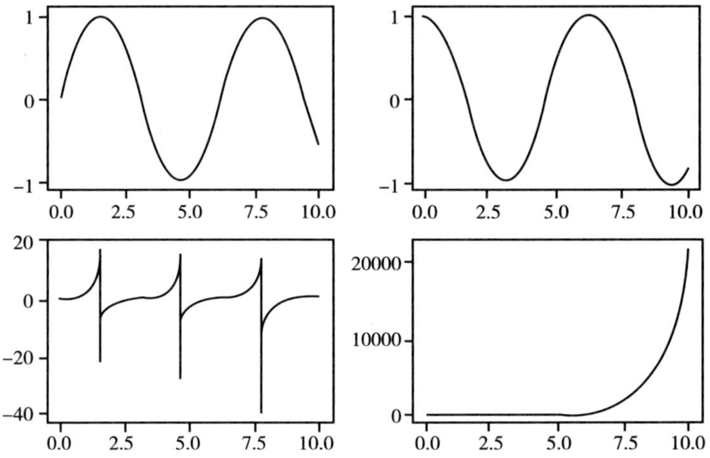

plt. subplots 方法绘制多个子图：

```
In[17]:  fig,ax = plt. subplots(nrows = 2,ncols = 2,figsize = (12,6))   #子图
         fig
         ax
         x = np. linspace(0,10,100)
         ax[0,0]. plot(x,np. sin(x),"r")  #访问第一个子图,ax 是一个数组
         ax[0,1]. plot(x,np. tan(x),"b --")   #访问第二个子图
         ax[1,1]. plot(x,np. cos(x),"k:")     #访问第四个子图
Out[17]: [ <matplotlib. lines. Line2D at 0x189f3ca8fd0 > ]
```

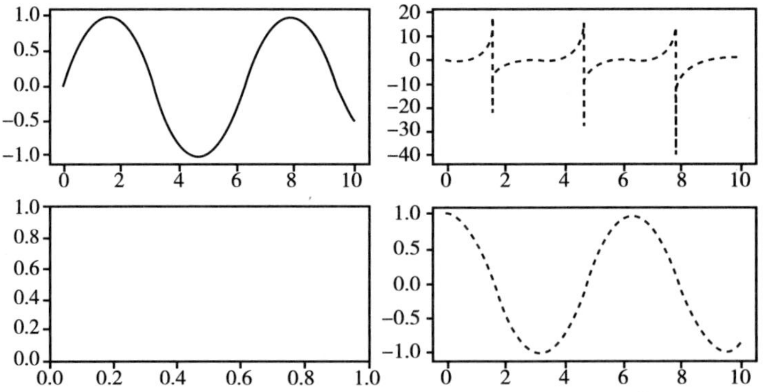

plt. subplot 方法绘制多个子图：

```
In[18]:  ##作子图 plt. subplot(rows,columns,i - th plots)
         plt. figure
         x = np. linspace(0,10,100)
```

```
plt.subplot(2,2,1)      #若全部是 1 就是绘制单个图,2*2 的第一个图
plt.plot(x,np.exp(x))
plt.subplot(2,2,2)    #第 2 个子图
plt.plot(x,np.sin(x))
plt.subplot(2,2,3)   #第 3 个子图
plt.plot(x,np.cos(x))
plt.subplot(2,2,4)    #第 4 个子图
plt.plot(x,np.tan(x))
```

Out[18]: [<matplotlib.lines.Line2D at 0x189f3f50f60 >]

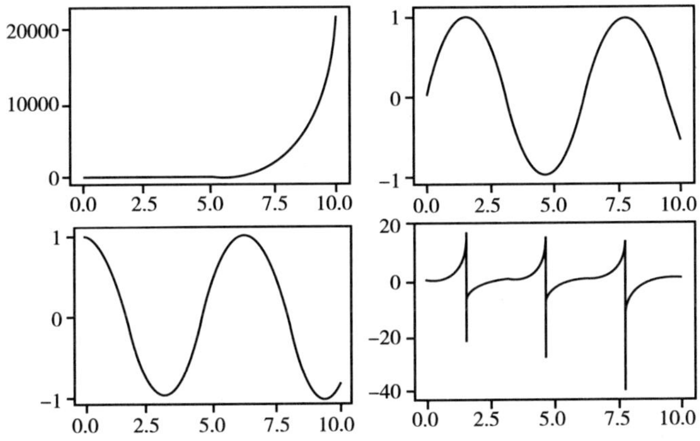

13.3.3 保存图形

可以用 plt.savefig 保存为常见的格式，比如 eps，png，jpg，pdf 等格式。

In[19]:

```
plt.figure
x = np.linspace(0,10,100)
plt.subplot(1,2,1)
plt.plot(x,np.exp(x))
plt.subplot(1,2,2)
plt.plot(x,np.sin(x))
plt.savefig("fig1" + ".eps")   #保存为 eps 格式的图形
```

Out[19]:

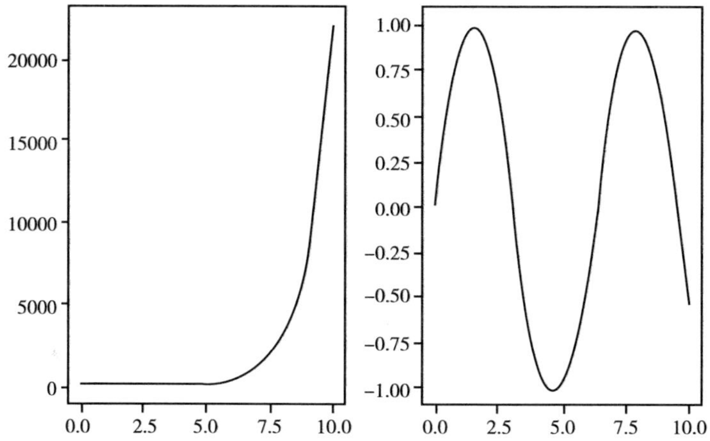

13.4

参数设置

13.4.1 图标题

生成图或子图标题可以用下面的方法:

- plt. title( )
- plt. suptitle( )
- ax. suptitle( )
- ax. set_title( )

如果是多个子图那么 title 是子图的标题，suptitle 是整个图的标题。一般，图的标题是在图形的下方，所以设置整个图的标题一般是没有价值的。

In[20]:

```
plt.subplot(2,2,1)
x = np.linspace(0,10,100)
plt.plot(x,np.sin(x))
plt.title("子标题 1")      #子图标题
ax2 = plt.subplot(2,2,2)
plt.plot(x,np.sin(x))
ax2.set_title("子标题 2")      #子标题
```

```
           plt.suptitle("主标题")  #主标题
Out[20]:   Text(0.5,0.98,'主标题')
```

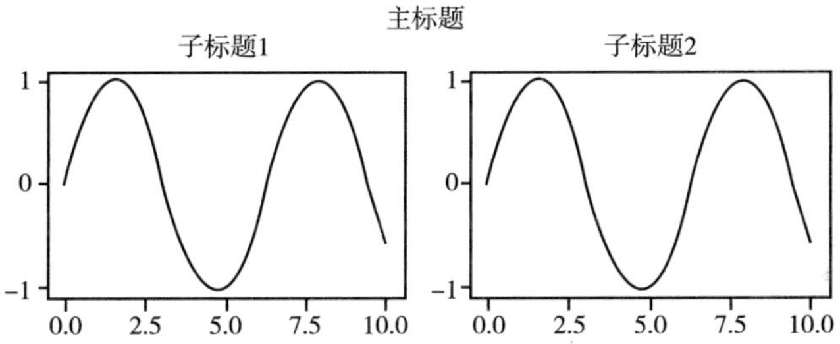

13.4.2 坐标轴刻度范围限制

对坐标轴刻度进行限制，可以用下面的方法：

- plt.axis([, , ,])
- plt.xlim(,)
- plt.ylim(,)
- ax.set_xlim(,)
- ax.set_ylim(,)
- ax.set(xlim = (,),ylim = (,))

注：也可以在交互图情况下限制，但是需要先安装 jupyter - lab 的 widget 插件，然后调用交互魔法命令：% matplotlib widget。

```
In[21]:    fig,ax = plt.subplots( )#赋值两个属性
           x = np.linspace(0,10,100)
           ax.plot(x,np.sin(x))# ax.plot 作图
           #限制坐标轴方法 1
           # plt.axis([2,8,0,1])
           #限制坐标轴方法 2
           # ax.set_xlim(2,8)
           # ax.set_ylim(0,1)
           #限制坐标轴方法 3
           # plt.xlim(2,8)
           # plt.ylim(0,1)
           #限制坐标轴方法 4
           ax.set(xlim = (2,8),ylim = (0,1))
Out[21]:   [(0.0,1.0),(2.0,8.0)]
```

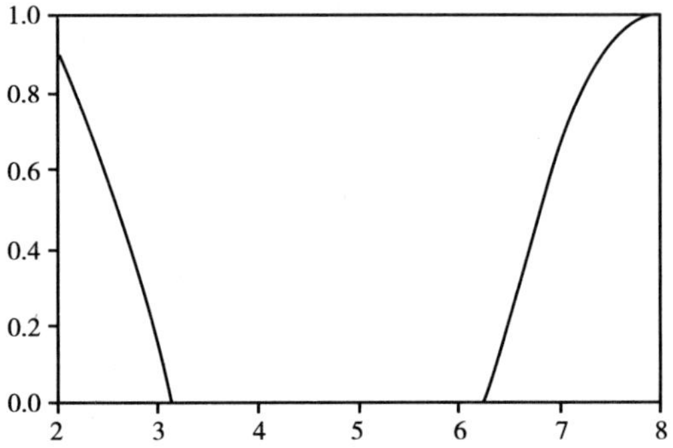

13.4.3 坐标轴标签设置

设置坐标轴标签（label）可以用下面的方法：

- ax. set_xlabel( )
- ax. set_ylabel( )
- plt. xlabel( )
- plt. ylabel( )
- ax. set(xlabel = 'x 轴', ylabel = 'y 轴', title = '标题')

```
In[22]:  #ax. set_xlabel,ax. set_ylabel
         fig,ax = plt. subplots( )#赋予两个属性
         # plt. xlabel( " x" ,fontsize = 30)  #设置坐标轴标签
         # plt. ylabel( " y" )
         ax. set_xlabel('X 轴',fontsize = 10)#设置坐标轴标签
         ax. set_ylabel('Y 轴')
         ax. plot([0. 1,0. 5,1],[1. 1,2,0. 5],
                  'b * --. ',label = 'line 1',linewidth = 1)
Out[22]: [ <matplotlib. lines. Line2D at 0x189f2841f98 > ]
```

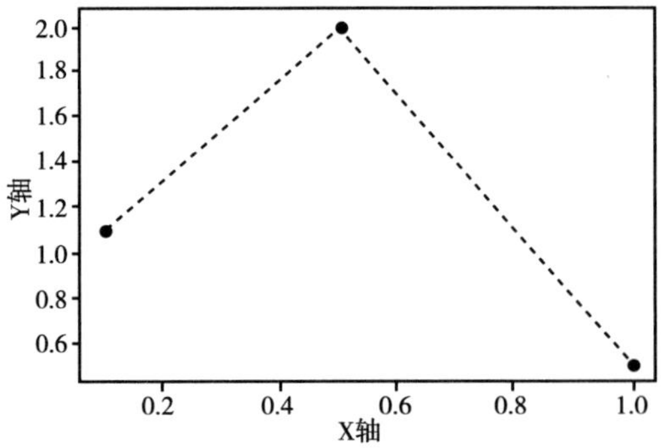

13.4.4 添加文本 text

plt. text 或 ax. text 方法可以在坐标系中添加文字。

例 13 -1：

In[23]:

```
fig,ax = plt.subplots( )
s = '$ \sin(x) $  \n \n Jiang 老师'
plt.text(0.5,0.3,s,ha = 'center',
         va = 'center',size = 20,alpha = 0.8)#添加文本
#help(plt.text)
# plt.text 中第一、二个参数是指横轴和纵轴坐标
#第三个参数字符是指要显示的内容
# ha,va 是横向和纵向位置
# size 设置字体大小
# alpha 设置字体透明度(0.5 是半透明)
```

Out[23]: Text(0.5,0.3,'$ \\sin(x) $ \n \n Jiang 老师')

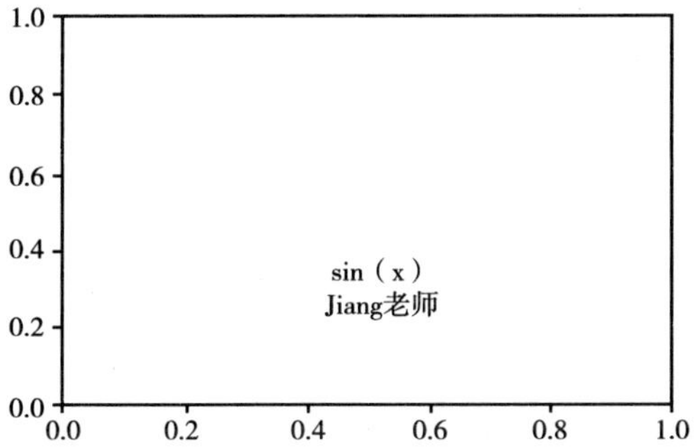

例 13 -2：

In[24]:

```
plt.axes([0.1,0.1,0.8,0.8])
plt.plot([0.1,0.5,1],[1,2,1],'ro -.',label = 'line 1',linewidth = 1)
plt.text(.9,1.9,"折线",ha = 'center',va = 'center',size = 14,alpha = 0.8)
plt.axes([0.3,0.3,0.1,0.1])
plt.xticks([]),plt.yticks([])
plt.plot([0.1,0.5,1],[1,2,0.5],'b * -',label = 'line 1',linewidth = 1)
# plt.axes([l,b,w,h])
```

```
#其中[l,b,w,h]可以定义坐标系
#l代表坐标系左边到 Figure 左边的水平距离
#b代表坐标系底边到 Figure 底边的垂直距离
#w代表坐标系的宽度
#h代表坐标系的高度
```

Out[24]: [<matplotlib. lines. Line2D at 0x189f2a40c18 >]

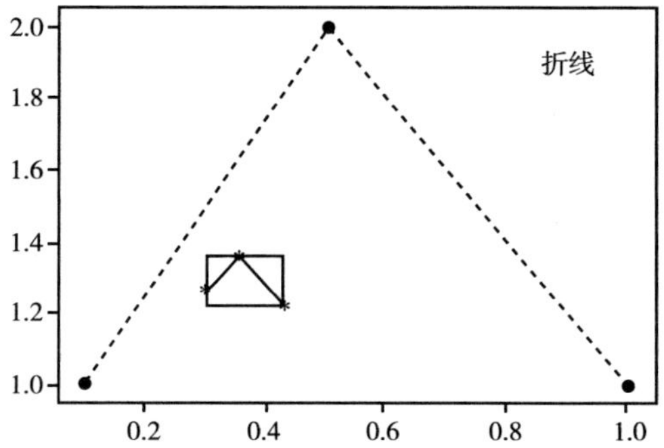

例 13 -3:

In[25]:

```
fig = plt. figure( )
ax = fig. add_subplot(1,1,1)
# ax. set(xticks = [ ],yticks = [ ])
s = '$ \sin(x) $'
#添加文本
ax. text(.8,0.8,s,ha = 'center',va = 'center',size = 14,alpha = 0.8)
# ax. plot([0.1,0.5,1],[1.1,2,0.5],'b * -.',label = 'line 1',linewidth = 1)
```

Out[25]: Text(0.8,0.8,'$ \\sin(x) $')

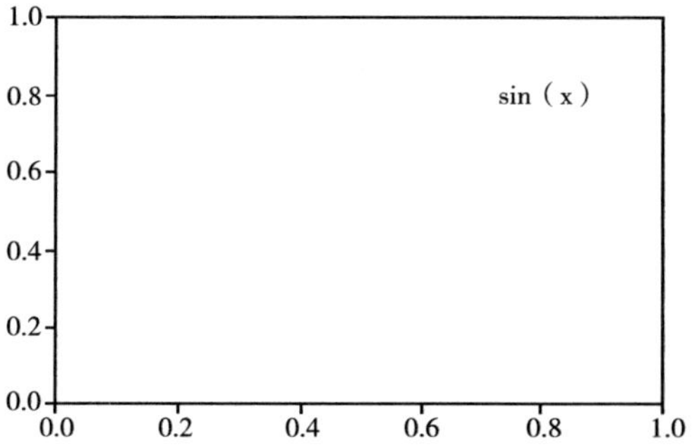

13.4.5 图例 legend

用 plt. legend 或 ax. legend 可以添加图例：

```
In[26]:  fig,ax = plt.subplots( )
         x = np.linspace(0,10,100)
         ax.plot(x,np.sin(x),label = "sin(x)")# ax.plot 作图
         ax.plot(x,np.cos(x),label = "cos(x)",linestyle = " -- ")
         ax.legend( )
Out[26]: <matplotlib.legend.Legend at 0x189f3da00f0>
```

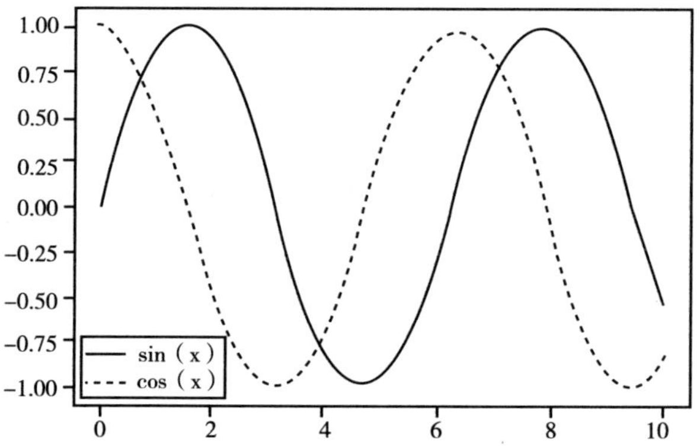

13.4.6 标注 annotate

用 plt. annotate 或 ax. annotate 添加标注：

```
In[27]:  fig,ax = plt.subplots( )
         x = np.linspace(0,10,100)
         ax.plot(x,np.sin(x),label = "sin(x)")# ax.plot 作图
         ax.legend( )
         #用 annotate 做标注
         ax.scatter([1.57],[1],color = 'k')
         ax.axvline(1.57,color = 'b',linestyle = ' -- ',linewidth = 0.8)
         ax.axhline(1,color = 'b',linestyle = ' -- ',linewidth = 0.8)
         ax.annotate('极大值点',xy = (1.57,1),xytext = (4,0.55),
```

```
            fontsize = 20,
            arrowprops = dict( arrowstyle = " - > " , connectionstyle = " arc3 , rad
             =0. 1" )
            )
```

Out[27]: Text(4,0. 55,'极大值点')

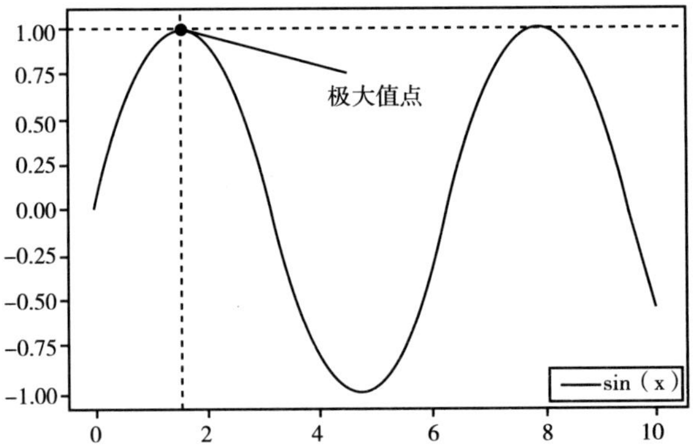

13. 4. 7 线条样式

作图时可以设置线条的各种样式，比如：

In[28]: help(plt. plot)#看帮助

Out[28]: #部分输出，并做了整理，实际输出会更多

color 线条颜色	比如，any matplotlib color
marker 线条标识	比如，['+' | ',' | '.' | '1' | '2' | '3' | '4']
linewidth 线条宽度	比如，float value in points
linestyle 线条样式	比如，['-' | '--' | '-.' | ':' | 'steps' |...]
markersize 线条标识大小	比如，任意非负数
alpha 线条透明度	比如，任意非负数

例 13 -4：

In[29]:

```
fig, ax = plt. subplots( )
x = np. linspace(0,10,100)
ax. plot( x, np. sin( x) , label = " sin( x) " ,
        color = 'red', marker = 'o',
```

```
            linewidth = 0.5, linestyle = '-.',
            markersize = 3, alpha = 0.7)
ax.plot(x, np.cos(x), label = "cos(x)",
            color = 'blue', marker = '*',
            linewidth = 0.5, linestyle = ':',
            markersize = 2)
# ax.plot(datax1, 'r* -.',
#                 linewidth = 0.5, markersize = 6, alpha = 0.7) #参数简写
ax.legend()
```

Out[29]: <matplotlib.legend.Legend at 0x189f4267710>

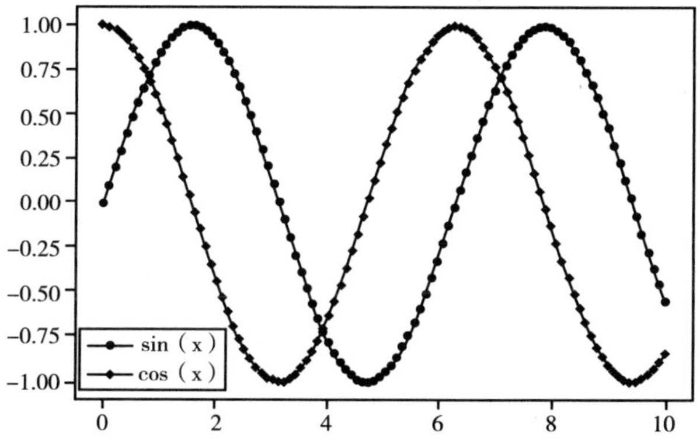

13.4.8 背景设置

这里，我们介绍两种设置背景色的方法。

（1）用 plt.subplot( )方法中的 facecolor 参数来设置坐标系背景色：

In[30]:
```
fig, ax = plt.subplots()
ax = plt.subplot(facecolor = "grey")   #设置坐标系的背景色,局部使用
x = np.linspace(0, 10, 100)
ax.plot(x, np.sin(x), label = "sin(x)",
            color = 'red', marker = 'o',
            linewidth = 0.5, linestyle = '-.',
            markersize = 3, alpha = 0.7)
ax.plot(x, np.cos(x), label = "cos(x)",
            color = 'blue', marker = '*',
```

```
              linewidth =0.5,linestyle =':',
              markersize =2)
# ax.plot(datax1,'r* -.',
#              linewidth =0.5,markersize =6,alpha =0.7)#参数简写
ax.legend()
```

Out[30]: <matplotlib.legend.Legend at 0x189f42da4a8>

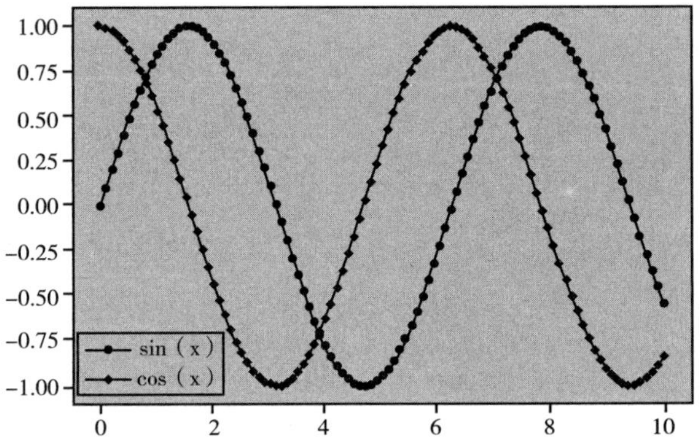

（2）用 plt.style.use( )设置背景色，但是一般建议使用默认参数。当然背景色的各种参数可以通过下面的方法得到：

In[31]:
```
dir(plt.style)
```

Out[31]: ['__builtins__','__cached__','__doc__','__file__','__loader__','__name__','__package__','__path__','__spec__','available','context','core','library','reload_library','use']

In[32]:
```
print(plt.style.available)   #看背景设置
```

Out[32]: ['Solarize_Light2','_classic_test_patch','bmh','classic','dark_background','fast','fivethirtyeight','ggplot','grayscale','seaborn','seaborn-bright','seaborn-colorblind','seaborn-dark','seaborn-dark-palette','seaborn-darkgrid','seaborn-deep','seaborn-muted','seaborn-notebook','seaborn-paper','seaborn-pastel','seaborn-poster','seaborn-talk','seaborn-ticks','seaborn-white','seaborn-whitegrid','tableau-colorblind10']

In[33]:
```
# plt.style.use('ggplot')   #全局起作用,慎用
plt.figure
plt.subplot(2,2,1)
plt.plot([1,2,3],[1,2,3],'ro-.',label ='line 1',linewidth =1)
```

```
plt.xticks([]),plt.yticks([])
plt.subplot(2,2,4)
plt.plot([1,2,3],[1,2,3],'ro-.',label='line 1',linewidth=1)
```

Out[33]: [<matplotlib.lines.Line2D at 0x189f42e8cc0>]

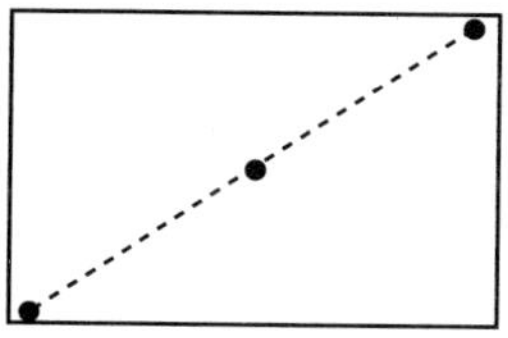

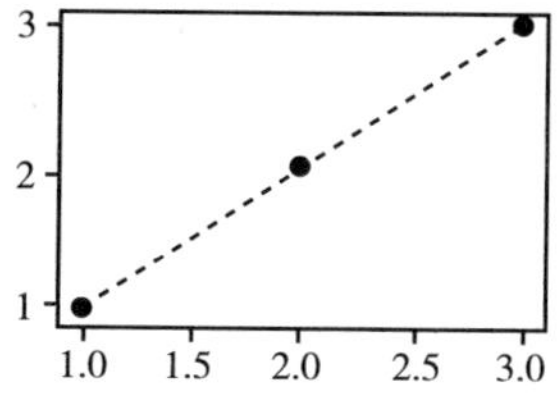

13.5 实例分析

下面我们通过一个实际数据来综合应用绘制图的各种参数的设置。

13.5.1 数据准备

In[34]:

```
data = pd.read_excel("E:\\Myjupyter\\python基础\\sns_data2.xlsx",
                     na_values = ['NA'])
data.head(4).append(data.tail(3))
```

Out[34]:

	x1	x2	x3	x4	class	sex	age
0	-0.45	-0.41	1.09	0.45	good	male	three
1	-0.56	-0.31	1.51	0.16	good	male	three
2	0.06	0.02	1.01	0.40	good	male	three
3	-0.07	-0.09	1.45	0.26	good	male	three
77	0.54	0.20	3.33	0.48	bad	male	six
78	-0.33	-0.09	4.01	0.47	bad	female	six
79	0.48	0.40	1.24	0.18	bad	female	six

In[35]: data.info()

Out[35]:

```
<class 'pandas.core.frame.DataFrame'>
RangeIndex:80 entries,0 to 79
Data columns(total 7 columns):
 #   Column  Non-Null Count  Dtype
---  ------  --------------  -----
 0   x1      80 non-null     float64
 1   x2      80 non-null     float64
 2   x3      80 non-null     float64
 3   x4      80 non-null     float64
 4   class   80 non-null     object
 5   sex     80 non-null     object
 6   age     80 non-null     object
dtypes:float64(4),object(3)
memory usage:4.5+KB
```

In[36]: data.dtypes

Out[36]:

```
x1       float64
x2       float64
x3       float64
x4       float64
class    object
sex      object
age      object
dtype:object
```

In[37]: data.shape

Out[37]: (80,7)

In[38]:

```
datax1 = data[["x1"]]
datax1.head(3).append(datax1.tail(3))
```

Out[38]:

	x1
0	-0.45

1	-0.56
2	0.06
77	0.54
78	-0.33
79	0.48

13.5.2 绘制线图

In[39]:

```
#绘制变量 x1 的图
plt.plot(datax1)
# plt.show()
```

Out[39]: [<matplotlib.lines.Line2D at 0x189f449aa58>]

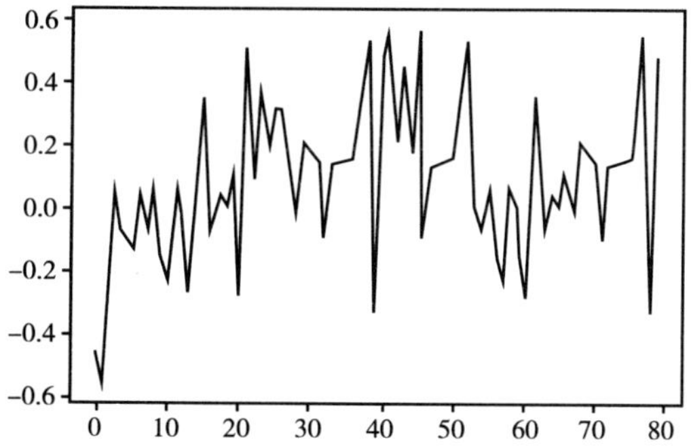

In[40]:

```
#另一个绘制线图方法
fig,ax = plt.subplots()
ax.plot(datax1)
# plt.show()
```

Out[40]: [<matplotlib.lines.Line2D at 0x189f3e85630>]

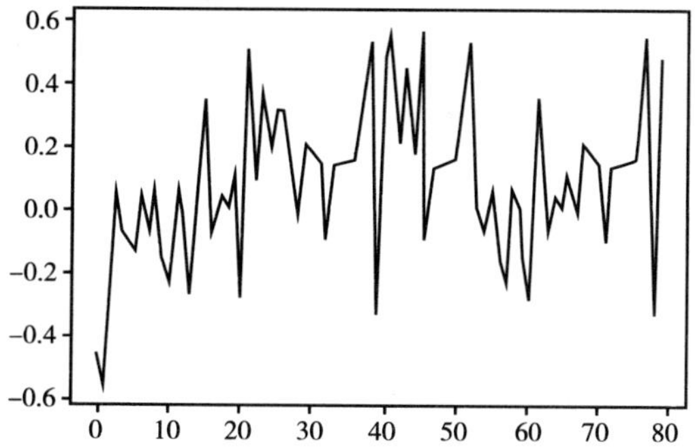

用 plt. rcParams 查看图形的默认属性：

In[41]:
```
#用 plt.rcParams 可查看上图的所有默认属性
# plt.rcParams
#显示上图所有的常规属性值
print('figure size:',plt.rcParams['figure.figsize'])
print('figure dpi:',plt.rcParams['figure.dpi'])
print('line color:',plt.rcParams['lines.color'])
print('line style:',plt.rcParams['lines.linestyle'])
print('line width:',plt.rcParams['lines.linewidth'])
fig = plt.figure()
ax = fig.add_subplot(1,1,1)
ax.plot(datax1)
print('xticks:',ax.get_xticks())
print('yticks:',ax.get_yticks())
print('xlim:',ax.get_xlim())
print('ylim:',ax.get_ylim())
```

Out[41]:
```
figure size:[6.0,4.0]
figure dpi:72.0
line color:C0
line style: -
line width:1.5
xticks:[ -10.   0.   10.   20.   30.   40.   50.   60.   70.   80.   90. ]
yticks:[ -0.8  -0.6  -0.4  -0.2   0.    0.2   0.4   0.6   0.8]
xlim:( -3.95,82.95)
ylim:( -0.6170000000000001,0.637)
```

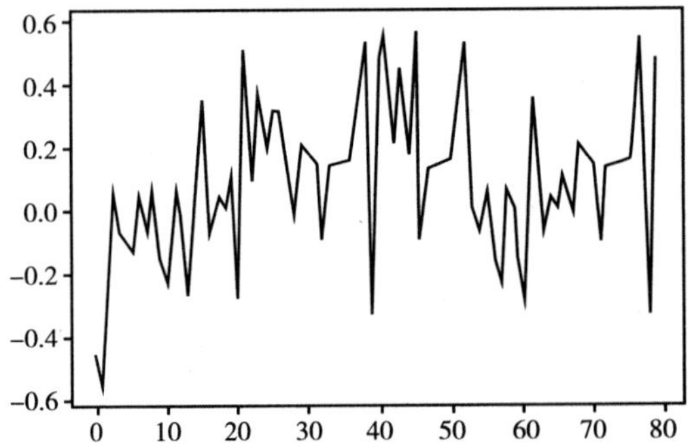

In[42]:
```
#上面图的默认的属性值
plt.figure(figsize=(6,4),dpi=72)
plt.plot(datax1,color='C0',linewidth=1.5,linestyle='-')
plt.xticks(np.linspace(-10,90,11))
plt.yticks(np.linspace(-0.8,0.8,9))
plt.xlim(-3.95,82.95)
plt.ylim(-0.6170000000000001,0.637)
plt.show()
```

Out[42]:

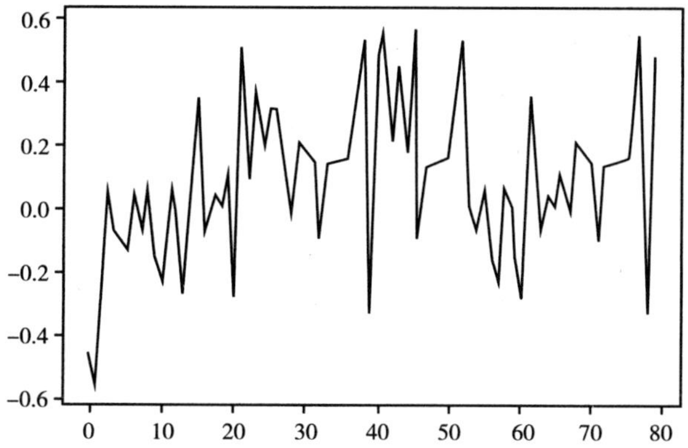

In[43]:
```
help(plt.plot)
```

13.5.3 改变图形尺寸

In[44]:
```
#原图
plt.figure(figsize=(6,4),dpi=100)
plt.plot(datax1)
plt.show()
#改变图尺寸:figsize=(,)
plt.figure(figsize=(4,2),dpi=100)
plt.plot(datax1)
plt.show()
```

Out[44]:

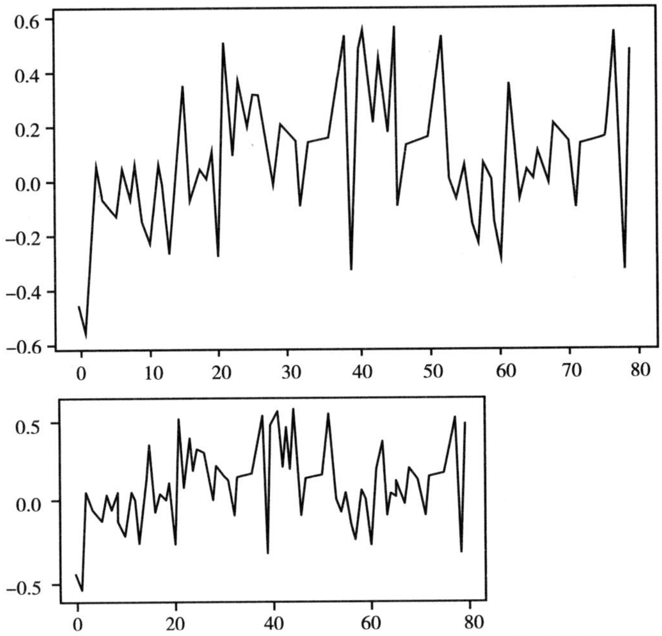

13.5.4 设置线条样式等参数

In[45]:

```
fig = plt. figure( figsize = (6,3) ,dpi = 100)
ax = fig. add_subplot(1,1,1)
# ax. plot( datax1 ,color = 'red', marker = ' * ',
#                linewidth = 0. 5 ,linestyle = ' - . ',markersize = 6)
ax. plot( datax1 ,'r *  - . ',
              linewidth = 0. 5 ,markersize = 6 ,alpha = 0. 7)#参数简写方法
# help( ax. plot)
```

Out[45]: [<matplotlib. lines. Line2D at 0x189f56a2e48 >]

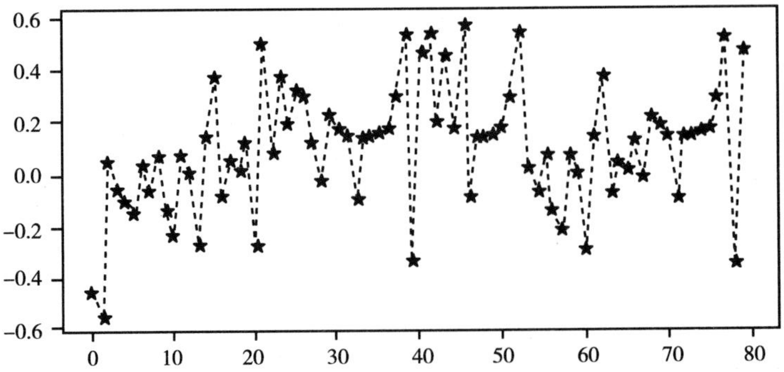

13.5.5 设置坐标轴标签和刻度及标题

In[46]:
```
fig = plt.figure(figsize = (6,3),dpi = 100)
ax = fig.add_subplot(1,1,1)
ax.plot(datax1,color = 'red',marker = '*',
            linewidth = 0.5,linestyle = '-.',markersize = 6)
#限定 x 和 y 轴的范围
ax.set_xlim(20,80)
ax.set_ylim( -0.2,0.6)
#添加坐标轴 label 的第一方法
ax.set_xlabel('x 轴')
ax.set_ylabel('y 轴')
ax.set_title('标题')
#第二种添加坐标轴 label 的方法
# ax.set(xlabel = 'x 轴',ylabel = 'y 轴',title = '标题')
#注意
# plt.plot( )或者 ax.plot( )都可以用,其小区别:
# plt.xlim
# plt.ylim
# plt.xticks
# ax.set_xlim
# ax.set_ylim
# ax_set_xticks
```

Out[46]: Text(0.5,1.0,'标题')

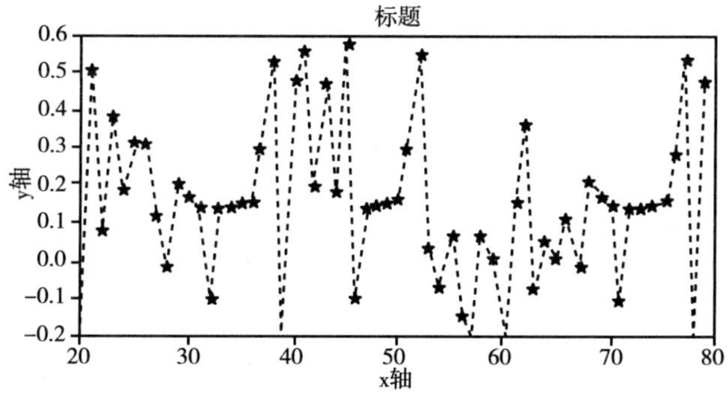

13.5.6 添加图例

In[47]:
```
fig = plt.figure(figsize = (6,3),dpi = 100)
ax = fig.add_subplot(1,1,1)
ax.plot(datax1,color = 'red',marker = '*',
            linewidth = 0.5,linestyle = '--.',markersize = 6,label = 'x1')
#添加图例 legend:loc = 0 时自动放合适位置
# ax.legend(loc = 0,frameon = True,edgecolor = 'blue')
#添加图例 legend:设置图例 legend 到图形任何位置
ax.legend(loc = 0,bbox_to_anchor = (0.2,0.8),ncol = 3,edgecolor = 'blue')
ax.set(xlabel = 'x 轴',ylabel = 'y 轴',xlim = (20,80),ylim = (-0.2,0.6),
       title = '标题')
```

Out[47]:
```
[(-0.2,0.6),
Text(0,0.5,'y 轴'),
(20.0,80.0),
Text(0.5,0,'x 轴'),
Text(0.5,1.0,'标题')]
```

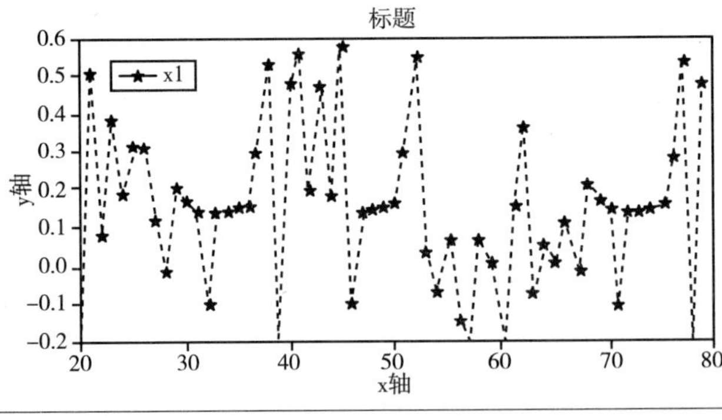

13.5.7 一个图中多个图形

In[48]:
```
#下面我们加第二个图上去
fig = plt.figure(figsize = (6,3),dpi = 100)
```

```
ax1 = fig.add_subplot(1,1,1)
y1 = datax1
y2 = data[['x2']]
ax1.plot(y1,color="red",linewidth=1,linestyle='-.',label='x1')#图 1
ax1.plot(y2,color="blue",linewidth=1,linestyle='--',label='x2')#图 2
ax1.legend(loc=0,frameon=True)
#添加坐标轴 label
ax1.set(xlabel='x 轴',ylabel='y 轴')
# plt.show()
```

Out[48]: [Text(0,0.5,'y 轴'),Text(0.5,0,'x 轴')]

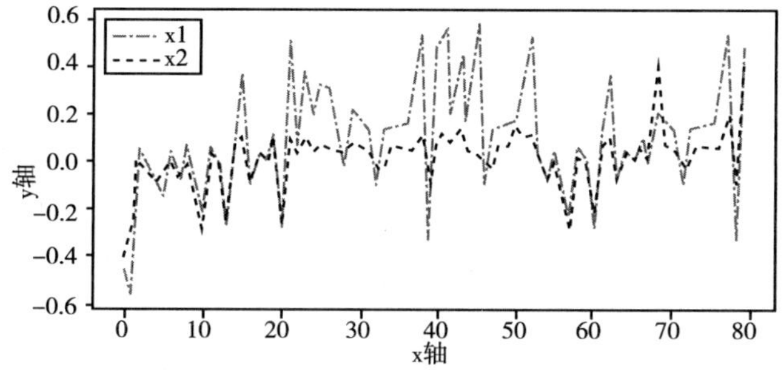

13.5.8 多个子图

前面我们介绍了多个子图绘制的三种方法，但是绘制中会出现标签、标题等重叠的情况，此时如何解决呢？

(1) 多个子图：重叠

In[49]:

```
#作 4 子图
fig = plt.figure(figsize = (6,3),dpi = 100)
# first figure
plt.subplot(2,2,1)
y1 = datax1
plt.plot(y1,'b-.',linewidth = 1,label = 'x1')
plt.legend(loc = 0,frameon = True)
plt.xlabel('x 轴')
plt.ylabel('y 轴')
plt.title('(A)')
# second figure
```

```
plt. subplot(2,2,2)
y2 = data['x2']
plt. plot(y2,color = "red",linewidth = 1,linestyle = '--',label = 'x2')
plt. legend(loc = 0,frameon = True)
plt. xlabel('x 轴')
plt. ylabel('y 轴')
plt. title('(B)')
# third figure
plt. subplot(2,2,3)
y2 = data['x3']
plt. plot(y2,color = "g",linewidth = 1,linestyle = '-',label = 'x3')
plt. legend(loc = 0,frameon = True)
plt. xlabel('x 轴')
plt. ylabel('y 轴')
plt. title('(C)')
# fourth figure
plt. subplot(2,2,4)
y2 = data['x4']
plt. plot(y2,color = "y",linewidth = 1,linestyle = ':',label = 'x4')
plt. legend(loc = 0,frameon = True)
plt. xlabel('x 轴')
plt. ylabel('y 轴')
plt. title('(D)')
plt. show()
```

Out[49]:

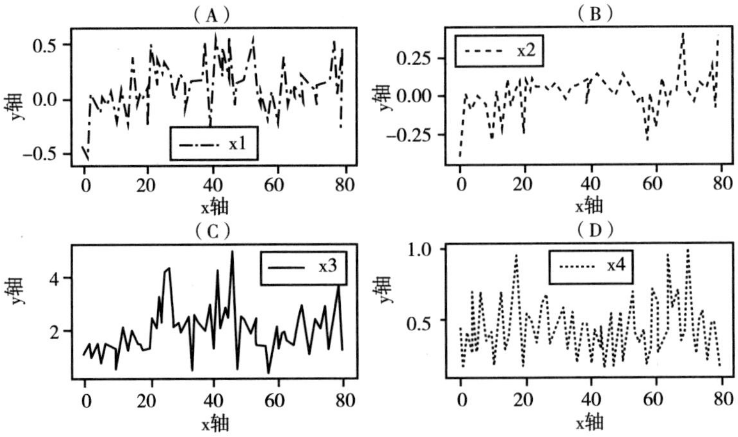

显然，上图出现了子图间的重叠情况，此时如何处理呢？下面我们介绍三种解决办法。

（2）解决多子图重叠方法一

用 plt.tight_layout( )命令解决重叠问题（推荐使用）：

```
In[50]:   #作 4 子图
          fig = plt.figure(figsize = (6,3),dpi = 100)
          # first figure
          plt.subplot(2,2,1)
          y1 = datax1
          plt.plot(y1,'b-',linewidth = 1,label = 'x1')
          plt.legend(loc = 0,frameon = True)
          plt.xlabel('x 轴')
          plt.ylabel('y 轴')
          plt.title('(A)')
          # second figure
          plt.subplot(2,2,2)
          y2 = data['x2']
          plt.plot(y2,color = "red",linewidth = 1,linestyle = '--',label = 'x2')
          plt.legend(loc = 0,frameon = True)
          plt.xlabel('x 轴')
          plt.ylabel('y 轴')
          plt.title('(B)')
          # third figure
          plt.subplot(2,2,3)
          y2 = data['x3']
          plt.plot(y2,color = "g",linewidth = 1,linestyle = '-.',label = 'x3')
          plt.legend(loc = 0,frameon = True)
          plt.xlabel('x 轴')
          plt.ylabel('y 轴')
          plt.title('(C)')
          # fourth figure
          plt.subplot(2,2,4)
          y2 = data['x4']
          plt.plot(y2,color = "y",linewidth = 1,linestyle = ':',label = 'x4')
```

```
plt. legend( loc =0 , frameon = True)
plt. xlabel('x 轴')
plt. ylabel('y 轴')
plt. title('(D)')
plt. tight_layout( )    #解决重叠问题,推荐
```

Out[51]:

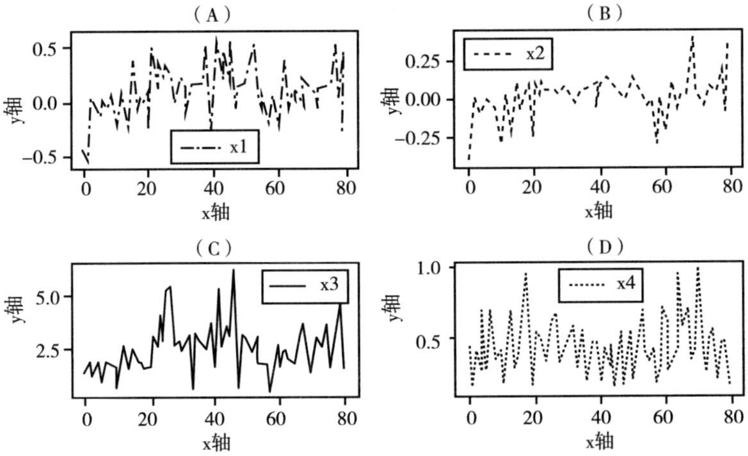

(3) 解决多子图重叠方法二

设置参数 constrained_layout = True 解决子图重叠问题:

In[52]:

```
#设置参数:constrained_layout = True
fig,axs = plt. subplots( nrows = 2 ,ncols = 2 ,constrained_layout = True)
axs_x = axs. flatten( )#平展多个子图成一行
#第 1 个图
y1 = data['x1']
axs_x[0]. plot( y1 ,'r - ',linewidth = 1 ,label = 'x1')
axs_x[0]. legend( loc =0 ,frameon = True)
axs_x[0]. set( xlabel = 'x 轴',ylabel = 'y 轴',title = '(A)')
#第 2 个图
y2 = data['x2']
axs_x[1]. plot( y2 ,'b - ',linewidth = 1 ,label = 'x2')
axs_x[1]. legend( loc =0 ,frameon = True)
axs_x[1]. set( xlabel = 'x 轴',ylabel = 'y 轴',title = '(B)')
#第 3 个图
y3 = data['x3']
```

```
axs_x[2].plot(y3,'--',linewidth=1,label='x3')
axs_x[2].legend(loc=0,frameon=True)
axs_x[2].set(xlabel='x 轴',ylabel='y 轴',title='(C)')
#第 4 个图
y4=data['x4']
axs_x[3].plot(y4,'*-.',linewidth=1,label='x4')
axs_x[3].legend(loc=0,frameon=True)
axs_x[3].set(xlabel='x 轴',ylabel='y 轴',title='(D)')
plt.show()
```

Out[52]:

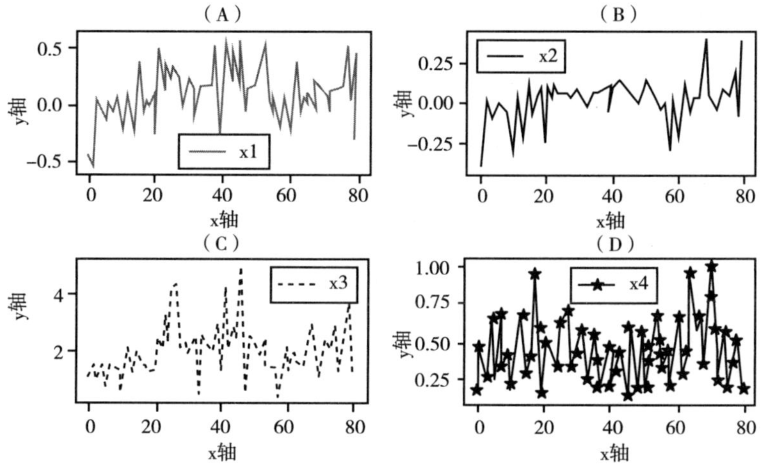

例 13-5:

In[53]:

```
#设置参数 constrained_layout=True.
fig,axs=plt.subplots(2,1,constrained_layout=True)
axes=axs.flatten()
#第一个图
y1=datax1
axes[0].plot(y1,'r-',linewidth=1,label='x1')
axes[0].legend(loc=0,frameon=True)
axes[0].set(xlabel='x 轴',ylabel='y 轴',title='(A)')
y2=data['x2']
axes[1].plot(y2,'b-',linewidth=1,label='x2')
axes[1].legend(loc=0,frameon=True)
axes[1].set(xlabel='x 轴',ylabel='y 轴',title='(B)')
```

```
plt.show()
```

Out[53]:

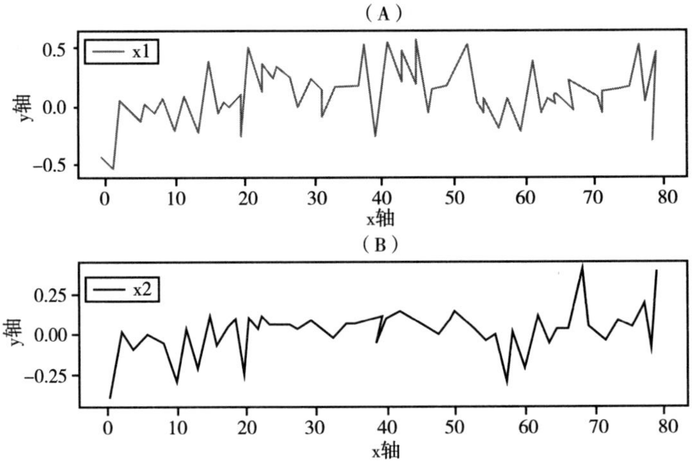

(4) 解决多子图重叠方法三

用 matplotlib.gridspec 解决重叠问题：

In[54]:

```
#作4个子图
#使用 matplotlib.gridspec 解决重叠
fig = plt.figure(constrained_layout = True)
import matplotlib.gridspec as gridspec
#作2*2的4个子图
gs = gridspec.GridSpec(ncols = 2,nrows = 2,figure = fig)
#第1个图
gs_ax1 = fig.add_subplot(gs[0,0])
y1 = datax1
gs_ax1.plot(y1,'r-',linewidth = 1,label = 'x1')
plt.legend(loc = 0,frameon = True)
gs_ax1.set(xlabel = 'x 轴',ylabel = 'y 轴',title = '(A)')
plt.legend(loc = 0,frameon = True)
#第2个图
gs_ax2 = fig.add_subplot(gs[0,1])
y2 = datax1
gs_ax2.plot(y2,'y-',linewidth = 1,label = 'x1')
plt.legend(loc = 0,frameon = True)
gs_ax2.set(xlabel = 'x 轴',ylabel = 'y 轴',title = '(B)')
```

```
#第 3 个图
gs_ax3 = fig. add_subplot( gs[ 1 ,0 ] )
y3 = datax1
gs_ax3. plot( y3 ,'b - ',linewidth = 1 ,label = 'x1')
plt. legend( loc =0 ,frameon = True)
gs_ax3. set( xlabel = 'x 轴',ylabel = 'y 轴',title = '( C)')
#第 4 个图
gs_ax4 = fig. add_subplot( gs[ 1 ,1 ] )
y4 = datax1
gs_ax4. plot( y4 ,' -- ',linewidth = 1 ,label = 'x1')
plt. legend( loc =0 ,frameon = True)
#gs_ax4. set( xlabel = 'x 轴',ylabel = 'y 轴',title = '( D)',fontsize =16)
plt. xlabel( 'x 轴',fontsize =20)
plt. ylabel( 'y 轴',fontsize =20)
plt. title( '( D)',fontsize =20)
plt. show( )
```

Out[54]:

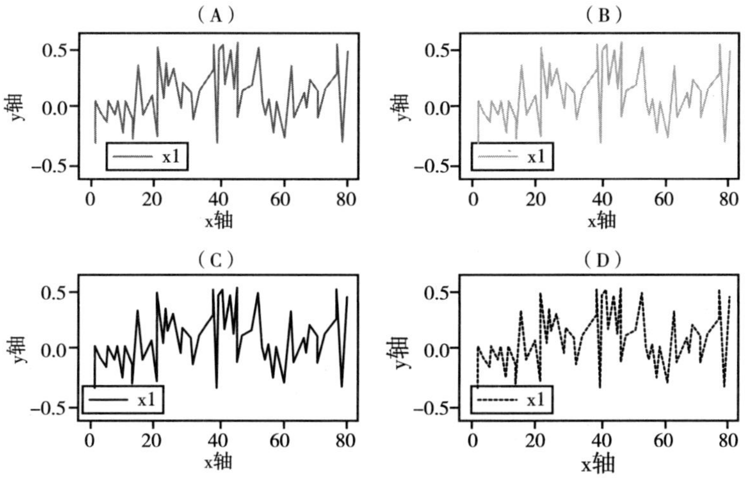

13.5.9 添加文本

例 13 -6:

In[55]:
```
fig = plt. figure( figsize = (6 ,3) ,dpi =100)
ax1 = fig. add_subplot( 1 ,1 ,1)
y1 = datax1
```

```
        y2 = data[['x2']]
        ax1.plot(y1,color = "red",linewidth = 1,linestyle = '-.',label = '$x_1$')
        ax1.plot(y2,color = "blue",linewidth = 1,linestyle = '--',label = '$x_2$')
        ax1.legend(loc = 0,frameon = True)
        #添加坐标轴 label
        ax1.set(xlabel = 'x 轴',ylabel = 'y 轴')
        ax1.text(25, -0.4,'变量\n $x_1,x_2$',fontsize = 14)
        # plt.show()
Out[55]: Text(25, -0.4,'变量\n $x_1,x_2$')
```

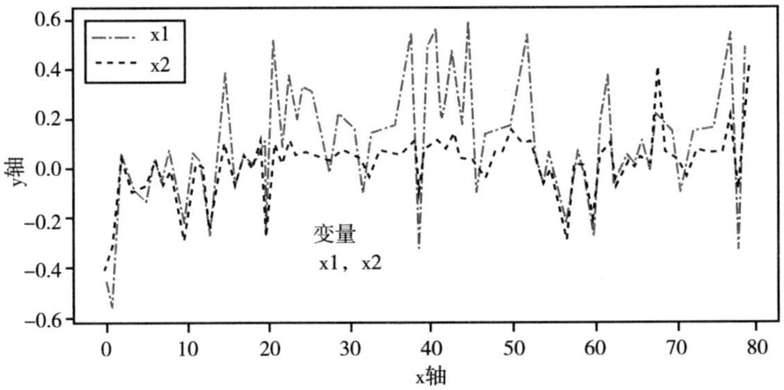

13.5.10 添加标注

例 13-7:

```
In[56]: #图中添加标注
        fig = plt.figure(figsize = (8,4),dpi = 100)
        ax1 = fig.add_subplot(1,1,1)
        y1 = data["x1"]
        y2 = data["x2"]
        ax1.plot(y1,color = "r",linewidth = 2,linestyle = '-',label = 'x1',alpha = 0.3)
        ax1.plot(y2,color = "black",linewidth = 2,linestyle = '--',label = 'x2',alpha =
        0.5)
        ax1.legend(loc = 0,frameon = True)
        #用 annotate 做注释
        ax1.scatter([20],[-0.3],color = 'red')
        ax1.axvline(20,color = 'b',linestyle = '--',linewidth = 0.8)
```

```
ax1.axhline(-0.3,color='b',linestyle='--',linewidth=0.8)
ax1.annotate('极小点',xy=(20,-0.3),xytext=(25,-0.55),
             arrowprops=dict(facecolor='blue',headwidth=5,
                             width=0.2,headlength=6,shrink=0.05),
             verticalalignment='bottom',
             horizontalalignment='left'
            )
#或者用下面的也可以实现
# point=52
# ax1.scatter([point],[0.53],color='red')
# ax1.axvline(52,color='b',linestyle='--',linewidth=0.8)
# ax1.axhline(0.53,color='b',linestyle='--',linewidth=0.8)
# ax1.plot([52],[0.55],'o')
# ax1.annotate('极大值点',xy=(53,0.55),xytext=(60,0.56),
#              arrowprops=dict(arrowstyle="->")
plt.show()
```

Out[56]:

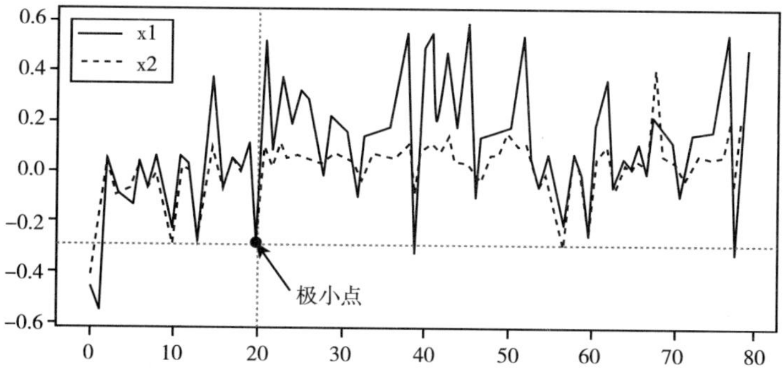

例 13-8:

In[57]:

```
#图中添加注释
fig=plt.figure(figsize=(8,4),dpi=100)
ax1=fig.add_subplot(1,1,1)
y1=data["x1"]
y2=data["x2"]
ax1.plot(y1,color="r",linewidth=2,linestyle='-',label='x1',alpha=0.3)
ax1.plot(y2,color="black",linewidth=2,linestyle='--',label='x2',alpha=
0.5)
```

```
ax1.legend(loc =0,frameon = True)
#用 annotate 作注释
#注释 1,箭头是直的
ax1.scatter([52],[0.53],color = 'b')
ax1.axvline(52,color = 'b',linestyle = '--',linewidth =0.8)
ax1.axhline(0.53,color = 'b',linestyle = '--',linewidth =0.8)
#ax1.plot([52],[0.55],'o')
ax1.annotate('极大值点(52,0.53)',xy = (53,0.55),xytext = (60,0.56),
             arrowprops = dict(arrowstyle = " - > ",connectionstyle = " arc3,rad
             =0.2")
             )
#注释 2,箭头弯曲,textcoords = 'offset points'是文本坐标的位置自动
ax1.scatter([20],[ -0.3],color = 'k')
ax1.axvline(20,color = 'r',linestyle = '--',linewidth =0.8)
ax1.axhline( -0.3,color = 'r',linestyle = '--',linewidth =0.8)
ax1.annotate('极小值点(20, -0.3)',xy = (20, -0.3),xytext = (28, -0.5),
             fontsize =20,arrowprops = dict(arrowstyle = " - > ",connectionstyle
             = "arc3,rad = -0.2")
             )
plt.show()
```

Out[57]:

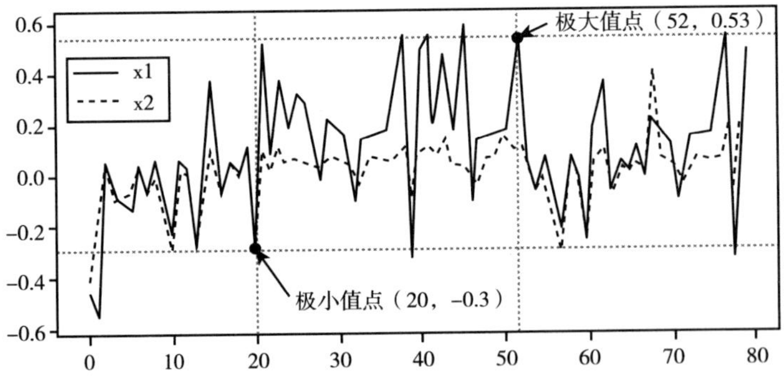

13.5.11 局部放大

用 ax.inset_axes( )插入新坐标系绘制局部放大图：

In[58]:
```
fig = plt. figure( figsize = (6,3) ,dpi = 100)
ax1 = fig. add_subplot(1,1,1)
y1 = data['x4']
ax1. plot( y1 ,color = " red" ,linewidth = 2,linestyle = ' - ')
#插入的新坐标的位置 left,bottom,length,width。
axins = ax1. inset_axes( [0. 42,0. 6,0. 2,0. 3] )
#新坐标系下作图
axins. plot( y1 )
#限制坐标轴方法
x1,x2,y1,y2 = 39,45,0. 3,0. 5
axins. set_xlim( x1,x2)
axins. set_ylim( y1,y2)
# axins. set_xticklabels('')
# axins. set_yticklabels('')
ax. indicate_inset_zoom( axins)
plt. show( )
```

Out[58]:

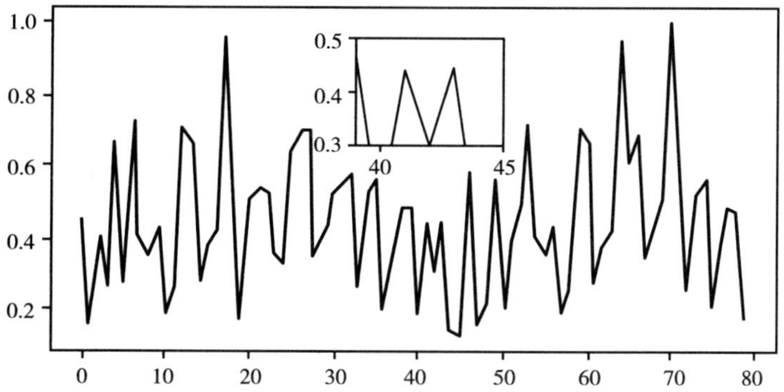

注：也可以安装 Jupyter Lab 插件 widget 变成交互图，进而做局部放大处理。

13.6

常见统计图

前面介绍的绘图方法，其实就是最典型的线图，下面我们将介绍一些在《统计学（第6版）》① 中常用的一些图形的绘制方法，详细内容可以参考网站：

① 参见贾俊平，何晓群，金勇进．统计学（第6版）．北京：中国人民大学出版社，2015.

https：//matplotlib. org/gallery/index. html；https：//www. data-to-viz. com

常见的图形有：条形图、饼图、环形图等，主要适用于分类数据和数值型数据；直方图、茎叶图、箱线图、线图、散点图、气泡图、雷达图等，主要适用于数值型数据。

在本节，我们以一个数据为例来介绍：

In[59]：
```
#读入数据 sns_data2. xlsx
data = pd.read_excel("E:\\Myjupyter\\python 基础\\sns_data2. xlsx",
                     na_values = ['NA'])
data. head(4). append(data. tail(3))
```

Out[59]：

	x1	x2	x3	x4	class	sex	age
0	-0. 45	-0. 41	1. 09	0. 45	good	male	three
1	-0. 56	-0. 31	1. 51	0. 16	good	male	three
2	0. 06	0. 02	1. 01	0. 40	good	male	three
3	-0. 07	-0. 09	1. 45	0. 26	good	male	three
77	0. 54	0. 20	3. 33	0. 48	bad	male	six
78	-0. 33	-0. 09	4. 01	0. 47	bad	female	six
79	0. 48	0. 40	1. 21	0. 18	bad	female	six

13. 6. 1 线图

线图（line plot）以折线方式显示数据的变化趋势，适用于数值型数据，特别是时间序列数据。

In[60]：
```
#线图
datax1 = data["x1"]
datax2 = data["x2"]
datax3 = data["x3"]
datax4 = data["x4"]
fig,ax = plt. subplots( )
ax. plot(datax1)
```

Out[60]：
```
[<matplotlib. lines. Line2D at 0x189f5c03b70>]
```

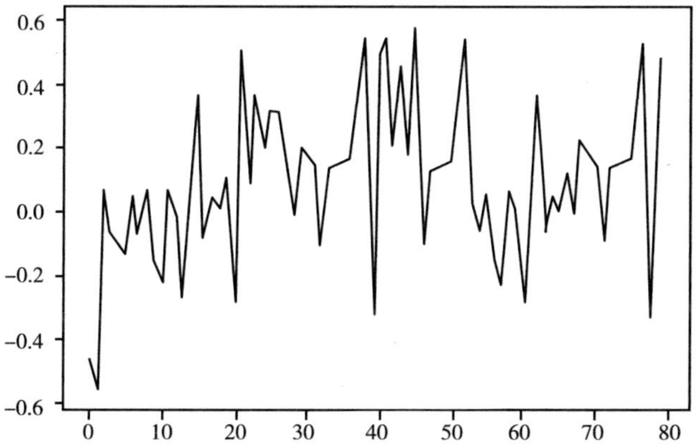

13.6.2 条形图/柱形图

条形图（bar）是用宽度相同的条形的高度或长短来表示数据多少的图形，条形图可以横置或纵置，纵置时也称为柱形图。同时，条形图有简单条形图、复式条形图等，主要用来反映分类数据的频数分布，对分类数据和数值型数据都是适用的。如果按照各类别数据出现的频数多少排序，此时绘制的条形图就是帕累托图（Pareto）。

一般柱形图用 ax. bar( )，条形图用 ax. barh( )实现，首先给一个柱形图的例子：

In[61]:
```
#柱形图绘制用 bar
data = {'A':20,'B':25,'C':10,'D':30}
x = list(data. keys( ))
y = list(data. values( ))
fig,axs = plt. subplots( )
axs. bar(x,y)                    #柱形图
```
Out[61]: <BarContainer object of 4 artists>

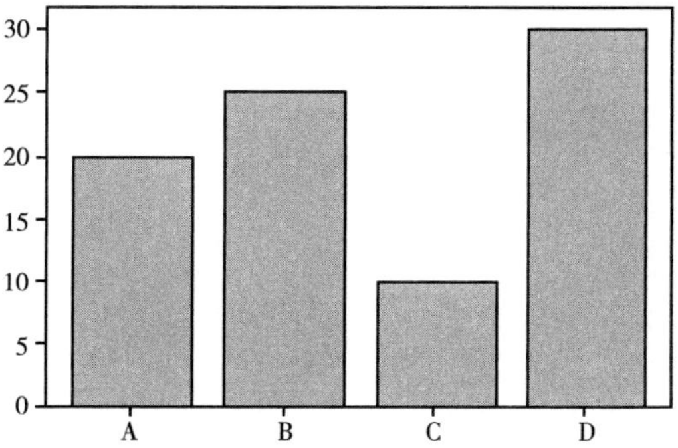

In[62]:
```
#柱形图上加数值
```

```
data = {'A':20,'B':25,'C':10,'D':30}
x = list(data.keys())
y = list(data.values())
fig,axs = plt.subplots()
axs.bar(x,y)                    #柱形图
#为条形图添加数值
for a,b in zip(x,y):
    plt.text(a,b+0.05,'%.0f' % b,ha='center',va='bottom',fontsize=12)
plt.show()
```

Out[62]:

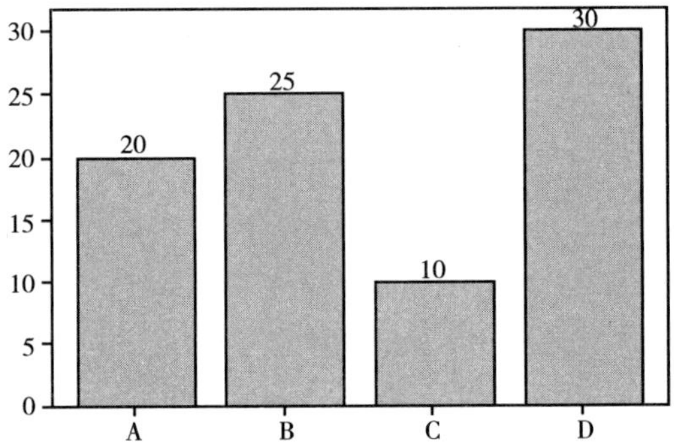

注：将柱形图按高低排列就变成了帕累托图。

例 13-8：条形图

In[63]:

```
#条形图绘制用 barh
data = {'A':20,'B':25,'C':10,'D':30}
x = list(data.keys())
y = list(data.values())
fig,axs = plt.subplots()
axs.barh(x,y)                  #条形图
```

Out[63]:

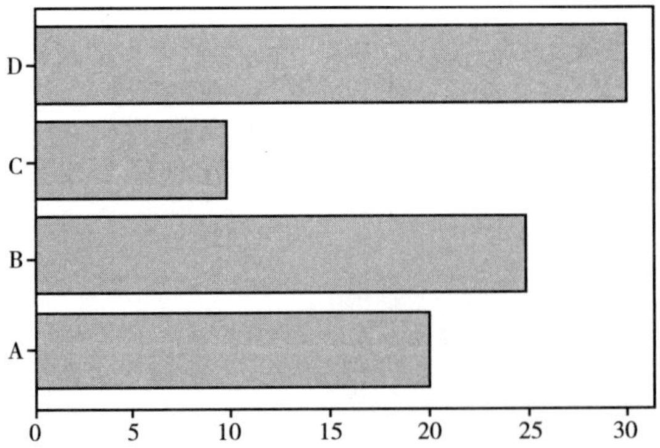

13.6.3 饼图

饼图（pie）是圆形及圆内扇形的角度来表示数值大小的图形，主要用来表示一个样本或总体各组成部分的数据占全部数据的比例，主要是展示多个分类变量的比较，当然也适用于显示数值型数据，一般情况下不要绘制饼图。

In[64]:

```
# Pie chart
labels ='分数 1','分数 2','分数 3','分数 4'
sizes = [10,20,55,15]
explode = (0,0.1,0,0.1)  #抽出某饼
fig1,ax1 = plt.subplots()#作图
ax1.pie(sizes,explode = explode,labels = labels,autopct = '%1.1f%%',
        shadow = True,startangle =90)
ax1.axis('equal')  #确保为一个圆
#做条形图
fig,ax = plt.subplots()#作图
ax.bar(labels,sizes)
plt.show()
```

Out[64]:

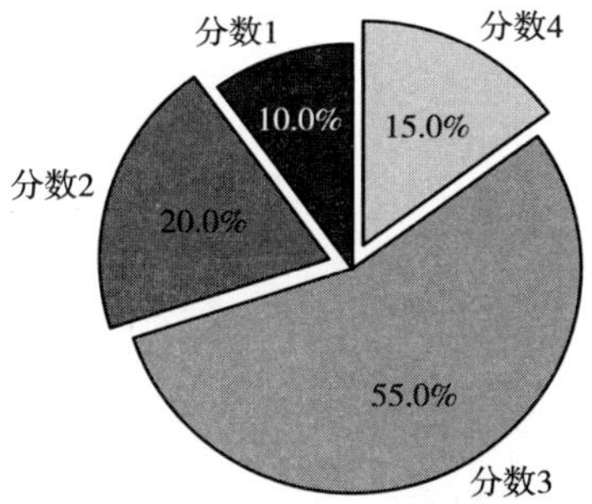

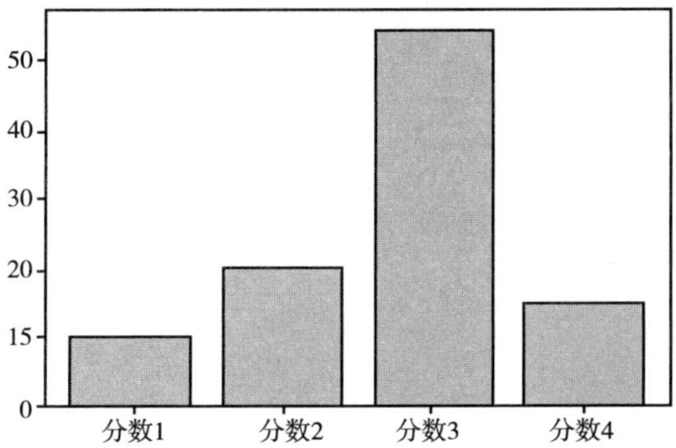

13.6.4 直方图

直方图（histogram）是用于展示分组数据分布的一种图形。它根据数据分布情况，画成以组距为底边、以频数为高度的一系列连接起来的直方型矩形图，它用矩形的宽度和高度（即面积）来表示频数分布。绘制该图时，在平面直角坐标中，用横轴表示数据分组，纵轴表示频数或频率，这样，各组与相应的频数就形成了一个矩形，即直方图。直方图主要用于展示数值型数据，同时还可以拟合出密度曲线。

```
In[65]:    #用 seaborn 做 hist 会更好
           np.random.seed(123)
           x = np.random.randn(500)
           x = 0.2 * x + np.random.randn(500) + 2
           fig,ax = plt.subplots(1,1,tight_layout = True)
           ax.hist(x,bins = 20)#做直方图
           plt.show
Out[65]:   <function matplotlib.pyplot.show(*args, **kw)>
```

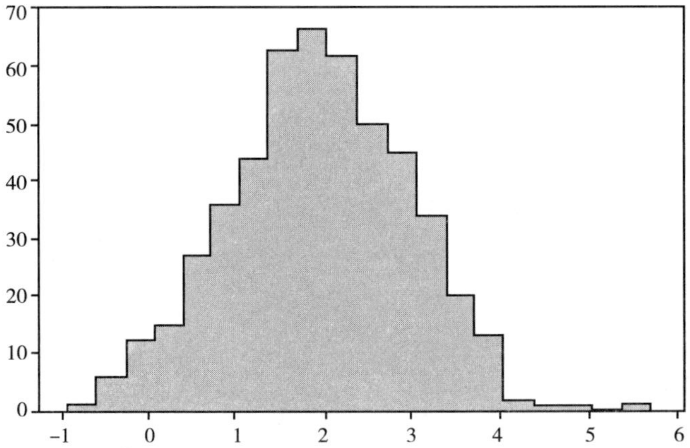

seaborn 做直方图和概率密度曲线：

```
In[66]:    #用 seaborn 做 hist 会更好
           np.random.seed(123)
           N = 5000
           n = 20
           #产生一个正态分布
```

```
x0 = np. random. randn( N)
x =0. 2  *  x0 + np. random. randn( N) +2
mu = np. mean( x)#计算均值
sigma = np. std( x)#标准差
fig,ax = plt. subplots( 1 ,1 ,tight_layout = True)
# ax. hist( x,bins = n)#做直方图
#做拟合密度曲线:利用 scipy. stats 中的概率密度函数
import scipy. stats as stats #
n,bins,patches = plt. hist( x,n,density = 1,facecolor = 'blue',alpha =0. 5)
xx = stats. norm. pdf( bins,mu,sigma)#拟合一条最佳正态分布曲线 y
plt. plot( bins,xx,'r -- ')#绘制 yy 的曲线
fig. tight_layout( )#使得图形与 y 轴保持紧密
plt. show
#下面用 seaborn 可以同时做出直方图和密度曲线
# import seaborn as sns
# sns. set_palette( " hls" )#设置所有图的颜色,使用 hls 色彩空间
# sns. distplot( y,color = " b" ,bins =30,kde = True)
# plt. show( )
```

Out[66]: <function matplotlib. pyplot. show(* args, ** kw) >

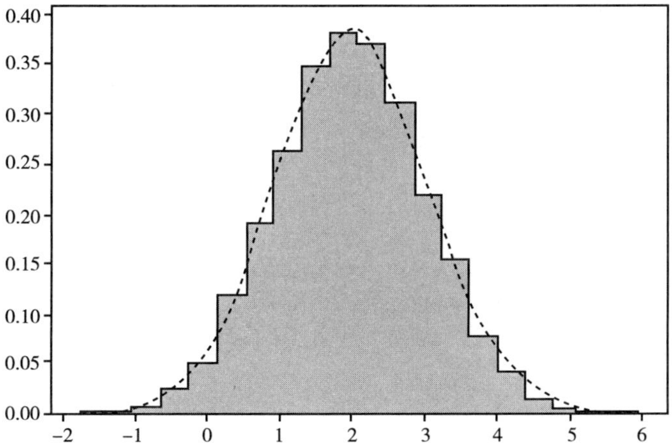

13. 6. 5 茎叶图

茎叶图（stem）是反映原始数据分布的图形。它由茎和叶两部分构成，其图形是由数字组成的。绘制茎叶图时，首先把数字分成两个部分，通常是以该组数据的高位数值作为

树茎，而且叶上只保留该数值的最后一个数字。通过茎叶图可以看出数据的分布情况及数据的离散状况。茎叶图主要适用于数值型数据。

```
In[67]:  from itertools import groupby
         data = (1,35,57,40,73,82,68,69,52,1,
                 23,35,55,65,48,93,59,87,2,64)
         data = sorted([str(e)for e in data])        #数据转换
         # k 和 h 分别为每个数值的十位数字和个位数字的字符形式
         for k,g in groupby(data,key = lambda x:int(x)// 10):
             lst = map(str,[int(h)% 10 for h in list(g)])
             print(k,'|',' '.join(lst))
Out[67]: 0 | 1 1 2
         2 | 3
         3 | 5 5
         4 | 0 8
         5 | 2 5 7 9
         6 | 4 5 8 9
         7 | 3
         8 | 2 7
         9 | 3
```

13.6.6 箱线图

箱线图（box plot）是根据一组数据的最大值（maximum）、最小值（minimum）、中位数（median）、两个四分位数（quartiles）这五个特征值绘制而成的。它主要用于反映原始数据的分布特征，还可以进行多组数据分布特征的比较。箱线图主要用来展示数值型数据的分布。

```
In[68]:  x = np.random.randn(123)
         plt.boxplot(x)        # boxplot
         plt.xticks([1],["生成器"])
         plt.ylabel("随机数值")
         plt.grid(axis = "y",ls = ":",lw = 1,color = "gray",alpha =0.4)
         plt.show()
```

Out[68]:

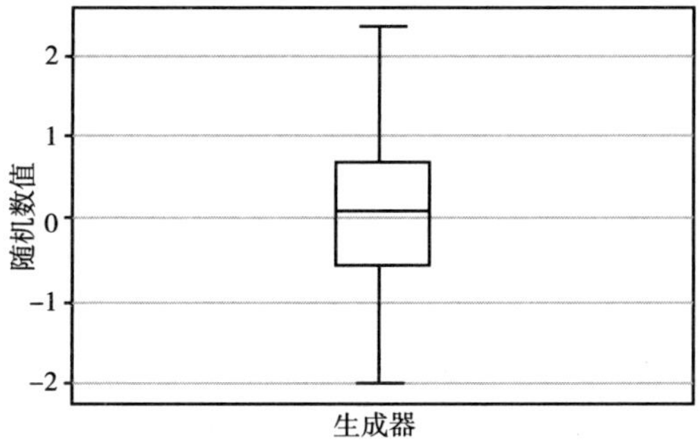

In[69]:

```
x = np.random.randn(123)
plt.boxplot(x,1)    # boxplot 的另一种图形形式
plt.xticks([1],["生成器"])
plt.ylabel("随机数值")
plt.grid(axis = "y",ls = ":",lw = 1,color = "gray",alpha = 0.4)
plt.show()
```

Out[69]:

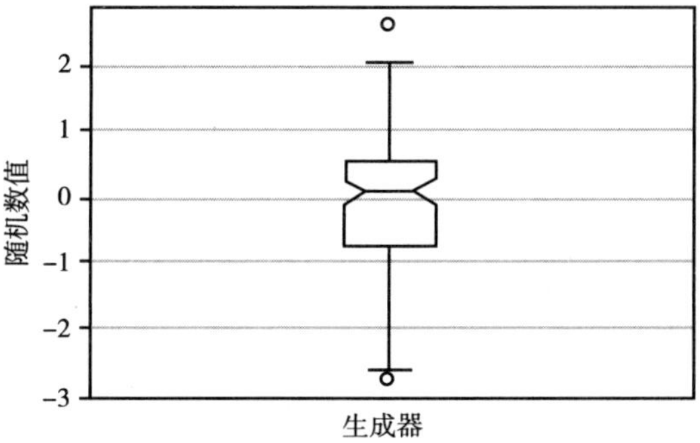

13.6.7 散点图

散点图（scatter）是用二维坐标展示两个变量之间关系的一种图形，n 组数据在坐标系中形成的 n 个点称为散点，由坐标及散点形成的二维数据图称为散点图。散点图可用于展示多个变量的分布情况，适用于数值型数据。

In[70]:

```
#两个变量
fig,ax = plt.subplots()
ax.scatter(datax1,datax2,s = 300,c = 'red',linewidths = 50,label = "black",
           alpha = 0.5,edgecolors = 'none',marker = " * ")
```

```
ax. scatter([0],[0],s=500,c='blue',linewidths=50,label="blue",
            alpha=0.8,edgecolors='none',marker="o")
```

Out[70]:   <matplotlib. collections. PathCollection at 0x189ffcd72b0>

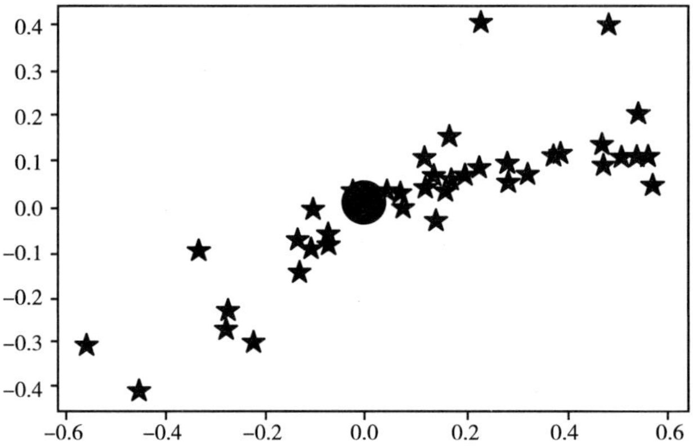

13.6.8 气泡图

气泡图（bubble）是用于展示三个变量之间关系的图形。它与散点图类似，绘制时将一个变量放在横轴，另一个变量放在纵轴，第三个变量则用气泡的大小来表示。气泡图与散点图相似，不同之处在于气泡图允许在图中额外加入一个表示大小的变量进行对比。

In[71]:

```
#三个变量:第三个变量是气泡大小
#产量\温度\降雨量的数据
production = [1125,1725,2250,2875,2900,3750,4125]
wendu = [6,8,10,13,14,16,21]
rain = [25,40,58,68,110,98,120]
colors = np. random. rand(len(wendu))  #颜色数组
size = production
plt. scatter(wendu,rain,s = size,c = colors,alpha = 0.6)  #画散点图,alpha = 0.6
表示不透明度为 0.6
plt. ylim([0,150])  #纵坐标轴范围
plt. xlim([0,30])  #横坐标轴范围
plt. xlabel('温度')  #横坐标轴标题
plt. ylabel('降雨量')  #纵坐标轴标题
plt. show()
```

Out[71]:

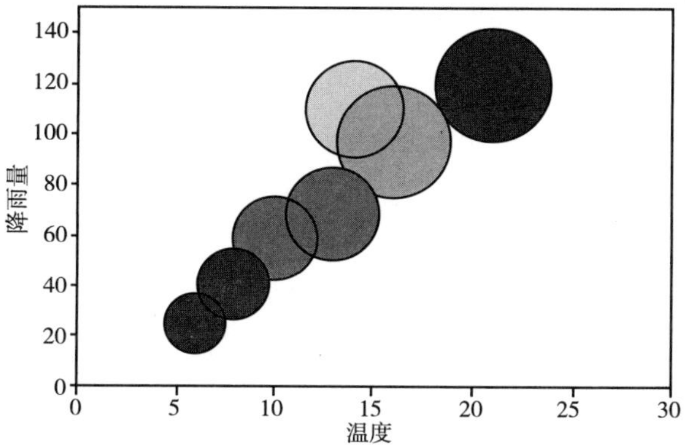

In[72]:

```
production = [1125,1725,2250,2875,2900,3750,4125]
wendu = [6,8,10,13,14,16,21]
rain = [25,40,58,68,110,98,120]
size = production
plt.scatter(wendu,rain,s = size,c = wendu,alpha = 0.6,cmap = "Blues",
            edgecolors = "grey",linewidth = 2)   #透明度 alpha
plt.ylim([0,150])   #纵坐标轴范围
plt.xlim([0,30])    #横坐标轴范围
plt.xlabel('温度')   #横坐标轴标题
plt.ylabel('降雨量')   #纵坐标轴标题
plt.show()
```

Out[72]:

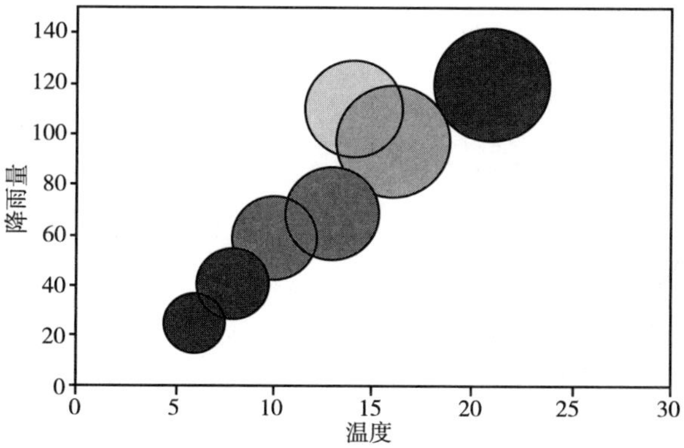

13.6.9 雷达图

雷达图（radar）是显示多个变量关系的常用图示方法，也称为蛛网图（spider）。雷达图是以从同一点开始的轴上表示的三个或更多个定量变量的二维图表的形式显示多变量

数据的图形方法。雷达图在显示或对比各变量的数值总和时十分有用。假定各变量的取值具有相同的正负号，则总的绝对值与图形所围成的区域成正比。此外，利用雷达图可以研究多个样本之间的相似程度。

用 pygal 库作雷达图：

In[73]:
```
#用 PyEcharts 可以。下面我们介绍另一种方法。
# pygal 是个非常简单且功能丰富的绘图包,实现折线图、地图等
import pygal
radar_chart = pygal. Radar( )
radar_chart. title = 'Results'
radar_chart. x_labels = ['A','B','C','D',    'E','F','G','H']
radar_chart. add('公司 1',[5462,8462,7321,7965,12555,2145,1978,7536])
radar_chart. add('公司 2',[7456,7999,12000,2854,6425,1111,3555,8759])
radar_chart. add('公司 3',[3542,3999,4100,5742,6012,2000,8987,5000])
radar_chart. add('公司 4',[39,47,54,77,125,130,30,100])
radar_chart. render_to_file('E:\\Myjupyter\\radar_chart. svg')#保存为 svg 格式
```

Out[73]: 下面的图片是打开后,复制粘贴实现

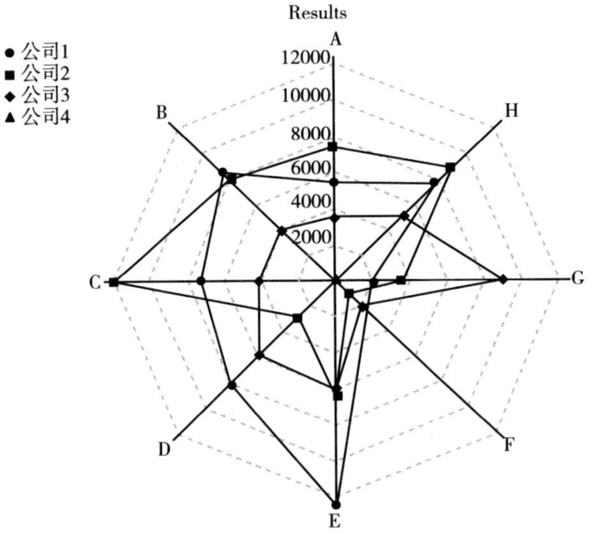

用 plt 作雷达图：

In[74]:
```
#用 plt 直接实现,网站 https://python-graph-gallery. com/radar - chart/
import matplotlib. pyplot as plt
import pandas as pd
```

```
from math import pi
#数据
df = pd.DataFrame({'group':['A','B','C','D'],'var1':[38,1.5,30,4],
'var2':[29,10,9,34],'var3':[8,39,23,24],'var4':[7,31,33,14],
'var5':[28,15,32,14]})
#变量数据
categories = list(df)[1:]
N = len(categories)
#做第一个
values = df.loc[0].drop('group').values.flatten().tolist()
        values + = values[:1]
values
#轴的角度
angles = [n / float(N) * 2 * pi for n in range(N)]
        angles + = angles[:1]
#坐标系
ax = plt.subplot(111,polar = True)
plt.xticks(angles[:-1],categories,color = 'grey',size = 8)
        ax.set_rlabel_position(0)
plt.yticks([10,20,30],["10","20","30"],color = "grey",size = 7)
plt.ylim(0,40)
ax.plot(angles,values,linewidth = 1,linestyle = 'solid')
ax.fill(angles,values,'b',alpha = 0.1)#填充
```

Out[74]:   [<matplotlib.patches.Polygon at 0x189861c0748 >]

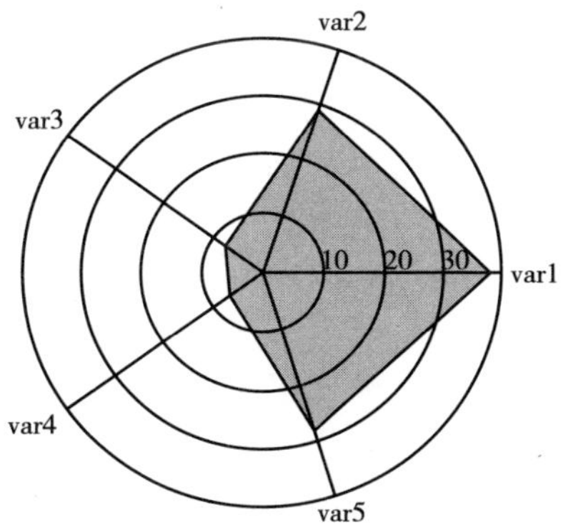

13.6.10 小提琴图

小提琴图（violin）是用来展示多组数据的分布状态以及概率密度，它结合了箱形图和密度图的特征，主要用来显示数据的分布形状，与箱形图类似，但是在密度层面展示效果较好。在数据量非常大不方便一个一个展示的时候，小提琴图特别适用。

In[75]:
```
%matplotlib inline
np.random.seed(123)
fig,axs = plt.subplots(1,2,figsize = (16,6))
data = [np.random.normal(0,num,100)for num in range(7,12)]
axs[0].violinplot(data,showmeans = False,showmedians = True)
axs[0].set_title('violin plot')
axs[1].boxplot(data)
axs[1].set_title('box plot')
#加水平网格
for ax in axs:
    ax.yaxis.grid(True)
    ax.set_xticks([y + 1 for y in range(len(data))],)
    ax.set_xlabel('x 轴')
    ax.set_ylabel('y 轴')
#改 x 轴的刻度
plt.setp(axs,xticks = [y + 1 for y in range(len(data))],
         xticklabels = ["a","b","c","d","e"]   )
plt.show()
```

Out[75]: <function matplotlib.pyplot.show(*args, **kw)>

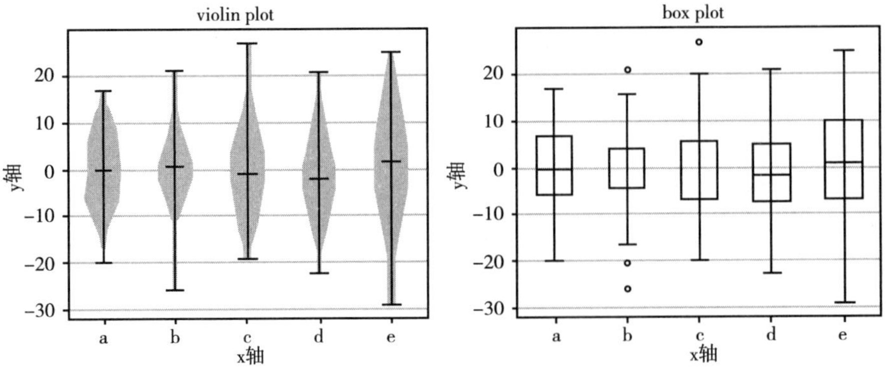

13.6.11 误差图

误差图（error）主要包含误差棒和误差带的绘制，同时还可以对误差区间进行填充，并可视化置信区间范围。

误差棒：

In[76]:
```
#误差棒 errorbar
x = np.linspace(0,np.pi * 2,20)
func = np.cos(x) * 3
delta_y =0.1 +0.1  *  np.sqrt(x)
plt.errorbar(x,func,yerr = delta_y,
             fmt = 'o',ecolor = 'r',color = 'k',
             elinewidth = 1,capsize =2)  #还可以设置 xerr =0.1 类似的参数
plt.show()
```

Out[76]:

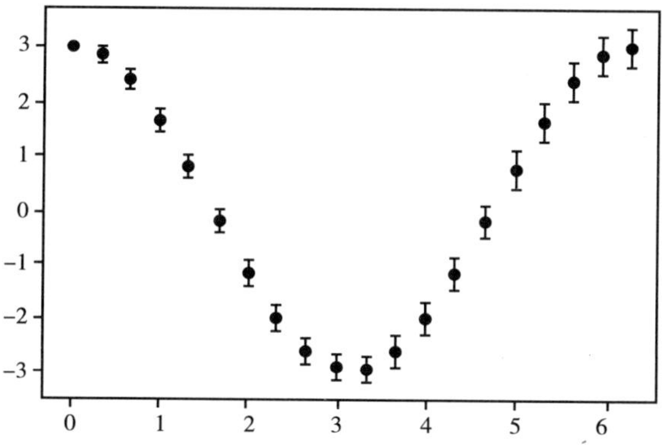

In[77]:
```
x = np.linspace(0,np.pi * 2,20)
func = np.cos(x) * 3
#误差变量值
delta_y =0.1 +0.1  *  np.sqrt(x)
fig,ax = plt.subplots(nrows =1,ncols =1)
ax.errorbar(x,func,yerr = delta_y,ecolor = 'r',color = 'b',
            elinewidth =2,capsize =3)
plt.show()
```

Out[77]:

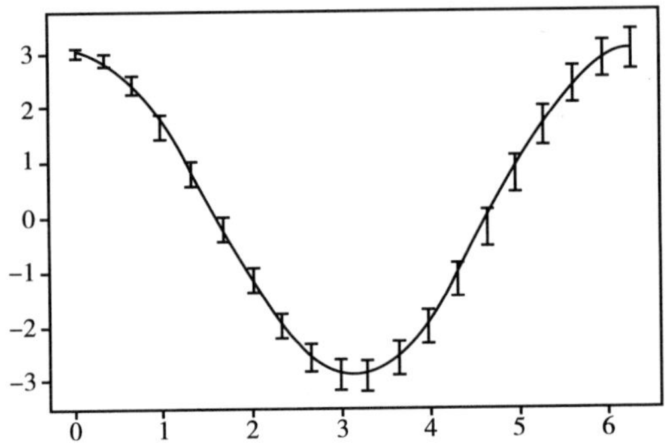

误差带:

In[78]:
```
#误差带,error band
#置信区间带 ax.fill_between 方法填充某区域
np.random.seed(123)
N =50
x =np.linspace(0,3,20)
y =np.array(np.random.normal(0,1,20))
a,b,c =np.polyfit(x,y,deg =2)
y_fit =a * x ** 2 +b * x +c
y_err =np.std(x) * np.sqrt(1/len(x) +(x - np.mean(x)) ** 2 / np.sum((x -
np.mean(x)) ** 2))
fig,ax =plt.subplots( )
ax.plot(x,y_fit,'-')
ax.fill_between(x,y_fit - y_err,y_fit +y_err,alpha =0.3)
ax.plot(x,y,'*',color ='gray')
```

Out[78]: [<matplotlib.lines.Line2D at 0x189ffc7b0b8 >]

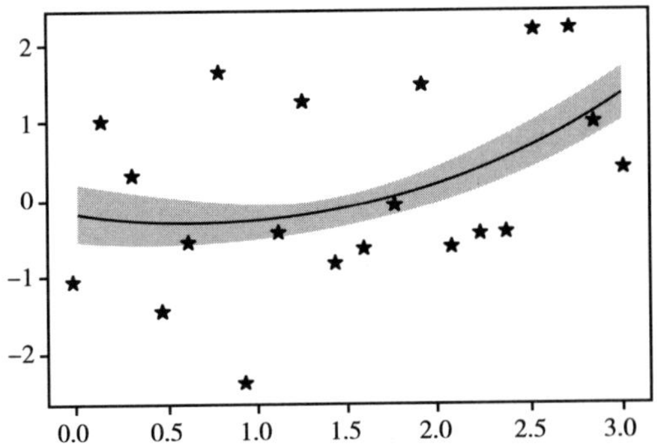

误差棒和误差区间带：

In[79]:
```
x = np.linspace(0,np.pi * 2,20)
func = np.cos(x) * 3
#误差变量值
delta_y = 0.1 + 0.1  *  np.sqrt(x)
fig,ax = plt.subplots(nrows = 1,ncols = 1)
#作误差棒
ax.errorbar(x,func,yerr = delta_y,ecolor = 'r',color = 'b',
                elinewidth = 2,capsize = 3)
#作误差区间带
ax.fill_between(x,func - delta_y,func + delta_y,alpha = 0.3)
ax.plot(x,func,' * ',color = 'gray')
plt.show()
```

Out[79]:

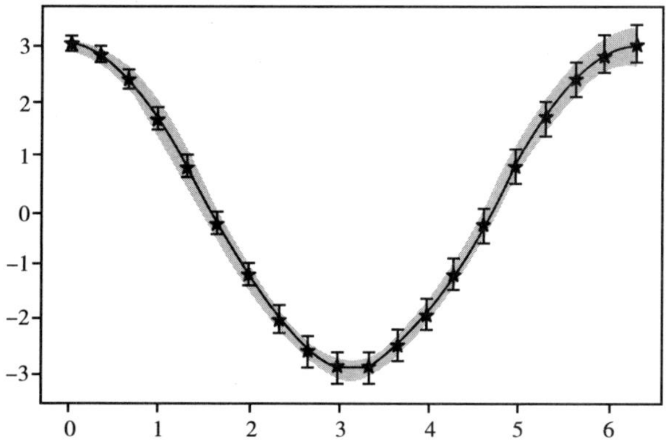

13.6.12 环形图

环形图（doughnut）是由两个及两个以上大小不一的饼图叠在一起，挖去中间的部分所构成的图形。环形图与饼图类似，但又有区别。环形图中间有一个“空洞”，每一个样本用一个环来表示，样本中的每一部分数据用环中的一段表示。因此环形图主要用于展示多个样本各部分所占的相应比例，有利于对构成做比较分析。

例 13 - 10：

In[80]:
```
import matplotlib.pyplot as plt
% matplotlib inline
```

```
#数据
names = '指标 1','指标 2','指标 3','指标 4',
size = [15,10,2,25]
#作圆
my_circle = plt.Circle((0,0),0.6,color = 'white')
plt.pie(size,labels = names,colors =
            ['red','blue','pink','green'])
p = plt.gcf()
tt = p.gca().add_artist(my_circle)
#设置边界线条
plt.setp(tt,linewidth = 1,edgecolor = 'blue')
plt.show()
```

Out[80]:

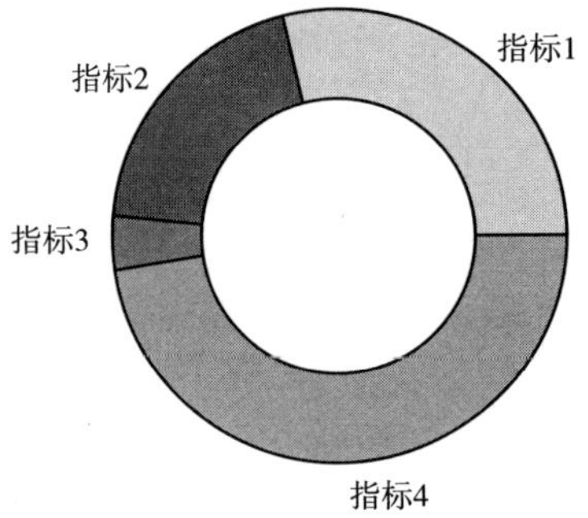

例 13-11:

In[81]:

```
import matplotlib.pyplot as plt
%matplotlib inline
names = '指标 1','指标 2','指标 3','指标 4',
size = [15,10,2,25]
#作圆
my_circle = plt.Circle((0,0),0.6,color = 'white')
plt.pie(size,labels = names,
            wedgeprops = { 'linewidth':7,
                           'edgecolor':'white' })
p = plt.gcf()
p.gca().add_artist(my_circle)
plt.show()
```

Out[81]:

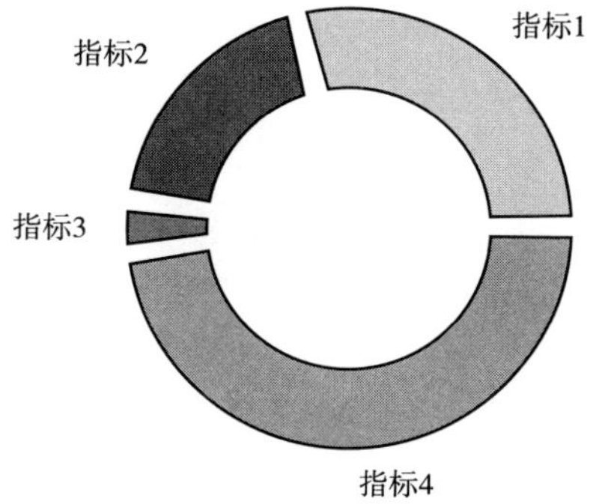

例 13－12:

In[82]:

```
import matplotlib. pyplot as plt
% matplotlib inline
group_names = ['指标 1','指标 2','指标 3']
group_size = [15,10,25]
subgroup_names = ['1 - 1','1 - 2','1 - 3',
                  '2 - 1','2 - 2',
                  '3 - 1','3 - 2','3 - 3','3 - 4','3 - 5']
subgroup_size = [9,3,3,6,4,10,5,5,3,2]
#配色
a,b,c = [plt. cm. Blues,plt. cm. Reds,plt. cm. Greens]
#第一个环形
fig,ax = plt. subplots( )
ax. axis('equal')
mypie,_ = ax. pie(group_size,radius = 1. 3,
                  labels = group_names,
                  colors = [a(0. 6),b(0. 6),c(0. 6)])
plt. setp(mypie,width = 0. 3,edgecolor = 'white')
#第二个内环形
mypie2,_ = ax. pie(subgroup_size,radius = 1. 3 - 0. 3,
                   labels = subgroup_names,
                   labeldistance = 0. 7,
                   colors = [a(0. 5),a(0. 4),a(0. 3),b(0. 5),
                             b(0. 4),c(0. 6),c(0. 5),c(0. 4),
                             c(0. 3),c(0. 2)])
```

```
plt.setp(mypie2,width=0.4,edgecolor='white')
plt.margins(0,0)
plt.show()
```

Out[82]:

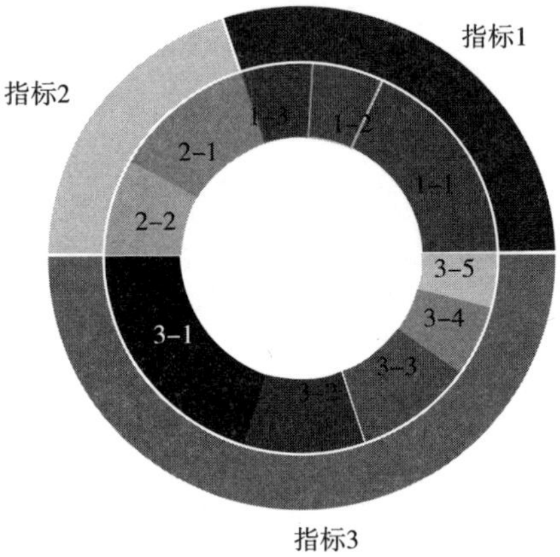

最后，我们再次强调：作图不用一次全部学会，刚学时只需要大致知道就可以，真正在需要时会查询也不迟，建议访问的网站：

https：//matplotlib. org；https：//www. data-to-viz. com

14 Seaborn 简介

本章思维导图

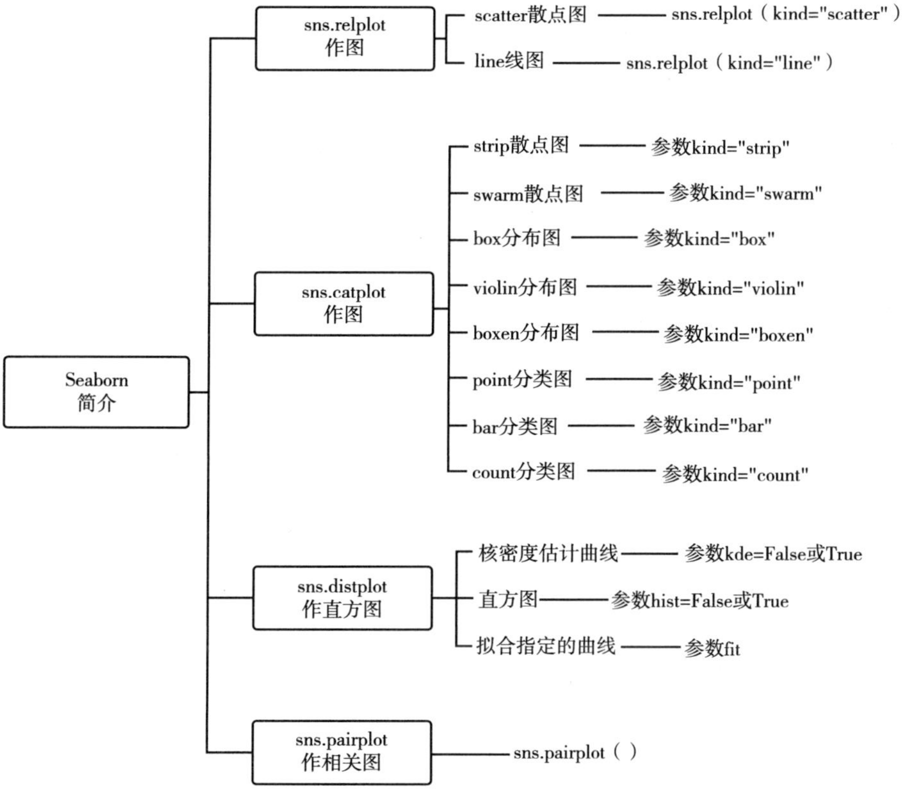

Seaborn 是基于 Matplotlib 开发的高阶 Python 数据可视化图库，可绘制更美观的统计图形，详情可以访问网址：

http：//seaborn. pydata. org/.

同时，可视化网站 www. data-to-viz. com 也是很好的参考。

学习本章的宗旨还是不要试图记住所有的用法和参数设置，更重要的是学会如何使用 help 帮助。在本章我们将以 car_revised_1 数据集为例，使用 Seaborn 绘制常见的一些图形。我们首先导入一些必备的库和作一些数据准备工作。

在本书中导入 seaborn 后始终简记为 sns，即：

```
In[1]:    import seaborn as sns
```

seaborn 版本和库的导入：

```
In[2]:    import seaborn as sns
          sns. __version__  #注意这里左右两边都是两个下划线且无空格
Out[2]:   '0. 10. 1'
In[3]:    import seaborn as sns
          import numpy as np
          import pandas as pd
          import matplotlib as mpl
          import matplotlib. pyplot as plt
          from sklearn. preprocessing import MinMaxScaler
          % matplotlib inline
          #用来正常显示中文标签
          plt. rcParams['font. sans - serif'] = ['SimHei']
          #用来正常显示负号
          plt. rcParams['axes. unicode_minus'] = False
          sns. set(font = 'SimHei')  #解决 Seaborn 中文显示问题
          np. random. seed(123)
```

例 14 -1：

```
In[4]:    data = pd.read_excel("E:\\Myjupyter\\python 基础\\car_revised_1. xlsx",
                               na_values = ['NA'])
          data. head( ). append(data. tail( ))
```

Out[4]:

	ID	x_sex	x_age	x_marry	mode	color	car_age	car_price	loan	loan_peried
0	No1	F	26	未婚	车型1	红色	395	129800	Y	4
1	No2	M	32	未婚	车型1	红色	389	129800	Y	5
2	No3	F	27	未婚	车型1	黑色	397	129800	Y	4
23	No24	F	37	已婚	车型3	银色	341	129800	N	0
24	No25	F	29	未婚	车型1	红色	347	129800	Y	4
25	No26	M	45	未婚	车型1	红色	395	129800	Y	5

In[5]:

```
data. info( )
```

Out[5]:

```
<class 'pandas. core. frame. DataFrame'>
RangeIndex:26 entries,0 to 25
Data columns(total 17 columns):
#    Column         Non-Null Count    Dtype
---  ------         --------------    -----
0    ID             26 non - null     object
1    x_sex          26 non - null     object
2    x_age          26 non - null     int64
3    x_marry        26 non - null     object
4    mode           26 non - null     object
5    color          26 non - null     object
6    car_age        26 non - null     int64
7    car_price      26 non - null     int64
8    loan           26 non - null     object
9    loan_peried    26 non - null     int64
10   loan_amount    26 non - null     int64
11   buyins         26 non - null     int64
12   asset          26 non - null     float64
13   month          26 non - null     int64
14   day            26 non - null     int64
15   year           26 non - null     int64
16   date           26 non - null     datetime64[ns]
dtypes:datetime64[ns](1),float64(1),int64(9),object(6)
memory usage:3.6 + KB
```

14.1

sns. relplot 作图

sns. relplot 的不同参数设置（见表 14－1）可以实现 scatterplot 和 lineplot 的功能。

表 14－1　　sns. relplot 绘图方法参数设置

绘图方法	kind 参数
scatterplot	kind = "scatter"
lineplot	kind = "line"

14.1.1　scatter 散点图

sns. relplot 中基本参数有“x，y，data，kind”等，其中参数 kind =” scatter” 相当于 scatterplot：

In[6]:

```
# sns. set( style = "darkgrid" )
#relplot 中 kind = "scatter" 或"line",默认为 scatter
sns. relplot( x = "asset" , y = "car_age" , data = data)  #作两个变量的散点图
```

Out[6]:

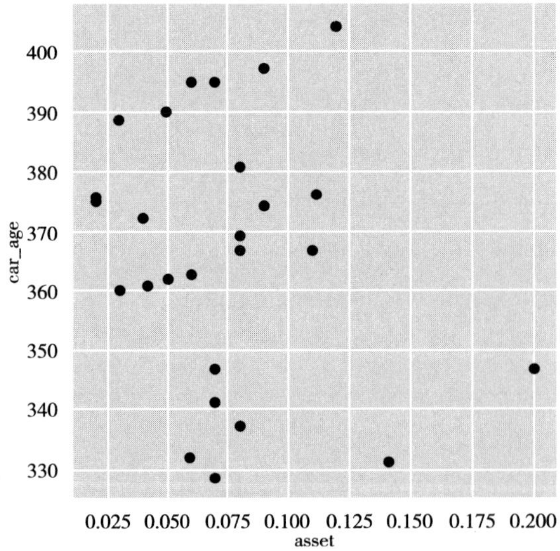

参数 hue =” X” 表示以变量 X 为图例:

```
In[7]:  sns.relplot(x = "asset",y = "car_age",
                    hue = "x_sex",data = data)#做两个变量的图,但是根据 hue 分情况
Out[7]:
```

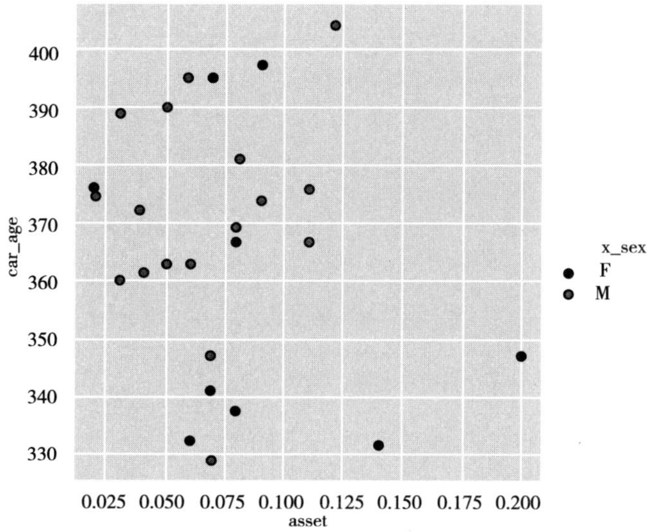


```
In[8]:  #hue 的作用
        sns.relplot(x = "asset",y = "car_age",hue = "color",data = data)
Out[8]:
```

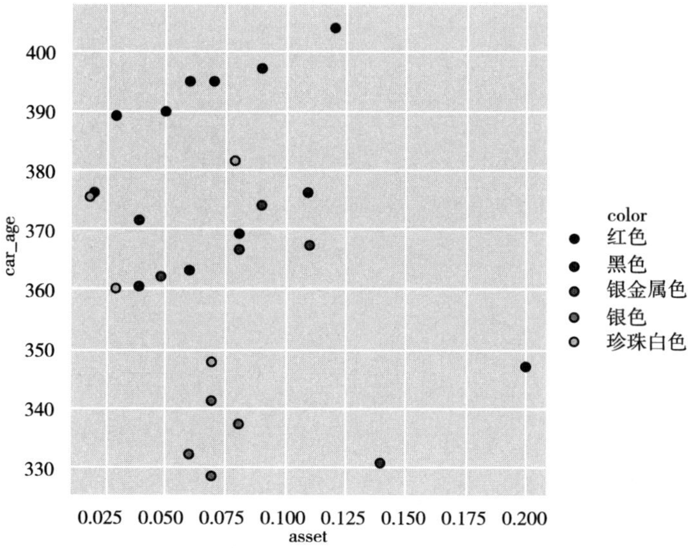

参数 style 表示图例和图的样式:

```
In[9]:  #style 的作用
        sns.relplot(x = "asset",y = "car_age",
```

hue = "color", style = "color", data = data)

Out[9]:

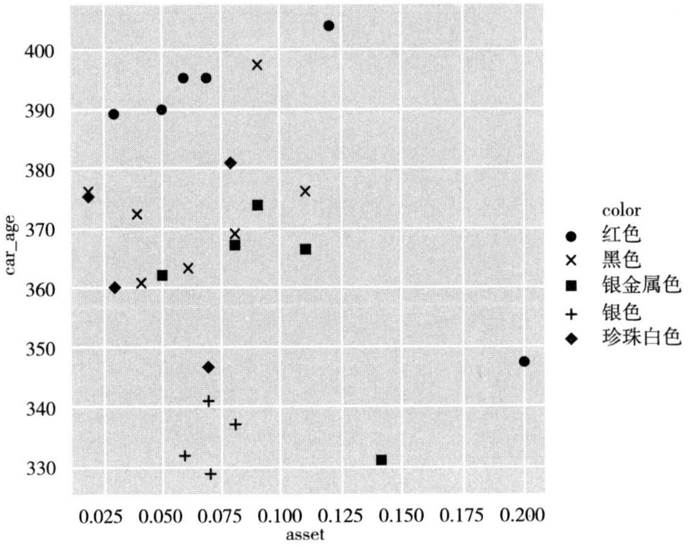

In[10]: sns. relplot(x = "asset", y = "car_age",

hue = "color", style = "x_marry", data = data)

Out[10]:

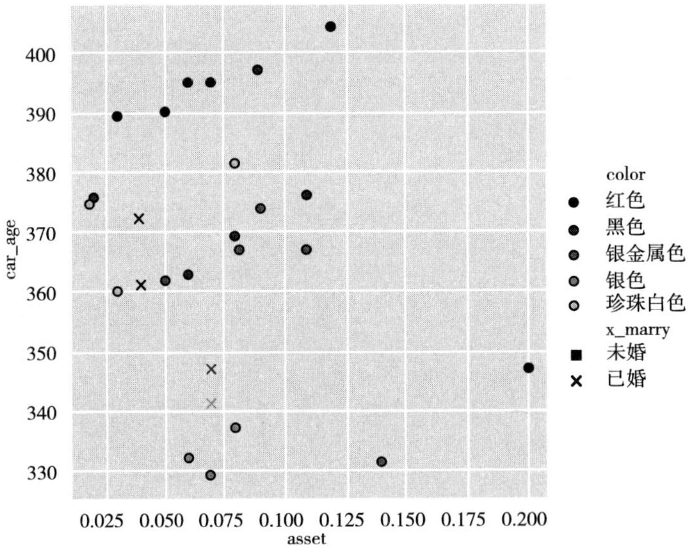

参数 size 表示图的大小样式:

In[11]:

```
#size 的作用
sns. relplot(x = "asset", y = "car_age",
             hue = "x_marry", size = "color", sizes = (10,100), data = data)
```

Out[11]:

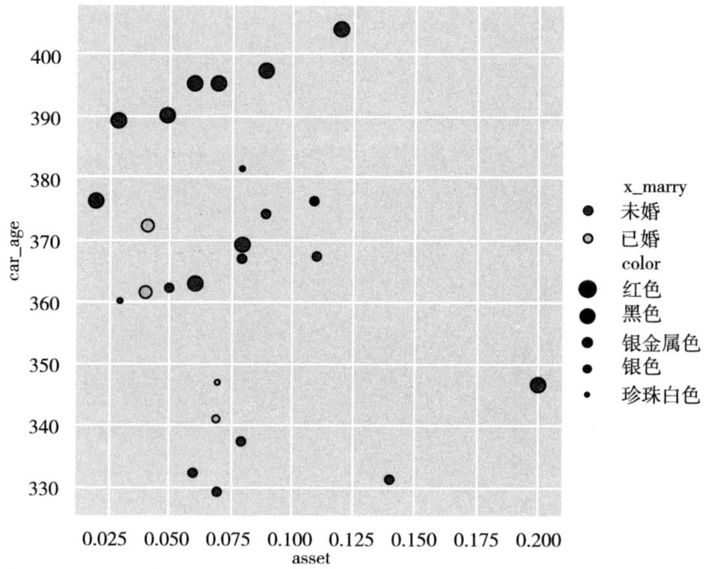

14.1.2 line 线图

sns. relplot 中参数 kind =” line” 相当于 lineplot:

In[12]:

```
#  kind = "line"参数可以做线图
g = sns.relplot(x = "month",y = "asset",kind = "line",data = data)
g.fig.autofmt_xdate()
```

Out[12]:

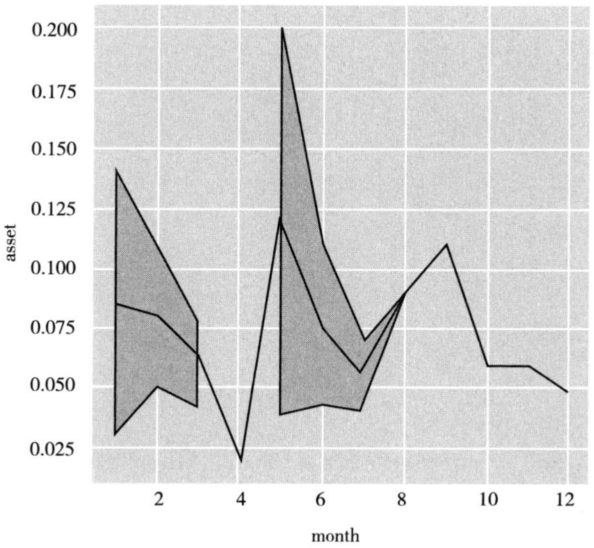

参数 ci = None 或 “sd” 表示是否显示置信区间：

In[13]:
```
#ci的作用是否显示置信区间,ci = None或"sd"
sns.relplot(x = "month",y = "asset",ci = None,kind = "line",data = data)
```

Out[13]:

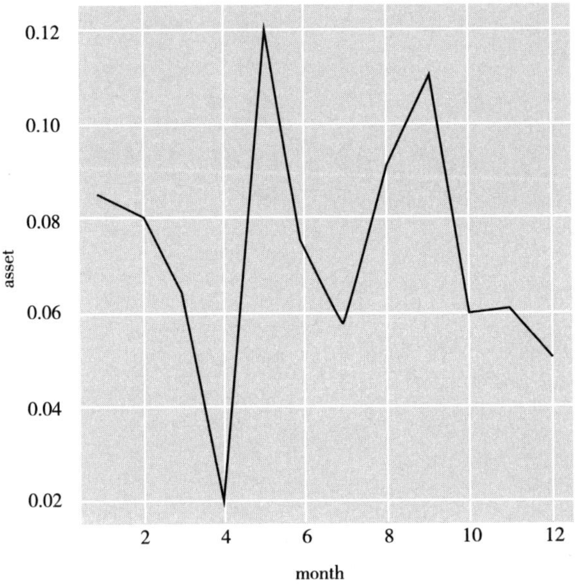

In[14]:
```
sns.relplot(x = "month",y = "asset",ci = "sd",kind = "line",data = data)
```

Out[14]:

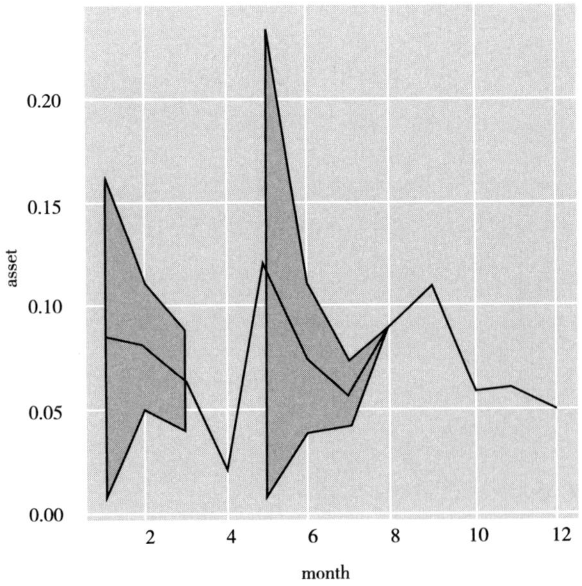

In[15]:
```
sns.relplot(x = "month",y = "asset",hue = "loan",kind = "line",data = data)
```

Out[15]:

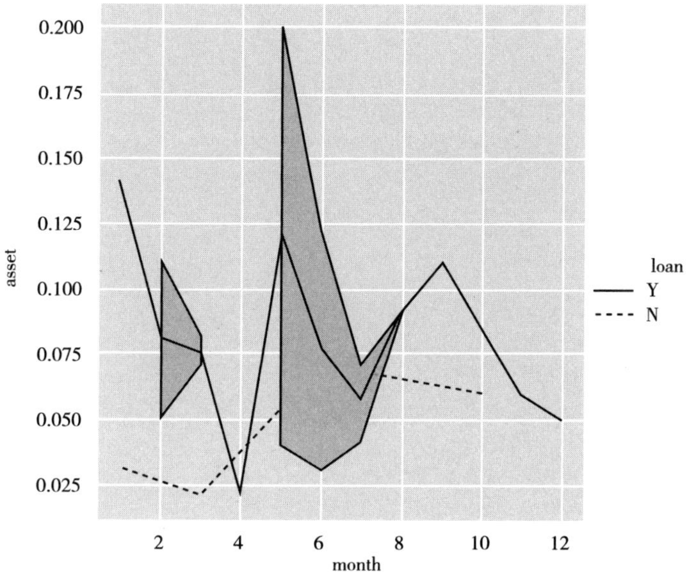

In[16]: sns. relplot(x = " month" , y = " asset" , hue = " loan" , style = " x_marry" , dashes = False, markers = True, kind = " line" , data = data)

Out[16]:

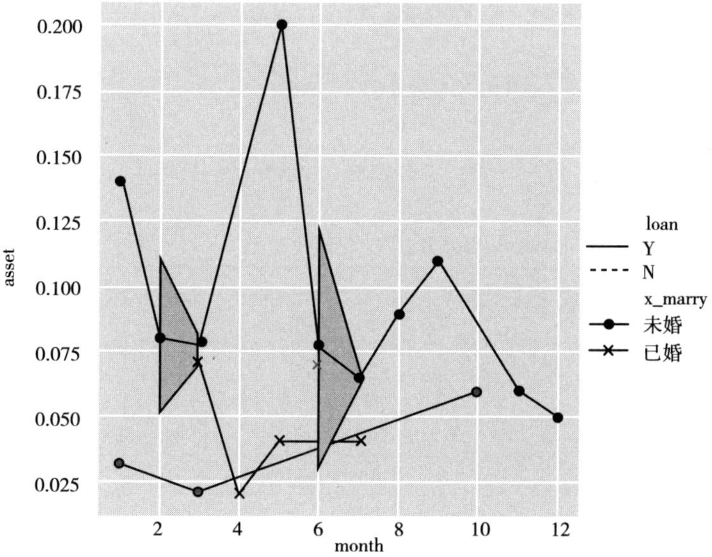

In[17]: sns. relplot(x = " month" , y = " asset" , hue = " loan" , style = " loan" , dashes = False, markers = True, kind = " line" , data = data)

Out[17]:

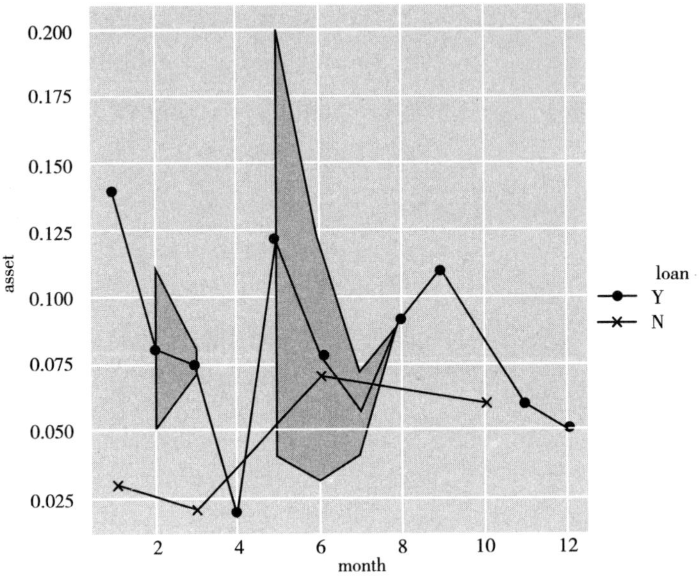

14.2

sns.catplot 作图

sns.catplot 的不同参数设置可以实现一些分类图形绘制的功能，如表 14－2 所示。

表 14－2　　　　sns.catplot 绘图方法参数设置

绘图方法	kind 参数
stripplot	kind = " strip"
swarmplot	kind = " swarm"
boxplot	kind = " box"
violinplot	kind = " violin"
boxenplot	kind = " boxen"
pointplot	kind = " point"
barplot	kind = " bar"
countplot	kind = " count"

14.2.1　strip 散点图

参数 kind =” strip” 的散点图，缺省时默认为散点图：

In[18]:

```
sns.catplot(x = "x_sex",y = "car_age",data = data)#默认为 strip 作图
```

Out[18]:

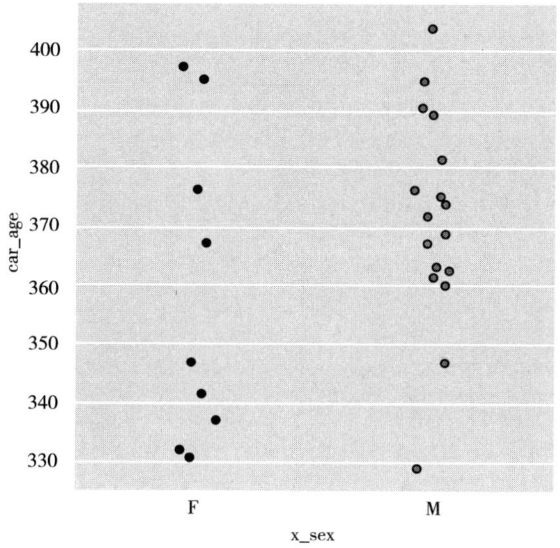

参数 jitter = True 或 False 表示控制点的大小等:

In[19]: sns. catplot(x = "x_sex", y = "car_age", jitter = False, data = data)

Out[19]:

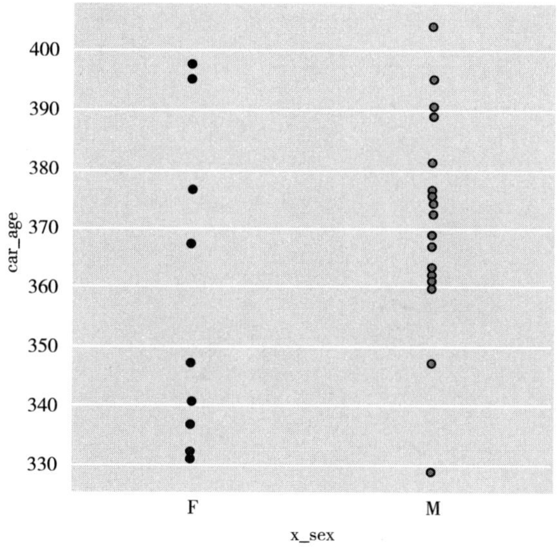

14. 2. 2 swarm 散点图

参数 kind = "swarm":

In[20]: sns. catplot(x = "x_sex", y = "car_age", hue = "mode", kind = "swarm", data = data)

Out[20]:

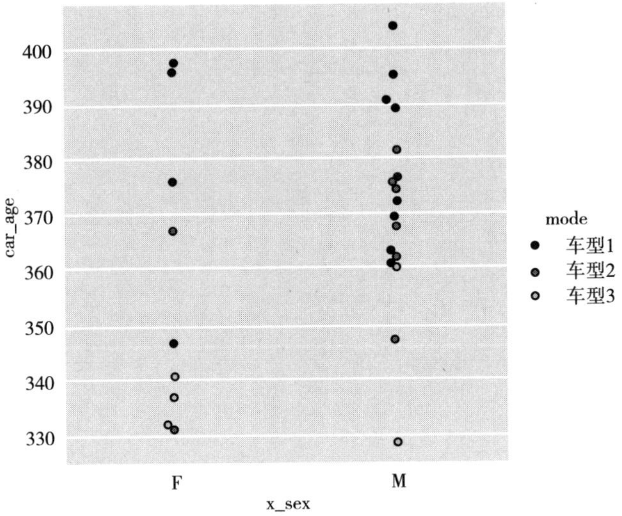

14.2.3 box 分布图

参数 kind = "box":

In[21]: `sns.catplot(x = "x_sex", y = "car_age", hue = "mode", kind = "box", data = data)`

Out[21]:

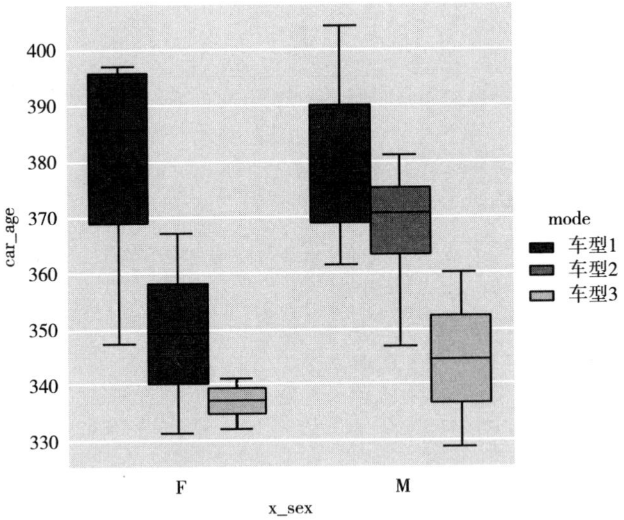

14.2.4 violin 分布图

参数 kind = "violin":

In[22]:

```
sns.catplot(x = "x_sex",y = "car_age",hue = "mode",kind = "violin",data = data)
```

Out[22]:

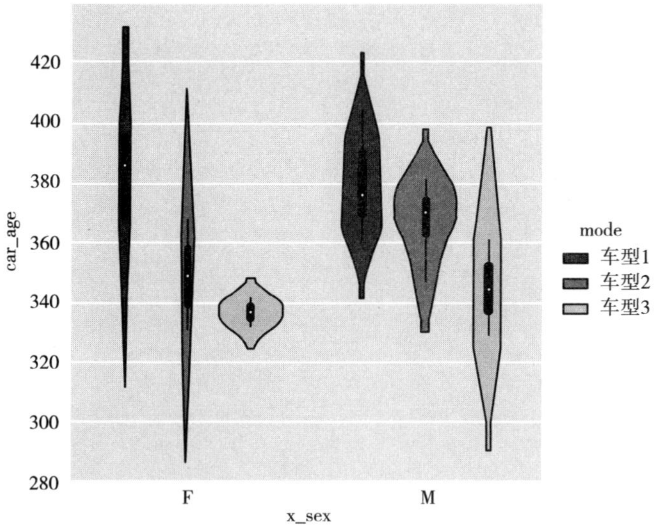

In[23]:

```
sns.catplot(x = "x_sex",y = "car_age",
            hue = "mode",kind = "violin",bw =0.15,cut =0.2,data = data)
```

Out[23]:

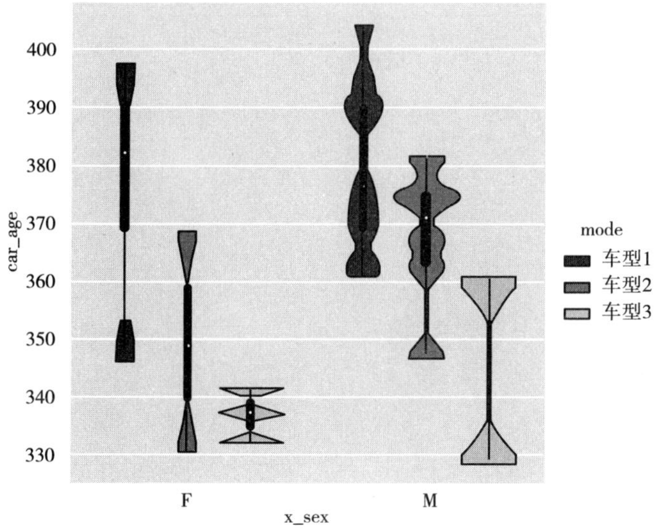

catplot 中多图展示：

In[24]:

```
g = sns.catplot(x = "x_sex",y = "car_age",
                inner = None,kind = "violin",data = data)
sns.swarmplot(x = "x_sex",y = "car_age",
              color = "k",size = 3,data = data,ax = g.ax)
```

Out[24]:

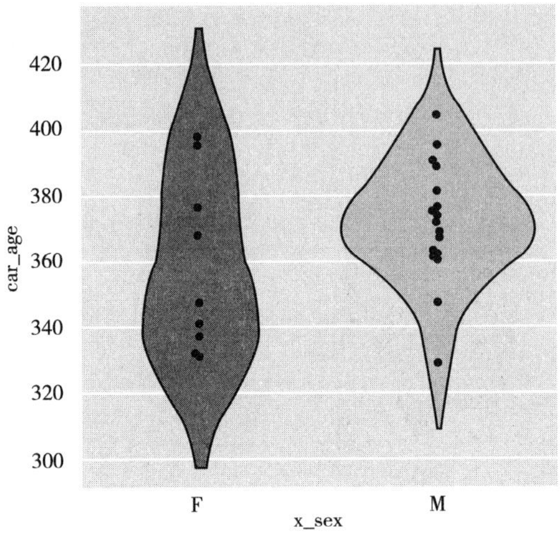

14.2.5 boxen 分布图

参数 kind = "boxen":

In[25]:
```
sns.catplot(x = "x_sex", y = "car_age",
            hue = "mode", kind = "boxen", data = data)
```

Out[25]:

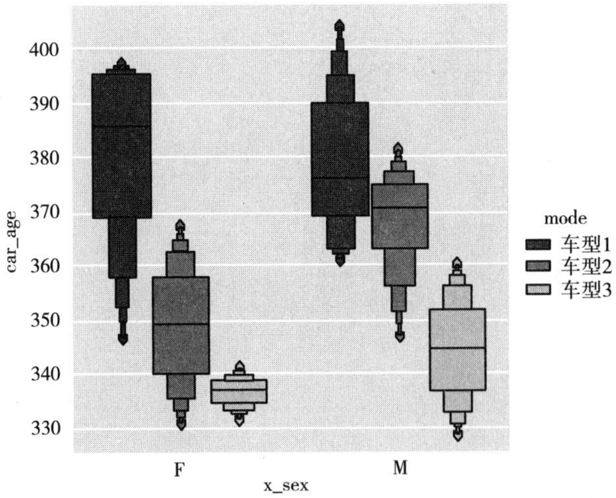

14.2.6 point 分类图

参数 kind = "point":

```
In[26]:    sns.catplot(x = "x_sex", y = "car_age",
                       hue = "mode", kind = "point", data = data)
```

Out[26]:

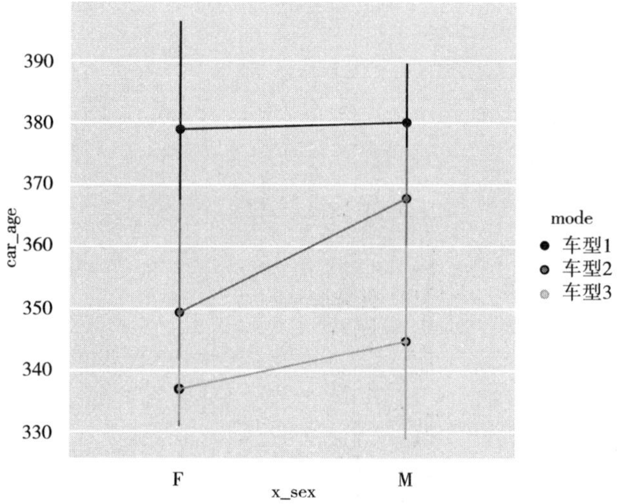

14.2.7 bar 分类图

参数 kind = "bar":

```
In[27]:    sns.catplot(x = "x_sex", y = "car_age",
                       hue = "mode", kind = "bar", data = data)
```

Out[27]:

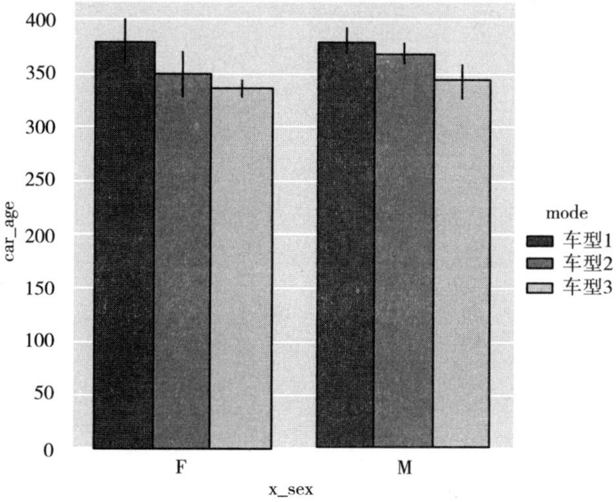

14.2.8 count 分类图

参数 kind = "count"：

In[28]：

```
sns.catplot(x = "x_sex",hue = "x_marry",kind = "count",data = data)
```

Out[28]：

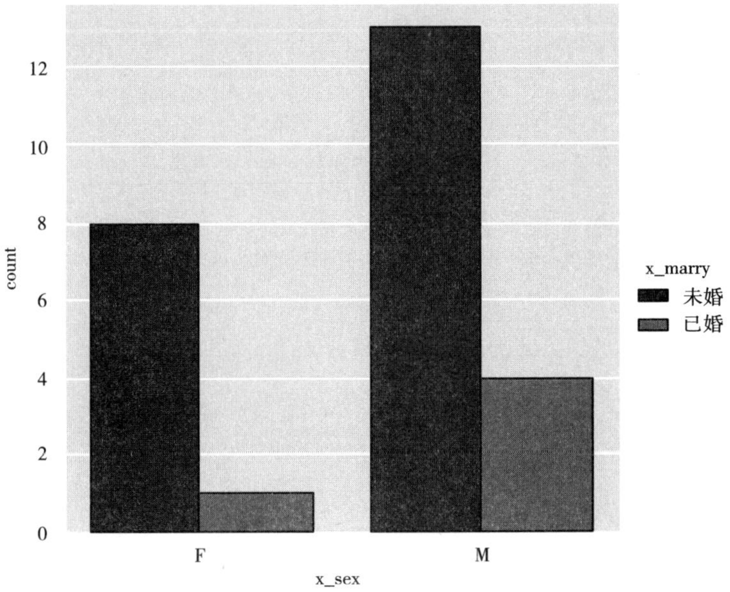

14.3 sns.distplot 作直方图

sns.distplot 可以绘制直方图，也可以设置绘制对应密度曲线参数 kde：

In[29]：

```
#参数 kde = False 或 True,表示核密度估计曲线是否展示
#也可以用 sns.kdeplot 来绘制 kde 曲线
#参数 rug 表示落在箱子上的样本数
#缺失 kde 默认画出密度曲线
sns.distplot(data.asset,kde = True,rug = True)
```

Out[29]:

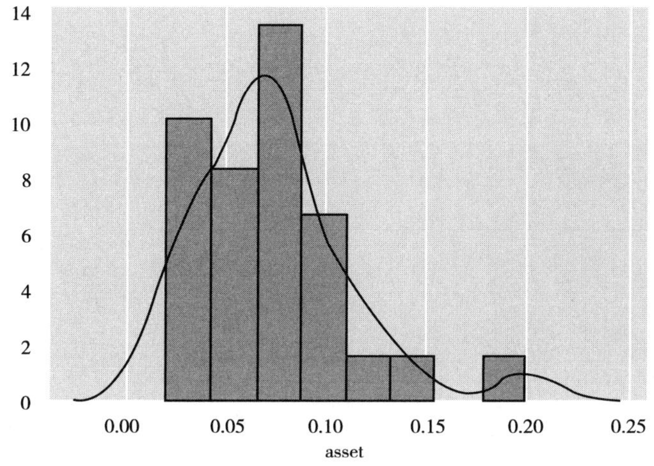

参数 hist = False 或 True:

In[30]:
```
sns.distplot(data.asset,kde = True,hist = False)#hist 表示是否需要直方图
sns.distplot(data.asset -0.01,kde = True,hist = False)
sns.distplot(data.asset -0.02,kde = True,hist = False)
sns.distplot(data.asset -0.03,kde = True,hist = False)
```

Out[30]:

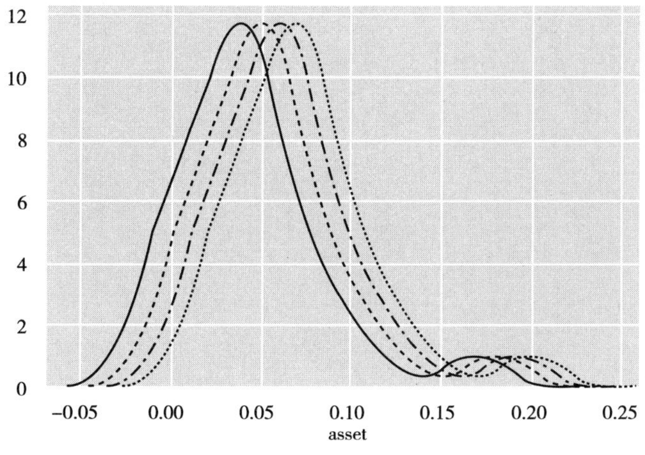

参数 fit 的设置:

In[31]:
```
#拟合指定的曲线
import scipy.stats as stats
sns.distplot(data.asset,kde = False,hist = True,fit = stats.t)
```

Out[31]:

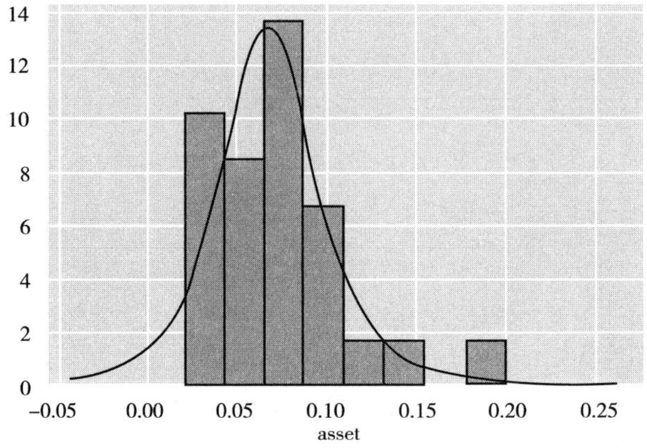

14.4

sns. pairplot 作相关图

sns. pairplot( )相关图参数设置:

In[32]: #两两变量间的相关图

sns. pairplot(data. dropna( ),hue = "x_marry")

Out[32]:

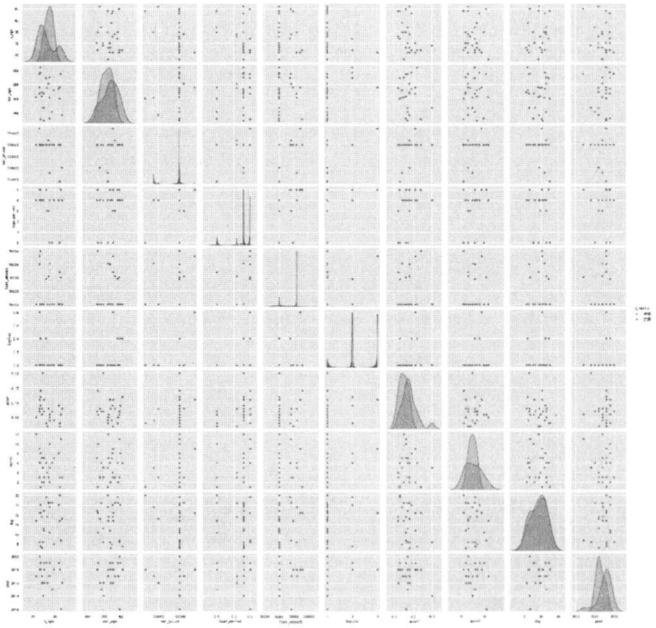

15 描述性统计

本章思维导图

- 描述性统计
  - 集中趋势的度量
    - 频数 —— data.value_counts（）
    - 众数 —— data.mode（）
    - 中位数 —— data.median（）
    - 分位数 —— data.quantile（）
    - 平均数
      - 简单平均数 —— data.mean（）或np.mean（）
      - 加权平均数 —— np.average（data.axis,weights）
      - 几何平均数
        - pow（a，b）
        - stats.gmean（）
        - scipy.stats.hmean（）
  - 离散程度的度量
    - 异众比率 ——（sum（f_i）–f_m）/sum（f_i）=1–f_m/sum（f_i）
    - 四分位差 —— data.quantile（）、data.quantile（）
    - 极差 —— data.max（）–data.min（）或np.ptp（）
    - 平均差 —— np.sum（abs（data–mean（）））/len（）
    - 方差和标准差
      - 方差：data.var（）
      - 标准差：data.std（）
    - 协方差及相关系数
      - 协方差：np.cov（）
      - 相关系数：pandas.corr（）或np.corrcoef（）或scipy.stats.pearsonr（）
    - 标准分数 ——（data–data.mean（））/（data.std（））或preprocessing.scale（）
    - 离散系数 —— data.std（）/data.mean（）
  - 分布形状的度量
    - 偏度 —— data.skew（）
    - 峰度 —— data.kurt（）

在本章我们将以一个保险数据集“baoxian”为例，对《统计学（第6版）》[①] 中所涉及的描述统计部分进行分析，主要包括集中趋势的度量、离散程度的度量和分布形状的度量。对常见统计图形，第13章或第14章给出了绘制方法。

例15－1：

In[1]:
```
#导入需要的包
import numpy as np
import pandas as pd
from scipy import stats   #scipy 中的 stats 库在统计分析中很有用
# jupyter 中一个 cell 不能多行输出的解决方案
from IPython. core. interactiveshell import InteractiveShell
InteractiveShell. ast_node_interactivity = 'all'   # 默认'last'
```

In[2]:
```
#读取数据并做处理
data_yuanshi = pd.read_excel('E:\\Myjupyter\\python 基础\\baoxian. xlsx')
# data_yuanshi   #展示数据 data_yuanshi
data_yuanshi = data_yuanshi. set_indcx("指标")   #将指标列变为 index 项
# data_yuanshi. reset_index((inplace = True,drop = True))   #重置标签
data_yuanshi. rename(index = {
    "保险业资产总额(亿元)":"total","财产险公司资产(亿元)":"caixian",
    "寿险公司资产(亿元)":"shouxian","再保险公司资产(亿元)":"zaix-
    ian",
    "中资保险公司资产(亿元)":"zhongzixian",
    "外资保险公司资产(亿元)":"waizixian"},inplace = True)
data = data_yuanshi
```

In[3]:
```
data
```

Out[3]:

指标	2018年	2017年	2016年	2015年	2014年	2013年	2012年	2011年	2010年
total	183305.24	169377.32	153764.66	123597.76	101591.47	82886.95	73545.73	59828.94	50481.61
caixian	23502.73	24901.04	23849.82	18481.13	14061.48	10941.45	9477.47	7919.95	5833.52
shouxian	146032.48	131885.05	126557.51	99324.83	82487.20	68250.07	60991.22	49798.19	42642.66

① 参见贾俊平，何晓群，金勇进．统计学（第6版）．北京：中国人民大学出版社，2015.

zaixian	3633.48	3150.32	2765.61	5187.38	3513.56	2103.93	1845.25	0.00	1151.79
zhongzixian	171695.83	158956.86	144646.59	115057.96	94950.98	78551.67	70080.33	56822.12	47860.49
waizixian	11609.41	10420.46	9118.07	6539.80	6640.49	4335.28	3465.40	3000.00	3000.00

用 pandas 对象的 info( )方法查看数据的基本信息：

In[4]:
```
data.info( )#查看数据基本信息
```

Out[4]:
```
<class 'pandas.core.frame.DataFrame'>
Index:6 entries,total to waizixian
Data columns(total 9 columns):
 #   Column   Non-Null Count   Dtype
---  ------   --------------   -----
 0   2018年   6 non-null       float64
 1   2017年   6 non-null       float64
 2   2016年   6 non-null       float64
 3   2015年   6 non-null       float64
 4   2014年   6 non-null       float64
 5   2013年   6 non-null       float64
 6   2012年   6 non-null       float64
 7   2011年   6 non-null       float64
 8   2010年   6 non-null       float64
dtypes:float64(9)
memory usage:480.0+ bytes
```

用 pandas 对象的 describe( )方法给出汇总的基本描述统计分析：

In[5]:
```
data.describe( )#基本的描述统计分析
```

Out[5]:

	2018年	2017年	2016年	2015年	2014年	2013年	2012年	2011年	2010年
count	6.000000	6.000000	6.000000	6.000000	6.000000	6.000000	6.000000	6.000000	6.000000
mean	89963.195000	83115.175000	76783.710000	61364.810000	50540.863333	41178.225000	36567.566667	29561.533333	25161.678333
std	85493.689162	78280.782685	71927.995921	56916.698629	47050.072850	39160.548036	34992.201308	28693.327447	24096.108149
min	3633.480000	3150.320000	2765.610000	5187.380000	3513.560000	2103.930000	1845.250000	0.000000	1151.790000
25%	14582.740000	14040.605000	12801.007500	9525.132500	8495.737500	5986.822500	4968.417500	4229.987500	3708.380000
50%	84767.605000	78393.045000	75203.665000	58902.980000	48274.340000	39595.760000	35234.345000	28859.070000	24238.090000
75%	165279.992500	152188.907500	140124.320000	111124.677500	91835.035000	75976.270000	67808.052600	55066.137500	46556.032500
max	183305.240000	169377.320000	153764.660000	123597.760000	101591.470000	82886.950000	73545.730000	59828.940000	50481.610000

15.1 集中趋势的度量

集中趋势反映了一组数据向某一中心值聚集的程度，选择哪一个测度值作为数据的集中趋势，要根据数据类型和特点来确定。

15.1.1 频数

频数（frequency）是数据中代表某种特征的值出现的次数，反映各组特征值对全体特征值所起作用的强度，它可以用表的形式，也可以用图形的形式呈现。

用 pandas 对象的 value_counts 来实现频数统计：

```
In[6]:    data_waizixian = data.loc["waizixian",:]
          data_waizixian
Out[6]:   2018年    11609.41
          2017年    10420.46
          2016年     9118.07
          2015年     6539.80
          2014年     6640.49
          2013年     4335.28
          2012年     3465.40
          2011年     3000.00
          2010年     3000.00
          Name:waizixian,dtype:float64
In[7]:    data_waizixian.value_counts()    # pandas 计算数据频数
Out[7]:    3000.00    2
           4335.28    1
           6539.80    1
          10420.46    1
           9118.07    1
           3465.40    1
          11609.41    1
```

```
    6640.49        1
    Name:waizixian,dtype:int64
```

15.1.2 众数

众数（mode）是一组数据中出现次数最多的变量，反映分类数据，顺序数据和数值型数据集中趋势的测度值。一般数据量较大时才有意义。

用 pandas. mode 来计算众数：

```
In[8]:     data_waizixian = data.loc["waizixian",:]
           data_waizixian.mode()    #pandas 计算数据中的众数
Out[8]:    0      3000.0
           dtype:float64
```

注：也有其他方法可以实现，比如 numpy 中的 mode 属性方法等。

15.1.3 中位数

中位数（median）是一组数据排序后处于中间位置上的变量值，主要测度顺序数据、数值型数据的集中趋势，但不适用与分类数据。

用 pandas. median 来计算中位数：

```
In[9]:     sorted(data_waizixian)   #排序
Out[9]:    [3000.0,3000.0,3465.4,4335.28,6539.8,6640.49,9118.07,10420.46,11609.41]
In[10]:    data_waizixian = data.loc["waizixian",:]
           data_waizixian.median()   #中位数
Out[10]:   6539.8
```

15.1.4 分位数

在一组数据中，可以找到处在某个位置上的数据，这些位置上的数据就是对应的分位数，包括中位数、四分位数、十分位数、百分位数等，这些统称为分位数（quantile）。四分位数是一组数据排序后处于 25%、50%、75% 位置上的值，其中 50% 位置上的值是中位数，25% 的为下四分位数，75% 的为上四分位数。

用 pandas. quantile 计算分位数，包含四分位数：

```
In[11]:   data_waizixian = data.loc["waizixian",:]
          data_waizixian.describe()  #基本统计分析表
Out[11]:  count        9.000000
          mean      6458.767778
          std       3292.628094
          min       3000.000000
          25%       3465.400000
          50%       6539.800000
          75%       9118.070000
          max      11609.410000
          Name:waizixian,dtype:float64
In[12]:   data_waizixian.quantile(0.75)#求四分位数,任意分位数都可以
Out[12]:  9118.07
In[13]:   data_waizixian.quantile(0.10)#10% 分位数
Out[13]:  3000.0
```

15.1.5 平均数

平均数（mean）也成为均值，它是一组数据相加后除以数据的个数得到的结果，是集中趋势的重要度量值，适用数值型数据，不适用于分类数据和顺序数据。我们主要介绍简单平均数、加权平均数和几何平均数。下面给出的计算方法或命令并非是唯一的，我们只是给出常用的方法。

（1）用 pandas. mean 或 numpy. mean 等计算简单平均数

```
In[14]:   data_waizixian = data.loc["waizixian",:]
          data_waizixian.mean()  #pandas 做简单平均数
Out[14]:  6458.767777777777
In[15]:   np.mean(data_waizixian)  #numpy 做简单平均
Out[15]:  6458.767777777777
```

（2）用 numpy. average 计算加权平均数

```
In[16]:    #numpy 做加权平均,weights 设置权重,axis 是 0 或 1 维度
           np.average(data_waizixian,axis =0,
                      weights =(1,1,1,1,1,1,1,1,1))  #numpy 做加权平均
Out[16]:   6458.767777777777
In[17]:    #numpy 做加权平均,weights 设置权重
           data_waizixian_zhongzixian = data.loc[["zhongzixian","waizixian"],:]
           #print(data_waizixian_zhongzixian)
           np.average(data_waizixian_zhongzixian,axis =1,
                      weights =(1,1,1,1,1,1,1,1,1)  )
Out[17]:   array([104291.42555556,6458.76777778])
```

（3）用公式或 scipy. stats. gmean 计算几何平均数

```
In[18]:    pow(data_waizixian.prod( ),1/9)  #pow(a,b)a 的 b 次方,几何平均
Out[18]:   5712.414752561385
In[19]:    stats.gmean(data_waizixian)  #几何平均数
Out[19]:   5712.414752561389
```

注： scipy. stats. hmean 可以计算调和平均数。

15.2

离散程度的度量

离散程度反映的是各变量值远离中心值的程度，数据的离散程度越大，则该组数据的代表性就越差，离散程度越小其代表性越好。

15.2.1 异众比率

异众比率是非众数组的频数占总频数的比例，计算公式为：

(sum(f_i) – f_m)/(sum(f_i)) =1 – f_m/(sum(f_i))

其中 sum(f_i))为变量值的总频数，f_m 为众数组的频数。

用异众比率公式编程实现：

```
In[20]:  data_waizixian = data.loc["waizixian",:]
         data_waizixian  #对此数据进行编程
Out[20]: 2018年    11609.41
         2017年    10420.46
         2016年     9118.07
         2015年     6539.80
         2014年     6640.49
         2013年     4335.28
         2012年     3465.40
         2011年     3000.00
         2010年     3000.00
         Name:waizixian,dtype:float64
In[21]:  data_count = data_waizixian.value_counts()   # pandas 计算数据频数
         data_count = pd.DataFrame(data_count)
         data_count
         data_count.iloc[0,0]
         np.sum(data_count.waizixian)
         1 - data_count.iloc[0,0]/np.sum(data_count.waizixian)   #异众比率公式
Out[21]: 0.7777777777777778
```

15.2.2 四分位差

四分位差也称为内距或四分间距，它是上四分位数与下四分位数之差，它反映了中间50%数据的离散程度，其数值越小说明中间的数据越集中，适用于顺序数据和数值型数据，不适用于分类数据。

用 pandas 对象的 quantile 方法计算四分位数：

```
In[22]:  #利用四分位差公式： Q = Q_0.75 - Q_0.25
         data_waizixian = data.loc["waizixian",:]
         data_waizixian.quantile(0.75) - data_waizixian.quantile(0.25)
Out[22]: 5652.67
```

注： quantile 也可以用来计算任意分位数。

15.2.3 极差

极差是一组数据的最大值和最小值之差。

用 numpy. pt 或公式法计算极差：

```
In[23]:    #公式计算
           data_waizixian.max() - data_waizixian.min()
Out[23]:   8609.41
In[24]:    #np.ptp 求极差
           np.ptp(data_waizixian)
Out[24]:   8609.41
```

15.2.4 平均差

平均差也称为平均绝对离差，它是各变量值与其平均数离差绝对值的平均数，我们可以使用平均差公式编程实现：

```
In[25]:    #公式 sum(abs(x_i - mean(x)))/ n
           np.sum(abs(data_waizixian - mean(data_waizixian)))/len(data_waizixian)
Out[25]:   2674.3091358024694
```

15.2.5 方差和标准差

用 pandas. var 计算方差：

```
In[26]:    data_waizixian.var()   #方差
Out[26]:   10841399.767219443
```

用 pandas. std 计算标准差：

```
In[27]:    data_waizixian.std()   #标准差
Out[27]:   3292.628094276583
```

15.2.6 协方差及相关系数

用 numpy.cov 计算协方差:

```
In[28]:    np.cov(data_waizixian,data.loc["zhongzixian",:])#协方差
Out[28]:   array([[1.08413998e+07,1.48333312e+08],
                  [1.48333312e+08,2.07926056e+09]])
```

用 pandas.corr( ), numpy.corrcoef( )或 scipy.stats.pearsonr( )方法计算简单相关系数:

```
In[29]:    data.loc[["caixian","shouxian","zaixian",
                     "zhongzixian","waizixian"],:].corr( )# pandas 中的 corr
           #也可以用 np.corrcoef 来求相关系数,
           #还可以用 scipy.stats.pearsonr 求相关系数(也可以求其他相关系数)
Out[29]:
```

	2018 年	2017 年	2016 年	2015 年	2014 年	2013 年	2012 年	2011 年	2010 年
2018 年	1.000000	0.999635	0.999467	0.999501	0.999855	0.999785	0.999702	0.999638	0.999345
2017 年	0.999635	1.000000	0.999304	0.999295	0.999289	0.999237	0.999102	0.999189	0.999114
2016 年	0.999467	0.999304	1.000000	0.999604	0.999652	0.999671	0.999593	0.999914	0.999073
2015 年	0.999501	0.999295	0.999604	1.000000	0.999770	0.999841	0.999856	0.999472	0.999090
2014 年	0.999855	0.999289	0.999652	0.999770	1.000000	0.999990	0.999966	0.999782	0.999683
2013 年	0.999785	0.999237	0.999671	0.999841	0.999990	1.000000	0.999990	0.999761	0.999653
2012 年	0.999702	0.999102	0.999593	0.999856	0.999966	0.999990	1.000000	0.999678	0.999663
2011 年	0.999638	0.999189	0.999914	0.999472	0.999782	0.999761	0.999678	1.000000	0.999464
2010 年	0.999345	0.998114	0.999073	0.999090	0.999683	0.999653	0.999663	0.999464	1.000000

15.2.7 标准分数

标准分数（standard score）是变量值与其平均数的离差除以标准差后的值，也称为标准化值或 Z 分数。

（1）用公式实现为:

```
In[30]:    #公式,其实就是做标准化
           # x_new = (data - data.mean( ))/(data.std( ))
           # X_new = (X_旧 - X_min)/(X_max - X_min)
           (data_waizixian - data_waizixian.mean( ))/(data_waizixian.std( ))
Out[30]:   2018 年      1.564295
```

```
2017年     1.203201
2016年     0.807653
2015年     0.024610
2014年     0.055191
2013年    -0.644922
2012年    -0.909112
2011年    -1.050458
2010年    -1.050458
Name:waizixian,dtype:float64
```

（2）用 sklearn 方法作 Z 标准化处理（sklearn 中有很多标准化的方法）：

```
In[31]:   from sklearn import preprocessing
          data_waizixian_scale = preprocessing.scale(data_waizixian)
          data_waizixian_scale
Out[31]:  array([1.65918558,1.27618699,0.85664578,0.02610305,0.0585385,
          -0.68404291, -0.96425891, -1.11417904, -1.11417904])
```

15.2.8 离散系数

离散系数，也叫变异系数，它是一组数据的标准差与其相应的平均数之比，度量数据离散程度的相对统计量，常用于比较不同样本数据的离散程度。离散系数越大说明数据的离散程度也大，其计算公式为 std(X)/mean(X)。

公式法计算离散系数：

```
In[32]:   data_waizixian.std()/data_waizixian.mean()
Out[32]:  0.5097919924610533
```

15.3

分布形状的度量

对于数据分布的形状是否对称，偏斜的程度以及分布的扁平程度等分布形状的测度，我们可以用偏度和峰度进行度量。一般正态分布的偏度和峰度都为 0。偏度和峰度的实现方法可以用 pandas 方法或 scipy. stats 的相关方法来实现，可以参考第 12 章和第 16 章。在这我们只介绍 pandas 实现方法。

15. 3. 1　偏度

用 pandas 对象的 skew 方法计算偏度：

```
In[33]:    data_waizixian = data.loc["waizixian",:]   #数据
           data_waizixian.skew()   #偏度,正态分布偏度为0
Out[33]:   0.4433875003201873
```

15. 3. 2　峰度

用 pandas 对象的 kurt 方法计算峰度：

```
In[34]:    data_waizixian.kurt()   #峰度,正态分布峰度为0
Out[34]:   -1.410566213913555
```

16 概率与数理统计基础

本章思维导图

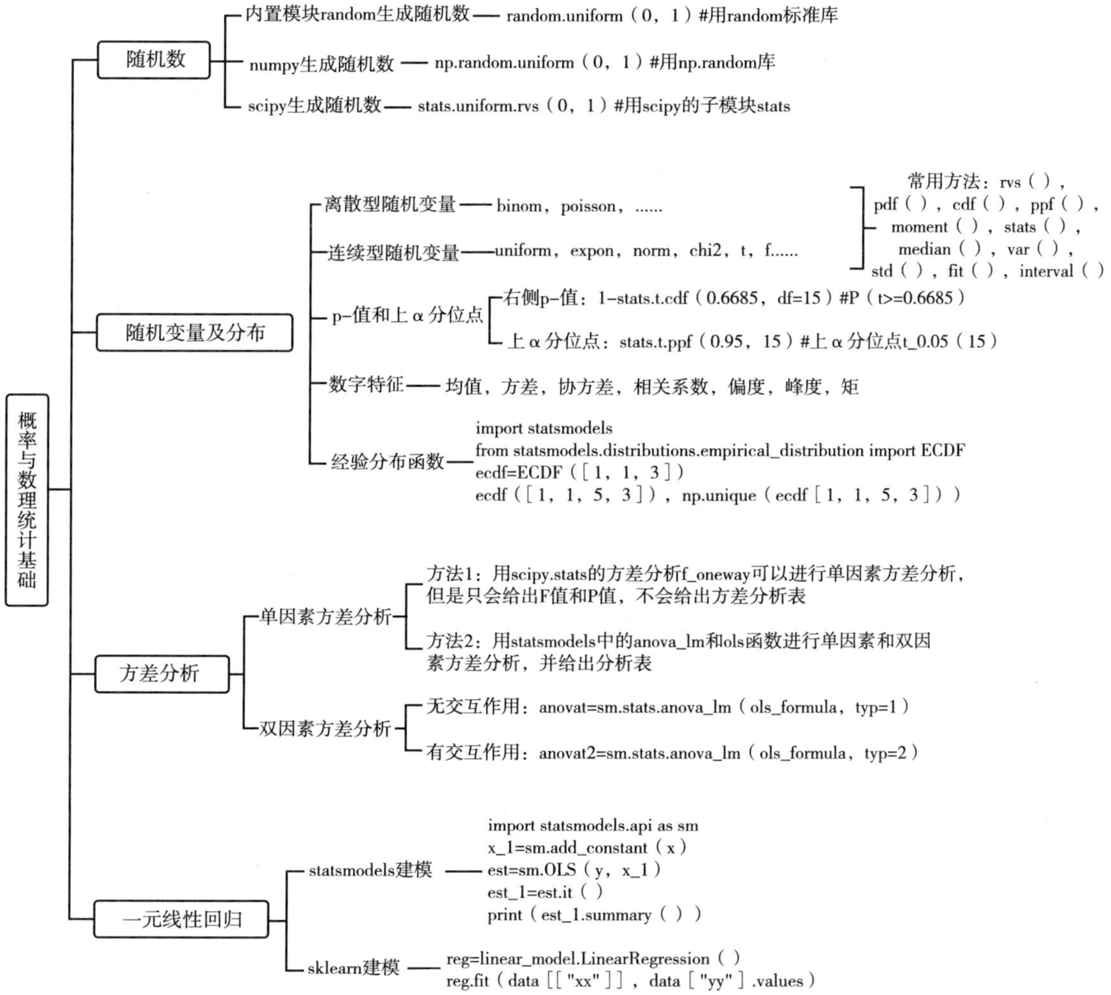

在本章，根据《概率论与数理统计》① 中的内容我们将介绍常见的随机数生成、随机变量分布、数字特征、方差分析及一元线性回归的实现。本章的目的同样是教会你如何学习，而不是面面俱到。为了方便，首先导入常用的库。

库导入：

```
In[1]:    import numpy as np
          import pandas as pd
          import scipy
          from scipy import stats
          import matplotlib.pyplot as plt
          %matplotlib inline
          plt.rcParams['font.sans-serif'] = ['SimHei']   #用来正常显示中文标签
          plt.rcParams['axes.unicode_minus'] = False   #用来正常显示负号
```

16.1

随机数

一般常见生成的随机数和随机变量有：（0，1）区间上的随机数、随机整数、二项分布、poisson 分布、均匀分布、指数分布、正态分布、卡方分布、t 分布、F 分布、gamma 分布、beta 分布，等等。本节主要介绍随机数的三种生成方法：内置模块 random 方法、numpy.random 方法、scipy.stats 方法。在实现过程中注意它们的异同和适用范围。

16.1.1 内置模块 random 生成随机数

内置模块 random 虽然提供了一些随机数的生成方法（见表 16－1），但是 python 3.7 版本中尚缺失二项分布、poisson 分布、卡方分布、t 分布、F 分布的随机数生成方法，详细内容可以访问 random 标准库网站：

https://docs.python.org/3.7/library/random.html#functions-for-integers.

查询内置库 random 产生随机数的方法：

```
In[2]:    # random —内置库
          import random
```

① 参见盛骤，谢式千，潘承毅．概率论与数理统计（第 4 版）．北京：高等教育出版社，2015.

```
        print(dir(random))
Out[2]: [......,'betavariate','choice','choices','expovariate','gammavariate','gauss','getrandbits',
        'getstate','lognormvariate','normalvariate','paretovariate','randint','random','randrange',
        'sample','seed','setstate','shuffle','triangular','uniform']  #部分输出
```

表 16-1 内置库 random 常用随机数生成方法

random 标准库常用随机数	说　　明
random. seed (k)	设置随机种子
random. sample (population, k)	从序列 seq 中选择 n 个随机且独立的元素
random. shuffle (x[,random])	打乱序列
random. choice (seq)	从序列 seq 中返回随机的元素
random. choices (population, k=1)	返回多个随机元素
random. random ( )	返回 (0, 1) 的随机数
random. randint (a, b)	返回 (a, b) 随机整数
random. randrange (start, stop[,step])	返回一个序列产生的随机数
random. uniform (a, b)	返回 (a, b) 均匀分布随机数
random. expovariate (lambd)	指数分布
random. normalvariate (mu, sigma)	正态分布
random. gauss (mu, sigma)	Gaussian 分布
random. betavariate (alpha, beta)	Beta 分布
random. gammavariate (alpha, beta)	Gamma 分布

random. seed 设置随机种子，可以保持每次运行后所产生的随机数不变：

```
In[3]:  random.seed(123)
        random.uniform(0,1)    #均匀分布
Out[3]: 0.052363598850944326
In[4]:  random.uniform(0,1)
Out[4]: 0.08718667752263232
In[5]:  x=[1,2,3,4,5,6]
        random.shuffle(x)      #打乱次序
        x
Out[5]: [5,2,6,1,3,4]
```

16.1.2 numpy 生成随机数

numpy 提供了比内置模块 random 更多的随机数生成方法，在随机数生成方面是常用

的选择。

查询 numpy 中 random 包生成随机数的方法：

```
In[6]:   np.random
         print(dir(np.random))
Out[6]:  [……,'beta','binomial','chisquare','choice','exponential','f','gamma','geometric',
         'get_state','laplace','logistic','negative_binomial','normal','pareto','permutation',
         'poisson','power','rand','randint','randn','random','random_integers','random_sample',
         'sample','seed','set_state','shuffle','standard_cauchy','standard_exponential','standard_
         gamma','standard_normal','standard_t','uniform']
         #部分输出
In[7]:   random.seed(123)  #只能控制 random 标准库方法产生的随机数
         print(random.uniform(0,1))          #用 random 标准库
         np.random.seed(123)                 #只能控制 numpy 方法产生的随机数
         print(np.random.uniform(0,1))       #用 numpy.random 库
Out[7]:  0.052363598850944326
         0.6964691855978616
```

16.1.3 scipy 生成随机数

scipy 中的子模块 stats 提供了常见随机变量的各种分布，包括随机数生成、参数估计、假设检验、单因素方差分析等，详情可以访问网站：

https://docs.scipy.org/doc/scipy/reference/tutorial/stats.html.

查询 scipy 中 stats 包的方法：

```
In[8]:   import scipy.stats as stats  #导入 scipy 中的 stats 模块
         #info(stats)
         print(dir(stats))
Out[8]:  [……,'beta','binom','chi2','chisquare','describe','expon','f','f_oneway','gamma',
         'geom','gmean','kde','kstat','kstatvar','kstest','kstwo','kurtosis','kurtosistest','laplace',
         'levene','logistic','loglaplace','mode','moment','mood','mstats','mstats_basic','mstats_
         extras','multinomial','multivariate_normal','mvn','mvsdist','norm','pareto','pearson3',
         'pearsonr','poisson','probplot','randint','recipinvgauss','rv_continuous','rv_discrete',
         'rv_histogram','rvs_ratio_uniforms','shapiro','skew','skewnorm','skewtest','spearmanr',
```

```
'stats','t','test','theilslopes','tmax','tmean','tmin','trim1','tvar','uniform','unitary_
group','variation','vonmises','wald','wasserstein_distance','wilcoxon','wishart','zscore']
#选择了部分输出
```

scipy. stats 方法生成随机数，其语法为 scipy. stats. 随机变量 . rvs( )，比如：

```
In[9]:    random.seed(123)  #只能控制 random 标准库方法产生的随机数
          print(random.uniform(0,1))   #用 random 标准库
          np.random.seed(123)   #控制 numpy 和 scipy 方法生成随机数
          print(np.random.uniform(0,1))   #用 numpy.random 库
          print(stats.uniform.rvs(0,1))    # scipy.stats. 变量 .rvs( )产生随机数
Out[9]:   0.052363598850944326
          0.6964691855978616
          0.28613933495037946
In[10]:   random.seed(123)
          stats.t.rvs(df=5,loc=0,scale=1,size=5,
                        random_state=123)   #用 scipy 生成 t 分布随机数
Out[10]:  array([-0.85920692,1.6362745,-3.03842272,-0.29718125,2.02522963])
```

16.2

随机变量及分布

在本节重点介绍二项分布、poisson 分布、均匀分布、指数分布、正态分布、卡方分布、*t* 分布、*f* 分布（对应命令为：binom，poisson，uniform，expon，norm，chi2，*t*，*f*），而其他分布可以 dir(scipy. stats) 查询，详情可以访问网站：

https：//docs. scipy. org/doc/scipy/reference/stats. html.

16.2.1 离散型随机变量

binom，poisson 离散型随机变量的常用方法：

```
In[11]:    rv_binom = stats.binom
           print(dir(stats.binom))
```

```
            #也可以用 stats.binom.ppf(SHFIT + TAB)或 help 查看相应用法
Out[11]:    [......,'cdf','interval','mean','median','moment','pmf','ppf','random_state','rvs','stats',
            'std','var']  #部分输出
In[12]:     np.random.seed(123)
            np.random.binomial(100,0.2)   # numpy 方法二项分布随机数
Out[12]:    22
In[13]:     np.random.seed(123)
            stats.binom.rvs(100,0.2)      # scipy 方法产生二项分布随机数
Out[13]:    22
In[14]:     np.random.seed(123)
            np.random.poisson(1.5)    # numpy 方法产生 poisson 随机数
Out[14]:    1
In[15]:     np.random.seed(123)
            stats.poisson.rvs(1.5)      # scipy 方法产生 poisson 随机数
Out[15]:    1
In[16]:     #数字特征
            np.random.seed(123)
            # scipy 方法求数字特征很好用,注意参数
            stats.poisson.stats(1.5,moments = "mvsk")
Out[16]:    (array(1.5),array(1.5),array(0.81649658),array(0.66666667))
```

注：忘记 stats.poisson.stats 的用法没关系，关键是学会如何快速自助。

我们知道，二项分布和 Poisson 分布在一定条件下二项分布可以近似为 Poisson 分布：

```
In[17]:     #我们看看 binom 和 poisson 方法关系
            lamb = 30
            x = np.arange(100)
            n1,n2,n3 = 50,200,800
            y_binom_n1 = stats.binom.pmf(x,n1,lamb/n1)#注意可以看 cdf 的情况
            y_binom_n2 = stats.binom.pmf(x,n1,lamb/n2)
            y_binom_n3 = stats.binom.pmf(x,n1,lamb/n3)
            y_poisson = stats.poisson.pmf(x,lamb)
            #作图
            fig = plt.figure(figsize = (6,3),dpi = 100)
            ax1 = fig.add_subplot(1,1,1)
```

```
ax1.plot(y_binom_n1,color = "red",linewidth = 1,
linestyle = '-.',marker = '1',label = 'binom n = 50')
ax1.plot(y_binom_n2,color = "k",linewidth = 1,linestyle = '-',label = 'binom n = 200')
ax1.plot(y_binom_n3,color = "k",linewidth = 1,
        linestyle = ':',marker = '2',label = 'binom n = 800')
ax1.plot(y_poisson,color = "blue",linewidth = 1,linestyle = '--',label = 'poisson')
ax1.legend(loc = 0,frameon = True)
#添加坐标轴 label
ax1.set(xlabel = '次数',ylabel = '概率 PMF')
```

Out[17]:　[Text(0,0.5,'概率 PMF'),Text(0.5,0,'次数')]

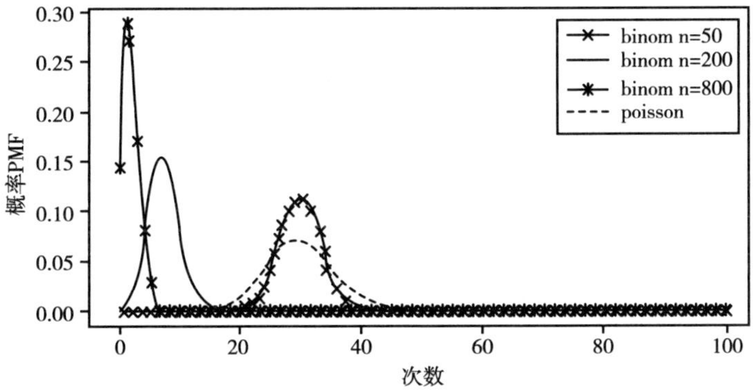

小结

二项分布 (B(n,p)) 常用方法:

```
rvs(n,p,loc = 0,size = 1,random_state = None)
pmf(k,n,p,loc = 0)
cdf(k,n,p,loc = 0)
ppf(q,n,p,loc = 0)
stats(n,p,loc = 0,moments = 'mvsk'):moments 代表的是均值方差偏度峰度
median(n,p,loc = 0)
mean(n,p,loc = 0)
var(n,p,loc = 0)
std(n,p,loc = 0)
interval(alpha,n,p,loc = 0)
```

poisson 分布常用方法：

```
rvs(lambda,loc =0,size =1,random_state = None)
pmf(k,lambda,loc =0)
cdf(k,lambda,loc =0)
ppf(q,lambda,p,loc =0)
stats(lambda,loc =0,moments = 'mvsk'):moments 代表的是均值方差偏度峰度
median(lambda,loc =0)
mean(lambda,loc =0)
var(lambda,loc =0)
std(lambda,loc =0)
interval(alpha,lambda,loc =0)
```

16.2.2 连续型随机变量

本小节主要介绍连续型随机变量分布，包括均匀分布，指数分布，正态分布，卡方分布，t 分布，F 分布（即 uniform，expon，norm，chi2，t，f）。

下面以 t 分布和正态分布为例说明连续型随机变量的方法，而其他连续型随机变量 uniform，expon，norm，chi2，t，f 类似可得：

```
In[18]:   rv_binom = stats.t
          print(dir(stats.t))
Out[18]:  [……,'a','b','badvalue','cdf','entropy','expect','extradoc','fit','fit_loc_scale',
          'freeze','generic_moment','interval','isf','logcdf','logpdf','logsf','mean','median','moment','moment_type','name','nnlf','numargs','pdf','ppf','random_state','rvs','sf',
          'shapes','stats','std','support','var','vecentropy','xtol']  #部分输出
In[19]:   help(stats.t.pdf)
In[20]:   #以 t 分布为例
          x = np.arange(10)
          stats.t.pdf(x,df =20)
Out[20]:  array([3.93988586e-01,2.36045649e-01,5.80872152e-02,7.96378665e-03,8.22474300e-04,7.89891062e-05,7.94921624e-06,8.87939021e-07,
          1.12555337e-07,1.62526495e-08])
In[21]:   stats.t.mean(df =20),stats.t.std(df =20),stats.t.var(df =20),
```

```
        stats.t.moment(4,df=20)
Out[21]:  (0.0,1.0540925533894598,1.1111111111111112,4.166666666666667)
In[22]:   #以正态为例
          stats.norm.cdf(np.array([-1.,0,1]))
Out[22]:  array([0.15865525,0.5       ,0.84134475])
In[23]:   stats.norm.mean(), stats.norm.std(), stats.norm.var(),stats.norm.mo-
          ment(4)
Out[23]:  (0.0,1.0,1.0,3.0)
In[24]:   stats.norm.stats(moments="mv")
Out[24]:  (array(0.),array(1.))
```

连续型随机变量概率密度曲线：

```
In[25]:   #我们看看均匀分布,指数分布,正态分布,卡方分布,t分布,F分布 的相关图
          #形,我们就主要做概率密度函数 pdf
          x = np.arange(20)
          y_unif = stats.uniform.pdf(x)    #注意可以看 cdf 的情况等,即 .cdf()
          y_expon = stats.expon.pdf(x,10)
          y_norm = stats.norm.pdf(x,4,10)   #正态
          y_chi2 = stats.chi2.pdf(x,10)
          y_t = stats.t.pdf(x,25)
          y_f = stats.f.pdf(x,3,4)
          #作图
          fig = plt.figure(figsize=(6,3),dpi=100)
          ax1 = fig.add_subplot(1,1,1)
          ax1.plot(y_unif,color="red",linewidth=1,linestyle='-.',marker='1',label=
                  'uniform')
          ax1.plot(y_expon,color="k",linewidth=1,linestyle='-',label='expon')
          ax1.plot(y_norm,color="k",linewidth=1,linestyle=':',marker='*',label=
                  'norm')
          ax1.plot(y_chi2,color="blue",linewidth=1,linestyle='--',label='chi2')
          ax1.plot(y_t,color="blue",linewidth=1,linestyle=':',marker='1',label='t')
          ax1.plot(y_f,color="red",linewidth=1,linestyle='--',marker='4',label='f')
          ax1.legend(loc=0,frameon=True)
          #添加坐标轴 label
```

```
ax1.set(xlabel='x',ylabel='pdf')
```

Out[25]:[Text(0,0.5,'pdf'),Text(0.5,0,'x')]

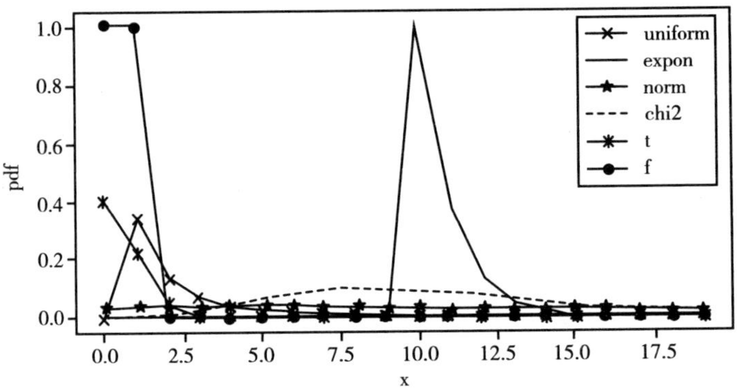

小结

均匀分布的常用方法:

```
rvs(loc=0,scale=1,size=1,random_state=None)
pdf(x,loc=0,scale=1)
cdf(x,loc=0,scale=1)
ppf(q,loc=0,scale=1)
moment(n,loc=0,scale=1)
stats(loc=0,scale=1,moments='mvsk')
median(loc=0,scale=1)
mean(loc=0,scale=1)
var(loc=0,scale=1)
std(loc=0,scale=1)
fit(data)
interval(alpha,loc=0,scale=1)
```

指数分布的常用方法:

```
rvs(loc=0,scale=1,size=1,random_state=None)
pdf(x,loc=0,scale=1)
cdf(x,loc=0,scale=1)
```

```
ppf(q,loc=0,scale=1)
moment(n,loc=0,scale=1)
stats(loc=0,scale=1,moments='mvsk')
median(loc=0,scale=1)
mean(loc=0,scale=1)
var(loc=0,scale=1)
std(loc=0,scale=1)
interval(alpha,loc=0,scale=1)
fit(data)
```

正态分布的常用方法：

```
rvs(loc=0,scale=1,size=1,random_state=None)
pdf(x,loc=0,scale=1)
cdf(x,loc=0,scale=1)
ppf(q,loc=0,scale=1)
moment(n,loc=0,scale=1)
stats(loc=0,scale=1,moments='mvsk')
median(loc=0,scale=1)
mean(loc=0,scale=1)
var(loc=0,scale=1)
std(loc=0,scale=1)
interval(alpha,loc=0,scale=1)
fit(data)
```

chisquare 分布的常用方法：

```
rvs(df,loc=0,scale=1,size=1,random_state=None)
pdf(x,df,loc=0,scale=1)
cdf(x,df,loc=0,scale=1)
ppf(q,df,loc=0,scale=1)
moment(n,df,loc=0,scale=1)
stats(df,loc=0,scale=1,moments='mvsk')
median(df,loc=0,scale=1)
mean(df,loc=0,scale=1)
```

```
var(df,loc=0,scale=1)
std(df,loc=0,scale=1)
interval(alpha,df,loc=0,scale=1)
fit(data)
```

t 分布的常用方法：

```
rvs(df,loc=0,scale=1,size=1)
pdf(x,df,loc=0,scale=1)
cdf(x,df,loc=0,scale=1)
ppf(q,df,loc=0,scale=1)
moment(n,df,loc=0,scale=1)
stats(df,loc=0,scale=1,moments='mv')
median(df,loc=0,scale=1)
mean(df,loc=0,scale=1)
var(df,loc=0,scale=1)
interval(alpha,df,loc=0,scale=1)
fit(data)  #参数估计
```

F 分布的常用方法：

```
rvs(dfn,dfd,loc=0,scale=1,size=1,random_state=None)
pdf(x,dfn,dfd,loc=0,scale=1)
cdf(x,dfn,dfd,loc=0,scale=1)
ppf(q,dfn,dfd,loc=0,scale=1)
moment(n,dfn,dfd,loc=0,scale=1)
stats(dfn,dfd,loc=0,scale=1,moments='mv')
median(dfn,dfd,loc=0,scale=1)
mean(dfn,dfd,loc=0,scale=1)
var(dfn,dfd,loc=0,scale=1)
std(dfn,dfd,loc=0,scale=1)
interval(alpha,dfn,dfd,loc=0,scale=1)
fit(data)
```

16.2.3 p-值和上α分位点

用 cdf 计算分布的 p 值：

```
In[26]:    # t 分布的 p 值计算,比如 t 的右侧 p 值 P(t> =0.6685) =0.257
           1 - stats.t.cdf(0.6685,df=15)   # cdf(x,df,loc=0,scale=1)
Out[26]:   0.25698556154604746
```

用 ppf 计算分布的上α分位点：

```
In[27]:    stats.t.ppf(0.95,15)   #上 alpha 分位点 t_0.05(15) =1.7531
Out[27]:   1.7530503556925552
```

16.2.4 数字特征

均值、方差、协方差、相关系数、偏度、峰度、矩等在第 15 章描述统计部分已经介绍过，在这我们只强调两点：

（1）在“scipy.stats. 变量”中有一些数字特征的计算方法，即均值'mean'，中位数'median',矩'moment'，1-4 阶矩'stats'，标准差'std'，方差'var'，比如 scipy.stats.t.mean()；

（2）在“scipy.stats”中有常见描述统计量'describe'，几何均值'gmean'，调和均值'hmean'，峰度'kurtosis'，众数'mode'，矩'moment'，偏度'skew'，简单相关系数'spearmanr'，1-4 阶矩'stats'的值，比如 scipy.stats.mode()。

总之，scipy.stats 中计算数字特征方法结合 numpy 和 pandas 对象的方法可以计算常见的数字特征，有兴趣的读者可以自行总结。

16.2.5 经验分布函数

statsmodels 库提供了数据分析、假设检验、统计模型估计等统计方法，包含线性回归、广义线性回归、方差分析、时间序列分析、生存分析、统计检验、非参数统计、常用分布等，详情可以访问：

https://www.statsmodels.org/stable/user-guide.html.

经验分布函数取值：

In[28]:
```
import statsmodels
from statsmodels.distributions.empirical_distribution import ECDF
ecdf = ECDF([1,1,3])
ecdf([1,1.5,3]),np.unique(ecdf([1,1.5,3]))
```
Out[28]:
```
(array([0.66666667,0.66666667,1.        ]),array([0.66666667,1.        ]))
```

注：help(statsmodels)　#看有哪些包可以用，推荐看 statsmodels 官网。

经验分布函数图形的绘制：

In[29]:
```
#第一种方法
data = np.array([1,2,3])
data.sort()
plt.figure()
m,i = min(data),0
while i < len(data):
    plt.plot([0,min(data)],[0,0],'r')
    plt.plot([m,data[i]],[i/len(data),i/len(data)],'b')
    plt.plot([max(data),max(data)+1],[1,1],'r')
    if i < len(data):
        m = data[i]
    i+ =1
```
Out[29]:

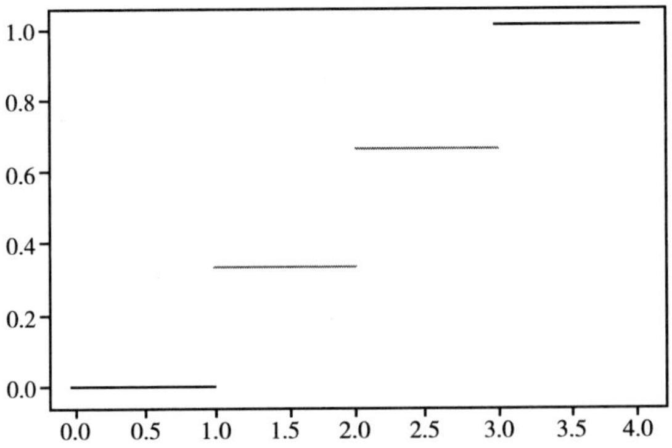

In[30]:
```
#第二种方法:设置 hist 的参数 histtype = "bar":方形,"barstacked":柱形,
# "step":"未填充线条""stepfilled":"填充线条"
a = np.array([1,2,3])
a = np.reshape(a,(-1,1)); #转换为列向量,自动计算行数
plt.rc('font',size = 16)　#plt.rc 对全图字体进行修改
```

```
h = plt.hist(a,3,density = True,histtype = 'step',cumulative = True)
print(h);
plt.grid( )
plt.show( )
```

Out[30]: (array([0.36,0.72,1.]),array([4. ,4.9,5.8,6.7]), <a list of 1 Patch objects>)

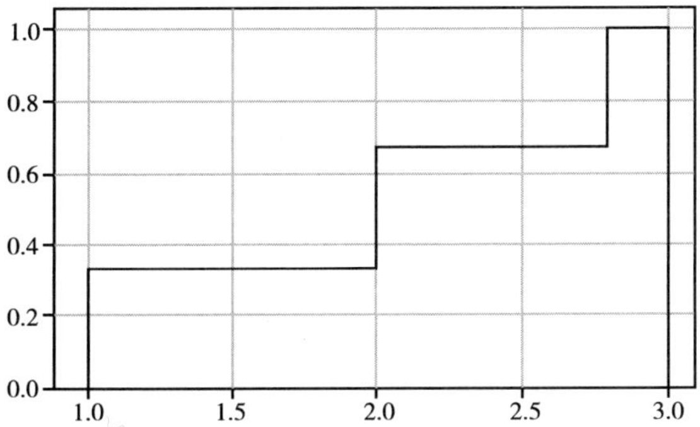

16.3 方差分析

一般方差分析包括单因素和双因素方差分析，在本节我们以《概率论与数理统计（第4版）》的例题为例进行介绍。本章将介绍实现方差分析的两种方法：

（1）用 scipy.stats 的方差分析 f_oneway 可以进行单因素方差分析，但是只会给出 F 值和 P 值，不会给出方差分析表，详情可以访问：

https://docs.scipy.org/doc/scipy/reference/stats.html#correlation-functions.

（2）用 statsmodels 中的 anova_lm 和 ols 函数进行单因素和双因素方差分析，并给出分析表，详情可以访问：

https://www.statsmodels.org/stable/anova.html#module-statsmodels.stats.anova.

16.3.1 单因素方差分析

读入数据[①]：

① 盛骤，谢式千，潘承毅：《概率论与数理统计（第4版）》，高等教育出版社，2015，第224页例1。

In[31]:
```
import numpy as np
import pandas as pd
import scipy
from scipy import stats
import matplotlib. pyplot as plt
% matplotlib inline
plt. rcParams['font. sans - serif'] = ['SimHei']#用来正常显示中文标签
plt. rcParams['axes. unicode_minus'] = False #用来正常显示负号
data_one = pd.read_excel(
        'E:\\Myjupyter\\python 基础\\one_anova_group. xlsx',
            header = [0,1])
data_one
```

Out[31]:

	因素 A		
	A1	A2	A3
0	0. 236	0. 257	0. 258
1	0. 238	0. 253	0. 264
2	0. 248	0. 255	0. 259
3	0. 245	0. 254	0. 267
4	0. 243	0. 261	0. 262

In[32]:
```
data_one. columns = ["A1","A2","A3"]
data_one
```

Out[32]:

	A1	A2	A3
0	0. 236	0. 257	0. 258
1	0. 238	0. 253	0. 264
2	0. 248	0. 255	0. 259
3	0. 245	0. 254	0. 267
4	0. 243	0. 261	0. 262

In[33]:
```
#重置行标签 index
data_one. reset_index(inplace = True,drop = False)
data_one
```

Out[33]:

	index	A1	A2	A3
0	0	0. 236	0. 257	0. 258
1	1	0. 238	0. 253	0. 264
2	2	0. 248	0. 255	0. 259

```
3  3  0.245  0.254  0.267
4  4  0.243  0.261  0.262
```

In[34]:
```
data2 = data_one.melt(id_vars = ["index"])#溶解:透视的反向操作
data2.head(3).append(data2.tail(3))
```

Out[34]:

	index	variable	value
0	0	A1	0.236
1	1	A1	0.238
2	2	A1	0.248
12	2	A3	0.259
13	3	A3	0.267
14	4	A3	0.262

In[35]:
```
data = pd.DataFrame(data2.value,dtype = np.float)
#将两列进行连接
data_use = pd.concat([data2.variable,data],  axis = 1)
data_use.head(3).append(tail(3))
```

Out[35]:

	variable	value
0	A1	0.236
1	A1	0.238
2	A1	0.248
12	A3	0.259
13	A3	0.267
14	A3	0.262

方差的齐性检验:

In[36]:
```
#方差的齐性检验 scipy.stats.levene( *args, **kwds)(一元),
#bartlett( *args)(多元)
scipy.stats.levene(data_one["A1"],data_one["A2"],data_one["A3"])
```

Out[36]: LeveneResult(statistic =0.5903614457831327,pvalue =0.5694454124596963)

正态性检验:

In[37]:
```
#正态性检验 shapiro(x)
stats.shapiro(data_one[["A1","A2","A3"]])
```

Out[37]: ShapiroResult(statistic =0.9483530521392822,pvalue =0.4988953769207001)

QQ 图：

In[38]:
```
#正态性检验 qqplot 作图,使用 scipy 中的 stats.probplot
stats.probplot(data_one["A1"],dist='norm',plot=plt)
plt.show()
```
Out[38]:

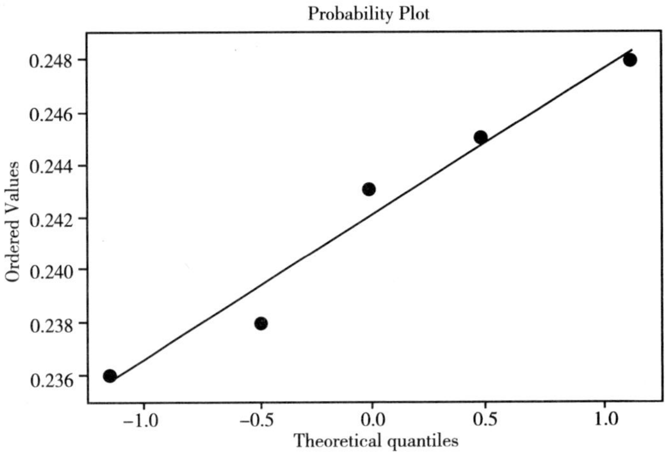

方差分析方法一：scipy.stats.f_oneway 方法

In[39]:
```
#使用 scipy.stats.f_oneway 方法,只能给出 F 值和 p 值,不能给出方差分析表
F,p = stats.f_oneway(data_one["A1"],data_one["A2"],data_one["A3"])
print("F 值:",F)
#print("\n")
print("p 值:",p)
```
Out[39]:
```
F 值:32.91666666666668
p 值:1.3430546820459112e-05
```

方差分析方法二：stasmodels.anova_lm 和 statsmodels.formula.api.osl 方法

In[40]:
```
#用 statsmodels.api.stats.anova_lm 和 statsmodels.formula.api.osl 函数
#作方差分析
import statsmodels.api as sm
import statsmodels.formula.api as smf
from statsmodels.formula.api import ols
#因素 A 的水平对结果的影响
formula = "value ~ variable"
```

```
    #参数估计
    ols_formula = ols(formula,data_use).fit()
    anovat = sm.stats.anova_lm(ols_formula,typ =2)#注意 typ 的取值 1,2,3
    print(anovat)
Out[40]:              sum_sq     df          F    PR( >F)
    variable      0.001053    2.0  32.916667   0.000013
    Residual      0.000192   12.0        NaN        NaN
```

16.3.2 双因素方差分析

双因素方差分析主要分为无重复试验（无交互效应）的方差分析和有重复试验（有交互效应）的方差分析。本小节将使用 stasmodels. anova_lm 和 statsmodels. formula. api. osl 函数来进行双因素的方差分析。

（1）无重复试验（无交互效应）

数据如下[①]：

		因素 B				
		1	2	3	4	5
因素A	1 月	76	67	81	56	51
	2 月	82	69	96	59	70
	3 月	68	59	67	54	42
	4 月	63	56	64	58	37

用 stasmodels. anova_lm 和 statsmodels. formula. api. osl 函数作方差分析：

```
In[41]:     import statsmodels.api as sm
            import statsmodels.formula.api as smf
            from statsmodels.formula.api import ols
            import numpy as np
            import pandas as pd
            import scipy
            from scipy import stats
            data_two_wujiaohu = pd.DataFrame([
                                      [1,1,76],[1,2,67],[1,3,81],[1,4,56],
```

① 盛骤，谢式千，潘承毅：《概率论与数理统计（第4版）》，高等教育出版社，2015，第243页例3。

```
                    [1,5,51],[2,1,82],[2,2,69],[2,3,96],
                    [2,4,59],[2,5,70],[3,1,68],[3,2,59],
                    [3,3,67],[3,4,54],[3,5,42],[4,1,63],
                    [4,2,56],[4,3,64],[4,4,58],[4,5,37]],
                    columns = ['A','B','value'])  #录入数据
         data_two_wujiaohu  #有其他方法处理吗？自己试试 pd.stack 方法
Out[41]: #部分输出
            A  B  value
         0  1  1  76
         1  1  2  67
         2  1  3  81
In[42]:  #进行方差分析
         #data_two_wujiaohu[['A','B','value']]
         #因素 A 和因素 B 的水平对结果的影响
         formula = 'value ~ C(A) + C(B)'
         ols_formula = ols(formula,data_two_wujiaohu).fit()
         anovat = sm.stats.anova_lm(ols_formula,typ = 1)
         print(anovat)
Out[42]:              df    sum_sq     mean_sq          F    PR(>F)
         C(A)        3.0   1182.95  394.316667  10.722411  0.001033
         C(B)        4.0   1947.50  486.875000  13.239293  0.000234
         Residual   12.0    441.30   36.775000        NaN       NaN
```

(2) 重复试验（有交互效应）

数据如下[①]：

		因素 B		
因素 A		B1	B2	B3
	A1	58.2 (52.6)	56.2 (41.2)	65.3 (60.8)
	A2	49.1 (42.8)	54.1 (50.5)	51.6 (48.4)
	A3	60.1 (58.3)	70.9 (73.2)	39.2 (40.7)
	A4	75.8 (71.5)	58.2 (51)	48.7 (41.4)

方差分析：

① 盛骤，谢式千，潘承毅：《概率论与数理统计（第 4 版）》，高等教育出版社，2015，第 238 页例 1。

In[43]:
```
import numpy as np
import pandas as pd
from scipy import stats
import matplotlib. pyplot as plt
% matplotlib inline
data_two = pd.read_excel('E:\\Myjupyter\\python 基础\\two_anova_group. xlsx',
                         header = [0,1],
                         index_col = [0,1])
data_two
```

Out[43]:
```
              因素 B
                B1     B2     B3
因素 A    A1    58. 2  56. 2  65. 3
          A1    52. 6  41. 2  60. 8
          A2    49. 1  54. 1  51. 6
          A2    42. 8  50. 5  48. 4
          A3    60. 1  70. 9  39. 2
          A3    58. 3  73. 2  40. 7
          A4    75. 8  58. 2  48. 7
          A4    71. 5  51. 0  41. 4
```

In[44]:
```
new_data = data_two. stack( )  #数据 stack,从宽 --> 长
new_data
```

Out[44]:
```
#部分输出
              因素 B
因素 A    A1    B1    58. 2
                B2    56. 2
                B3    65. 3
                B1    52. 6
                B2    41. 2
                B3    60. 8
          A2    B1    49. 1
                B2    54. 1
```

In[45]:
```
new_data = new_data. rename( columns = {'因素 B':'value'} )
new_data
```

Out[45]:
```
#部分输出
```

```
                        value
因素A   A1   B1   58.2
             B2   56.2
```

In[46]:
```
#提取指标元素,并给出列名
new_data['A'] = new_data.index.get_level_values(1)
new_data['A']
```

Out[46]:
```
#部分输出
因素A   A1   B1   A1
             B2   A1
             B3   A1
```

In[47]:
```
#提取指标元素,并给出列名
new_data['B'] = new_data.index.get_level_values(2)
new_data['B']
```

Out[47]:
```
#部分输出
因素A   A1   B1   B1
             B2   B2
             B3   B3
```

In[48]:
```
new_data
```

Out[48]:
```
#部分输出
                        value   A    B
因素A   A1   B1   58.2    A1   B1
             B2   56.2    A1   B2
```

In[49]:
```
new_data_used = new_data[['A','B','value']]
new_data_used
```

Out[49]:
```
#部分输出
                        A    B    value
因素A   A1   B1   A1   B1   58.2
             B2   A1   B2   56.2
             B3   A1   B3   65.3
             B1   A1   B1   52.6
             B2   A1   B2   41.2
             B3   A1   B3   60.8
        A2   B1   A2   B1   49.1
             B2   A2   B2   54.1
```

In[50]:
```
#作方差分析
```

```
import statsmodels. api as sm
import statsmodels. formula. api as smf
from statsmodels. formula. api import ols
#因素 A 和因素 B 以及 A 和 B 的交互作用的水平对结果的影响
formula = 'value_v ~ C(A) + C(B) + C(A) * C(B)'
ols_formula = ols(formula, new_data_used). fit( )
anovat2 = sm. stats. anova_lm(ols_formula, typ = 2)
print(anovat2)
```

Out[50]:

	df	sum_sq	mean_sq	F	PR(> F)
C(A)	3.0	261.675000	87.225000	4.417388	0.025969
C(B)	2.0	370.980833	185.490417	9.393902	0.003506
C(A):C(B)	6.0	1768.692500	294.782083	14.928825	0.000062
Residual	12.0	236.950000	19.745833	NaN	NaN

16.4 一元线性回归

利用 python 实现线性回归问题常见的方法是应用 statsmodels 库（https://www.statsmodels.org/）或 sklearn 库（https://scikit-learn.org/stable/），前者偏重于统计上的估计和检验，后者偏重于模型的预测。同时，我们强调 sklearn 常用于构建机器学习模型和数据处理。

16.4.1 statsmodels 建模

例 16 -1:

In[51]:

```
import numpy as np
import pandas as pd
import matplotlib
import matplotlib. pyplot as plt
import seaborn as sns
#数据
np. random. seed(123)
a = np. random. standard_normal((1,500))
```

```
x = np.arange(0,50,0.1)
y = np.arange(20,120,0.2)
y = y - a * 10
y = y[0]
#变成数据框形式
data1 = pd.DataFrame(x.reshape(len(x),1),columns = ["xx"])
data2 = pd.DataFrame(y.reshape(len(y),1),columns = ["yy"])
data = pd.concat([data1,data2],    axis = 1   )
data
```

Out[51]:

```
        xx          yy
0      0.0   30.856306
1      0.1   10.226546
2      0.2   17.570215
...    ...         ...
497   49.7  119.669226
498   49.8  116.484185
499   49.9  121.220507

[500 rows x 2 columns]
```

In[52]:

```
plt.figure(figsize = (16,8))
plt.scatter(x,y,marker = 'o')
sns.regplot(x = "xx",y = "yy",data = data)   #seaborn 的 regplot 或 lmplot 作线性拟合
```

Out[52]:

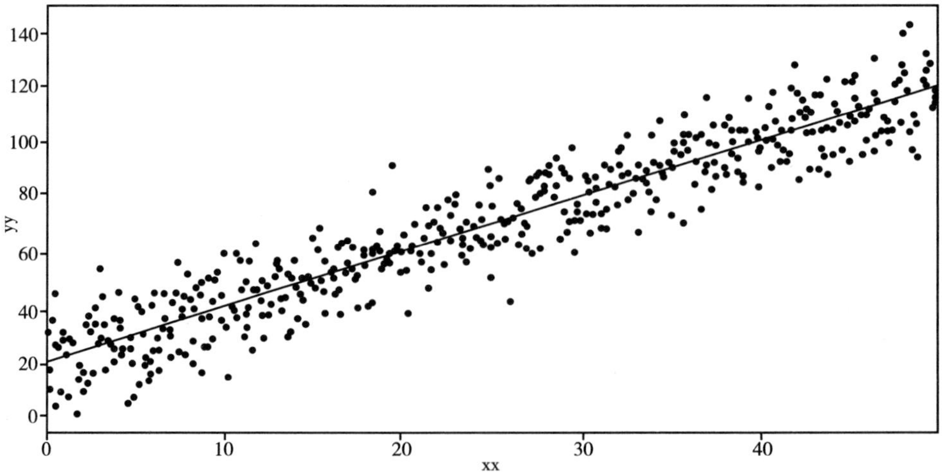

In[53]:

```
import statsmodels.api as sm
```

```
x_1 = sm.add_constant(x)
est = sm.OLS(y,x_1)
est_1 = est.fit()
print(est_1.summary())
```

Out[53]:

OLS Regression Results

Dep. Variable:	y	R-squared:	0.778
Model:	OLS	Adj. R-squared:	0.772
Method:	Least Squares	F-statistic:	128.1
Date:	Mon,27 Jul 2020	Prob(F-statistic):	4.33e-146
Time:	17:31:36	Log-Likelihood:	-1337.0
No. Observations:	490	AIC:	2702.
Df Residuals:	476	BIC:	2761.
Df Model:	13		
Covariance Type:	nonrobust		

	coef	std err	t	P>|t|	[0.025	0.975]
const	32.2298	4.124	7.816	0.000	24.127	40.332
x1	-0.1067	0.026	-4.088	0.000	-0.158	-0.055
x2	0.0353	0.011	3.133	0.002	0.013	0.057
x3	-0.0439	0.050	-0.881	0.379	-0.142	0.054
x4	0.4522	0.742	0.610	0.542	-1.005	1.910
x5	-12.3981	3.057	-4.056	0.000	-18.405	-6.392
x6	3.7595	0.357	10.520	0.000	3.057	4.462
x7	-0.0237	0.011	-2.223	0.027	-0.045	-0.003
x8	-1.2110	0.161	-7.538	0.000	-1.527	-0.895
x9	0.2513	0.053	4.734	0.000	0.147	0.356
x10	-0.0138	0.003	-4.594	0.000	-0.020	-0.008
x11	-0.8382	0.105	-7.955	0.000	-1.045	-0.631
x12	0.0079	0.002	3.686	0.000	0.004	0.012
x13	-0.3501	0.043	-8.234	0.000	-0.434	-0.267

Omnibus:	83.998	Durbin-Watson:	1.232
Prob(Omnibus):	0.000	Jarque-Bera(JB):	161.718
Skew:	0.965	Prob(JB):	7.65e-36
Kurtosis:	5.049	Cond. No.	1.51e+04

Warnings:

[1] Standard Errors assume that the covariance matrix of the errors is correctly specified.

[2] The condition number is large, 1.51e+04. This might indicate that there are strong multicollinearity or other numerical problems.

16.4.2 sklearn 建模

例 16-2:

In[54]:
```
from  sklearn import linear_model
%pylab inline
%matplotlib inline
plt.scatter(data.xx,data.yy)
plt.xlabel("x")
plt.ylabel("y")
```

Out[54]: Text(0, 0.5, 'y')

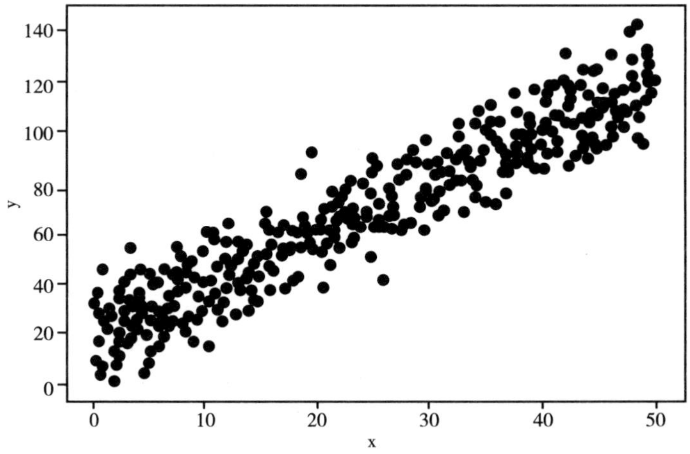

In[55]:
```
reg = linear_model.LinearRegression( )
#第一个数据是数据框类型,第二个数据是 nmpy.narray 类型
reg.fit(data[["xx"]],data["yy"].values)
reg.intercept_,reg.coef_ #截距和回归系数
```

Out[55]: (20.00197272669604,array([2.0154095]))

In[56]:
```
print('Intercept:{}'.format(reg.intercept_))
print('Coefficient:{}'.format(reg.coef_))
```

Out[56]:
```
Intercept:20.00197272669604
Coefficient:[2.0154095]
```

In[57]:
```
plt.figure(figsize=(16,8))
plt.scatter(data[["xx"]],data["yy"].values)
plt.plot(data[["xx"]],reg.predict(data[["xx"]]),linewidth=5,color="r")
```

Out[57]:

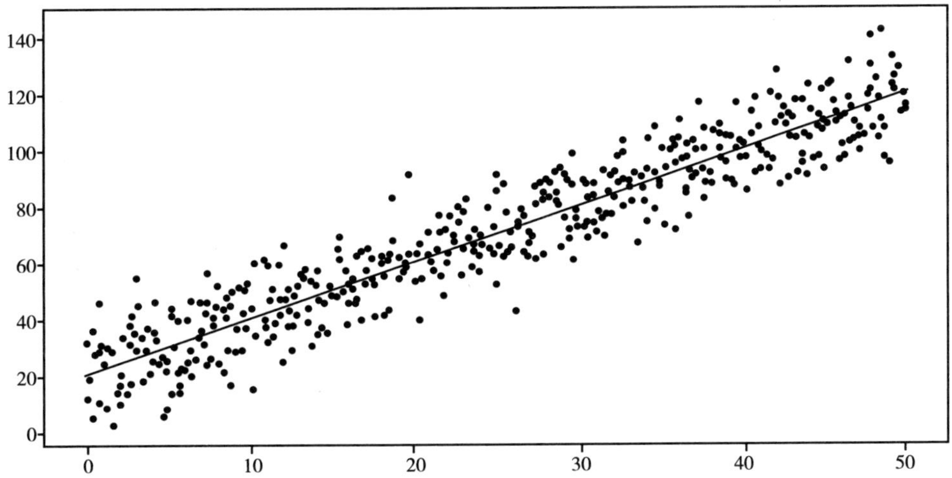

提取回归系数：

In[58]:
```
print('Intercept:{}'.format(reg.intercept_))
print('Coefficient:{}'.format(reg.coef_))
```

Out[58]:
```
Intercept:20.00197272669604
Coefficient:[2.0154095]
```

附录 A　Pandas 读取数据

Pandas 可以读取 csv、txt、xls 等格式数据，在此我们以读取 excl 表格为例来介绍常用方法。

导入库：

In[1]:
```
import numpy as np
import pandas as pd
np.random.seed(123)
np.set_printoptions(precision=4,suppress=True)
```

读取数据：

In[2]:
```
pd.options.display.max_rows = 10 #对 pandas 的显示设置进行调整使得更紧凑
df0 = pd.read_excel('E:\\Myjupyter\\python 基础\\transport.xls')
df0
```

Out[2]:

	地区:全国	Unnamed:1	Unnamed:2	Unnamed:3	Unnamed:4	Unnamed:5	Unnamed:6
0	交通运输业基本情况	NaN	NaN	NaN	NaN	NaN	NaN
1	指标	1990 年	1995 年	2000 年	2005 年	2018 年	2019 年
2	运输线路长度	NaN	NaN	NaN	NaN	NaN	NaN
3	铁路营业里程(万公里)	5.8	6.2	6.9	7.5	13.2	14.0
4	公路里程(万公里)	102.8	115.7	168.0	334.5	484.7	501.2
…	…	…	…	…	…	…	…
35	沿海规模以上港口货物吞吐量(万吨)	48321	60166	125603	292777	922392	—
36	注:1. 2005 年起公路里程含村道。	NaN	NaN	NaN	NaN	NaN	NaN
37	2. 2004 年起,内河航道里程为内河航道通航里程数。	NaN	NaN	NaN	NaN	NaN	NaN
38	3. 2011 年起,民航航线里程改为定期航班航线里程。	NaN	NaN	NaN	NaN	NaN	NaN
39	数据来源:国家统计局	NaN	NaN	NaN	NaN	NaN	NaN

40 rows × 7 columns

```
In[3]:   df0.iloc[24,1]  #空白处是什么,是一个空格.
Out[3]:  ' '
```

附表 A-1　read_excel( )方法的常用参数

参　数	描　述
header	指定作为列名的行，默认 0，即取第一行的值为列名。数据为列名行以下的数据；若数据不含列名，则设定 header = None
index_col	指定列为索引列，默认 None 列（0 索引）用作 DataFrame 的行标签
names	默认为 None，要使用的列名。如数据中不包含标题行，应使用 header = None 作为列名
skiprows	省略指定行数的数据，从第一行开始
na_values	添加字符作为 NA/NaN。若是通过字典类型指定 NA 的值，那么默认替换为 NaN
nrows	int 型，默认为 None，解析 0 - 所指定的行数
skipfooter	省略指定行数的数据，从尾部数的行开始
encoding	Unicode 文本编码（例如"utf - 8"用于表示 UTF - 8 编码的文本）
sheet_name = "Sheet1"	名字为"Sheet1"的表作为 DataFrame
dtype	列的类型名称或字典，默认为 None。数据或列的数据类型。例如 {'a': np.float64, 'b': np.int32} 使用对象保存存储在 Excel 中的数据而 不解释 dtype。如果指定了转换器，则它们将应用于 dtype 转换的 INSTEAD（建议不用）

参数 header 和 sheet_name：

```
In[4]:   path = "E:\\Myjupyter\\python 基础\\"
         df1 = pd.read_excel(path + 'transport.xls',
                             header = [0,2],sheet_name = '交通运输业基本情况')
         #第 1,3 行作表头,第 2 行自动删除
         df1
Out[4]:
```

	地区:全国						
	指标	1990 年	1995 年	2000 年	2005 年	2018 年	2019 年
0	运输线路长度	NaN	NaN	NaN	NaN	NaN	NaN
1	铁路营业里程(万公里)	5.8	6.2	6.9	7.5	13.2	14.0
2	公路里程(万公里)	102.8	115.7	168.0	334.5	484.7	501.2
3	内河航道里程(万公里)	10.9	11.1	11.9	12.3	12.7	12.7
4	民航航线里程(万公里)	50.7	112.9	150.3	199.9	838.0	948.2
…	…	…	…	…	…	…	…
33	沿海规模以上港口货物吞吐量(万吨)	48321	80166	125603.0	292777.0	922392	—
34	注:1. 2005 年起公路里程含村道。	NaN	NaN	NaN	NaN	NaN	NaN

35	2. 2004 年起，内河航道里程为内河航道通航里程数。	NaN	NaN	NaN	NaN	NaN	NaN
36	3. 2011 年起，民航航线里程改为定期航班航线里程。	NaN	NaN	NaN	NaN	NaN	NaN
37	数据来源：国家统计局	NaN	NaN	NaN	NaN	NaN	NaN

38 rows × 7 columns

In[5]:

```
#参数 header
df2 = pd.read_excel('E:\\Myjupyter\\python 基础\\transport. xls',
                    header = [2])#第 3 行作表头，第 3 行前的全出删除
df2. head(4). append(df2. tail(5))
```

Out[5]:

	指标	1990 年	1995 年	2000 年	2005 年	2018 年	2019 年
0	运输线路长度	NaN	NaN	NaN	NaN	NaN	NaN
1	铁路营业里程(万公里)	5. 8	6. 2	6. 9	7. 5	13. 2	14. 0
2	公路里程(万公里)	102. 8	115. 7	168. 0	334. 5	484. 7	501. 2
3	内河航道里程(万公里)	10. 9	11. 1	11. 9	12. 3	12. 7	12. 7
33	沿海规模以上港口货物吞吐量(万吨)	48321	80166	125603. 0	292777. 0	922392	—
34	注：1. 2005 年起公路里程含村道。	NaN	NaN	NaN	NaN	NaN	NaN
35	2. 2004 年起，内河航道里程为内河航道通航里程数。	NaN	NaN	NaN	NaN	NaN	NaN
36	3. 2011 年起，民航航线里程改为定期航班航线里程。	NaN	NaN	NaN	NaN	NaN	NaN
37	数据来源：国家统计局	NaN	NaN	NaN	NaN	NaN	NaN

参数 skiprows 和 encoding：

In[6]:

```
df3 = pd.read_excel('E:\\Myjupyter\\python 基础\\transport. xls',
                    skiprows = [0,1,3],encoding = 'utf - 8')
#跳过第 1,2,4 行，并编码用 utf - 8
df3. head(4). append(df3. tail(5))
```

Out[6]:

	指标	1990 年	1995 年	2000 年	2005 年	2018 年	2019 年
0	铁路营业里程(万公里)	5. 8	6. 2	6. 9	7. 5	13. 2	14. 0
1	公路里程(万公里)	102. 8	115. 7	168. 0	334. 5	484. 7	501. 2
2	内河航道里程(万公里)	10. 9	11. 1	11. 9	12. 3	12. 7	12. 7
3	民航航线里程(万公里)	50. 7	112. 9	150. 3	199. 9	838. 0	948. 2
32	沿海规模以上港口货物吞吐量(万吨)	48321	80166	125603. 0	292777. 0	922392	—
33	注：1. 2005 年起公路里程含村道。	NaN	NaN	NaN	NaN	NaN	NaN

34	2. 2004 年起，内河航道里程为内河航道通航里程数。	NaN	NaN	NaN	NaN	NaN	NaN
35	3. 2011 年起，民航航线里程改为定期航班航线里程。	NaN	NaN	NaN	NaN	NaN	NaN
36	数据来源：国家统计局	NaN	NaN	NaN	NaN	NaN	NaN

参数 skipfooter：

In[7]:

```
df4 = pd.read_excel('E:\\Myjupyter\\python 基础\\transport. xls',
                    skipfooter = 4)#忽略文件尾部最后 4 行
df4. head(4). append(df4. tail(6))
```

Out[7]:

	地区：全国	Unnamed:1	Unnamed:2	Unnamed:3	Unnamed:4	Unnamed:5	Unnamed:6
0	交通运输业基本情况	NaN	NaN	NaN	NaN	NaN	NaN
1	指标	1990 年	1995 年	2000 年	2005 年	2018 年	2019 年
2	运输线路长度	NaN	NaN	NaN	NaN	NaN	NaN
3	铁路营业里程(万公里)	5.8	6.2	6.9	7.5	13.2	14.0
30	#私人汽车(万辆)	82	250	625	1848	20575	22513
31	民用运输船舶拥有量(艘)	425934	364968	229676	207294	136975	131555
32	#机动船(艘)	325888	299717	185018	165900	125754	121440
33	驳船(艘)	82482	57998	44658	41394	11221	10115
34	#私人运输船舶(艘)	231168	196736	142117	95838	20612	18208
35	沿海规模以上港口货物吞吐量(万吨)	48321	60166	125603	292777	922392	—

In[8]:

```
df5 = pd.read_excel('E:\\Myjupyter\\python 基础\\transport. xls',
                    header = 2, skipfooter = 4)
#先是第 3 行作表头(第 3 行前的全出删除)，同时忽略文件尾部最后 4 行
df5
```

Out[8]:

	指标	1990 年	1995 年	2000 年	2005 年	2018 年	2019 年
0	运输线路长度	NaN	NaN	NaN	NaN	NaN	NaN
1	铁路营业里程(万公里)	5.8	6.2	6.9	7.5	13.2	14.0
2	公路里程(万公里)	102.8	115.7	168.0	334.5	484.7	501.2
3	内河航道里程(万公里)	10.9	11.1	11.9	12.3	12.7	12.7
4	民航航线里程(万公里)	50.7	112.9	150.3	199.9	838.0	948.2
…	…	…	…	…	…	…	…
29	民用运输船舶拥有量(艘)	425934	364968	229676.0	207294.0	136975	131555
30	#机动船(艘)	325888	299717	185018.0	165900.0	125754	121440
31	驳船(艘)	82482	57998	44658.0	41394.0	11221	10115
32	#私人运输船舶(艘)	231168	196736	142117.0	95838.0	20612	18208

33	沿海规模以上港口货物吞吐量(万吨)	48321	80166	125603.0	292777.0	922392	—

34 rows × 7 columns

参数 na_values:

In[9]:

```
df5 = pd.read_excel('E:\\Myjupyter\\python 基础\\transport.xls',
                    header = 2, skipfooter = 4, na_values = " -- ")
                    #将" -- "的缺失值改为 NaN,但是空值却没有变动
df5
```

Out[9]:

	指标	1990 年	1995 年	2000 年	2005 年	2018 年	2019 年
0	运输线路长度	NaN	NaN	NaN	NaN	NaN	NaN
1	铁路营业里程(万公里)	5.8	6.2	6.9	7.5	13.2	14.0
2	公路里程(万公里)	102.8	115.7	168.0	334.5	484.7	501.2
3	内河航道里程(万公里)	10.9	11.1	11.9	12.3	12.7	12.7
4	民航航线里程(万公里)	50.7	112.9	150.3	199.9	838.0	948.2
…	…	…	…	…	…	…	…
29	民用运输船舶拥有量(艘)	425934	364968	229676.0	207294.0	136975	131555
30	#机动船(艘)	325888	299717	185018.0	165900.0	125754	121440
31	驳船(艘)	82482	57998	44658.0	41394.0	11221	10115
32	#私人运输船舶(艘)	231168	196736	142117.0	95838.0	20612	18208
33	沿海规模以上港口货物吞吐量(万吨)	48321	80166	125603.0	292777.0	922392	NaN

34 rows × 7 columns

In[10]:

```
df6 = pd.read_excel('E:\\Myjupyter\\python 基础\\transport.xls',
                    header = 2, skipfooter = 4, encoding = 'utf - 8') #缺失值
df6
```

Out[10]:

	指标	1990 年	1995 年	2000 年	2005 年	2018 年	2019 年
0	运输线路长度	NaN	NaN	NaN	NaN	NaN	NaN
1	铁路营业里程(万公里)	5.8	6.2	6.9	7.5	13.2	14.0
2	公路里程(万公里)	102.8	115.7	168.0	334.5	484.7	501.2
3	内河航道里程(万公里)	10.9	11.1	11.9	12.3	12.7	12.7
4	民航航线里程(万公里)	50.7	112.9	150.3	199.9	838.0	948.2
…	…	…	…	…	…	…	…
29	民用运输船舶拥有量(艘)	425934	364968	229676.0	207294.0	136975	131555
30	#机动船(艘)	325888	299717	185018.0	165900.0	125754	121440
31	驳船(艘)	82482	57998	44658.0	41394.0	11221	10115

32	#私人运输船舶(艘)	231168	196736	142117.0	95838.0	20612	18208
33	沿海规模以上港口货物吞吐量(万吨)	48321	80166	125603.0	292777.0	922392	—

34 rows × 7 columns

In[11]: df7 = df6.replace(np.nan, '',regex = True) #用空值替换数据中的 NaN

df7

Out[12]:

	指标	1990 年	1995 年	2000 年	2005 年	2018 年	2019 年
0	运输线路长度						
1	铁路营业里程(万公里)	5.8	6.2	6.9	7.5	13.2	14.0
2	公路里程(万公里)	102.8	115.7	168	334.5	484.7	501.2
3	内河航道里程(万公里)	10.9	11.1	11.9	12.3	12.7	12.7
4	民航航线里程(万公里)	50.7	112.9	150.3	199.9	838.0	948.2
…	…	…	…	…	…	…	…
29	民用运输船舶拥有量(艘)	425934	364968	229676	207294	136975	131555
30	#机动船(艘)	325888	299717	185018	165900	125754	121440
31	驳船(艘)	82482	57998	44658	41394	11221	10115
32	#私人运输船舶(艘)	231168	196736	142117	95838	20612	18208
33	沿海规模以上港口货物吞吐量(万吨)	48321	80166	125603	292777	922392	—

34 rows × 7 columns

In[13]: df8 = df7.replace(" ",np.nan,regex = True) #NaN 替换空值,注意"引号中间要空格

df8

Out[13]:

	指标	1990 年	1995 年	2000 年	2005 年	2018 年	2019 年
0	运输线路长度						
1	铁路营业里程(万公里)	5.8	6.2	6.9	7.5	13.2	14.0
2	公路里程(万公里)	102.8	115.7	168.0	334.5	484.7	501.2
3	内河航道里程(万公里)	10.9	11.1	11.9	12.3	12.7	12.7
4	民航航线里程(万公里)	50.7	112.9	150.3	199.9	838.0	948.2
…	…	…	…	…	…	…	…
29	NaN	425934	364968	229676	207294	136975	131555
30	NaN	325888	299717	185018	165900	125754	121440
31	NaN	82482	57998	44658	41394	11221	10115
32	NaN	231168	196736	142117	95838	20612	18208
33	沿海规模以上港口货物吞吐量(万吨)	48321	80166	125603	292777	922392	—

34 rows × 7 columns

In[14]:

```
df9 = pd.read_excel('E:\\Myjupyter\\python 基础\\transport.xls',
                    header = 2, skipfooter = 4, na_values = " ")
#将"--"的缺失值改为 NaN,但是空值却没有变动
df9
```

Out[14]:

	指标	1990 年	1995 年	2000 年	2005 年	2018 年	2019 年
0	运输线路长度	NaN	NaN	NaN	NaN	NaN	NaN
1	铁路营业里程(万公里)	5.8	6.2	6.9	7.5	13.2	14.0
2	公路里程(万公里)	102.8	115.7	168.0	334.5	484.7	501.2
3	内河航道里程(万公里)	10.9	11.1	11.9	12.3	12.7	12.7
4	民航航线里程(万公里)	50.7	112.9	150.3	199.9	838.0	948.2
…	…	…	…	…	…	…	…
29	民用运输船舶拥有量(艘)	425934.0	364968.0	229676.0	207294.0	136975.0	131555
30	#机动船(艘)	325888.0	299717.0	185018.0	165900.0	125754.0	121440
31	驳船(艘)	82482.0	57998.0	44658.0	41394.0	11221.0	10115
32	#私人运输船舶(艘)	231168.0	196736.0	142117.0	95838.0	20612.0	18208
33	沿海规模以上港口货物吞吐量(万吨)	48321.0	80166.0	125603.0	292777.0	922392.0	—

34 rows × 7 columns

参数 nrows:

In[15]:

```
df10 = pd.read_excel('E:\\Myjupyter\\python 基础\\transport.xls',
                     header = 2, na_values = " ", nrows = 7)#读取前 7 行
df10
```

Out[15]:

	指标	1990 年	1995 年	2000 年	2005 年	2018 年	2019 年
0	运输线路长度	NaN	NaN	NaN	NaN	NaN	NaN
1	铁路营业里程(万公里)	5.8	6.2	6.9	7.5	13.2	14.0
2	公路里程(万公里)	102.8	115.7	168.0	334.5	484.7	501.2
3	内河航道里程(万公里)	10.9	11.1	11.9	12.3	12.7	12.7
4	民航航线里程(万公里)	50.7	112.9	150.3	199.9	838.0	948.2
5	客运量(万人)	772682.0	1172596.0	1478573.0	1847018.0	1793820.0	1760436.0
6	#铁路(万人)	95712.0	102745.0	105073.0	115583.0	337495.0	366002.0

参考文献

[1] McKinney W. Python for Data Analysis：Data Wrangling with Pandas，NumPy，and IPython（2ed）. O'REILLY Media，Inc，2017.

[2] Hetland M. L. 著 . Python 基础教程（第 3 版）. 袁国忠译 . 北京：人民邮电出版社，2018.

[3] 董付国 . Python 程序设计（第 2 版）. 北京：清华大学出版社，2018.

[4] 张若愚 . Python 科学计算（第 2 版）. 北京：清华大学出版社，2017.

[5] 阮敬 . Python 数据分析基础 . 北京：中国统计出版社，2017.

[6] 盛骤，谢式千，潘承毅 . 概率论与数理统计（第 4 版）. 北京：高等教育出版社，2015.

[7] 贾俊平，何晓群，金勇进 . 统计学（第 6 版）. 北京：中国人民大学出版社，2015.

[8] 杨佩璐，宋强 . Python 宝典 . 北京：电子工业出版社，2014.

[9] 王国辉，李磊，冯春龙 . Python 从入门到项目实践 . 吉林：吉林大学出版社，2018.

[10] 张颖，赖勇浩 . 编写高质量代码——改善 Python 程序的 91 个建议 . 北京：机械工业出版社，2014.